AVIATION
FUELS

替代与可持续
航空燃料

（美）坎德尔瓦尔·布彭德拉（Bhupendra Khandelwal） 编著

李维 曹俊 江立军 等译

化学工业出版社
·北京·

内容简介

　　《替代与可持续航空燃料》深入探讨了替代与可持续航空燃料的前沿研究，内容涵盖原料筛选、制备工艺、适航认证、燃烧性能、排放特性及与飞机系统的相互作用等全链条知识体系。图书内容系统分析了传统燃料与替代燃料的适航标准差异、点火性能优化、气体与颗粒物排放特性，并展望氢燃料和电动飞机等新兴技术，探讨其技术可行性与应用场景，助力推动航空业绿色转型与技术创新发展。特别在热稳定性调控、密封兼容性机理等工程痛点问题上的论述，能给工程实践有益启发。

　　本书结合实验数据与工程案例，为航空动力研发人员、民航管理者、合成燃料技术人员及高校师生提供了理论与实践结合的参考，适合从事航空能源、发动机设计、化工合成以及环境工程领域的专业技术人员、研究人员，以及相关专业高校师生和企业从业者阅读。

AVIATION FUELS，1 edition；Bhupendra Khandelwal；ISBN：978-0-12-818314-4

Copyright©2021 Elsevier Inc.All rights reserved.

Authorized Chinese translation published by Chemical Industry Press Co., Ltd.

《替代与可持续航空燃料》第 1 版　李　维　曹　俊　江立军　等　译；ISBN：978-7-122-48564-9

Copyright © Elsevier Inc. and Chemical Industry Press Co., Ltd. All rights reserved.

No part of this publication may be reproduced or transmitted in any form or by any means，electronic or mechanical，including photocopying，recording，or any information storage and retrieval system，without permission in writing from Elsevier（Singapore）Pte Ltd. Details on how to seek permission，further information about the Elsevier's permissions policies and arrangements with organizations such as the Copyright Clearance Center and the Copyright Licensing Agency，can be found at our website：www.elsevier.com/permissions.

This book and the individual contributions contained in it are protected under copyright by Elsevier Inc. and Chemical Industry Press Co., Ltd.（other than as may be noted herein）.

This edition of AVIATION FUELS is published by Chemical Industry Press Co., Ltd. under arrangement with ELSEVIER INC.

Unauthorized export of this edition is a violation of the Copyright Act. Violation of this Law is subject to Civil and Criminal Penalties.

本书简体字版由 ELSEVIER INC 授权化学工业出版社 独家出版发行。

本书仅限在中国内地（大陆）销售，不得销往中国香港、澳门和台湾地区。未经许可之出口，视为违反著作权法，将受民事及刑事法律之制裁。

本书封底贴有 Elsevier 防伪标签，无标签者不得销售。

北京市版权局著作权合同登记号：01-2025-2761

注意

　　本书涉及领域的知识和实践标准在不断变化。新的研究和经验拓展我们的理解，因此须对研究方法、专业实践或医疗方法作出调整。从业者和研究人员必须始终依靠自身经验和知识来评估和使用本书中提到的所有信息、方法、化合物或本书中描述的实验。在使用这些信息或方法时，他们应注意自身和他人的安全，包括注意他们负有专业责任的当事人的安全。在法律允许的最大范围内，爱思唯尔、译文的原文作者、原文编辑及原文内容提供者均不对因产品责任、疏忽或其他人身或财产伤害及/或损失承担责任，亦不对由于使用或操作文中提到的方法、产品、说明或思想而导致的人身或财产伤害及/或损失承担责任。

图书在版编目（CIP）数据

　　替代与可持续航空燃料 /（美）坎德尔瓦尔·布彭德拉（Bhupendra Khandelwal）编著；李维等译. -- 北京：化学工业出版社，2025. 10. -- ISBN 978-7-122-48564-9

　Ⅰ. V31

中国国家版本馆CIP数据核字第20250QW731号

责任编辑：袁海燕　　　　　　　　　　　　　装帧设计：王晓宇
责任校对：李雨晴

出版发行：化学工业出版社
　　　　　（北京市东城区青年湖南街 13 号　邮政编码 100011）
印　　装：河北鑫兆源印刷有限公司
710mm×1000mm　1/16　印张 19　彩插 6　字数 296 千字
2025 年 10 月北京第 1 版第 1 次印刷

购书咨询：010-64518888　　　　　　　　售后服务：010-64518899
网　　址：http://www.cip.com.cn
凡购买本书，如有缺损质量问题，本社销售中心负责调换。

定　　价：168.00元　　　　　　　　　　　　　版权所有　违者必究

译者前言

在全球气候变化与能源转型的双重挑战下，航空业正经历着前所未有的技术革命。传统航空燃料带来的环境负担催生了行业对清洁能源的迫切需求，而可持续航空燃料（Sustainable Aviation Fuel，SAF）的研发与应用已成为国际竞争的科技制高点。《替代与可持续航空燃料》原著凝聚了亚拉巴马大学、谢菲尔德大学等国际顶尖团队十余年的研究成果，恰如一场及时雨，为正处于产业化攻坚阶段的中国可持续航空燃料领域提供了重要参考。

翻译此书的初衷源于国内科研实践的切身体会。作为从事航空动力研究数十载的科技工作者，译者在参与国产可持续航空燃料研发项目时，深感系统性技术文献的匮乏。国际学界虽已积累大量实验数据，但知识体系离散分布于各类学术文献，缺乏从原料筛选到工程应用的全链条梳理。本书的独特价值在于构建了从原料筛选、生产工艺到燃烧特性的完整知识体系，既涵盖燃料认证标准、排放影响等基础理论，又深入探讨氢动力、电动飞机等前沿议题。尤其在热稳定性调控、密封兼容性机理等工程痛点问题上的论述，能给工程实践有益的启发。

当前中国可持续航空燃料领域正处于产业化应用的关键窗口期，本书的出版恰逢其时。希望这部译著能为我国航空动力研发人员、民航管理部门及高校师生提供有益参考，助力国产可持续航空燃料技术的突破。特别感谢化学工业出版社编辑团队的专业支持，以及中国航发湖南动力机械研究所曾琦、郑剑文、吴良成、蔡江涛、甘甜、谭文迪、张卓娅、邱思槐、刘彬、肖周世冀、唐超、余坤懋等的技术审校。囿于译者水平，译文若有疏漏，恳请读者不吝指正。

译者

2025 年春于株洲

前言

　　长期以来，对业外人士来说航空燃料一直是个相对封闭的领域。由于我在航空替代燃料领域工作了十年，一直希望能为世界揭开这个封闭领域的面纱。过去十年间，替代燃料和可持续航空燃料领域开展了大量研究工作并取得了显著进展，本书便是对该领域研究成果的总结。除我之外，本书几位作者分别来自英国谢菲尔德大学和美国亚拉巴马大学。

　　撰写本书的另一个起因是为收集航空燃料各方面的基础知识提供一站式解决方案。本书涵盖了与航空燃料相关的重点领域，包括原料、生产工艺、组分构成、燃料认证、气态排放物、颗粒物排放、振动、噪声、燃料热安定性以及与弹性体的相容性。此外，本书还专设章节探讨氢燃料与电推进系统等未来航空动力解决方案。

　　在此，我特别感谢对本书编写工作给予支持与帮助的各方同仁。低碳燃烧中心（Low Carbon Combustion Centre，LCCC）以及发动机与燃烧实验室（Engines and Combustion Laboratory，ECL）的研究团队为本书提供了重要支持。我还要感谢我妻子 Trupti 的理解与支持，正是她的包容使我得以全身心投入本书的编写工作。

Bhupendra Khandelwal

引言

　　本书为读者提供了有关替代航空燃料及其在飞机上性能表现的最新研究成果。从原料到燃料系统性能，再到排放和对飞机的整体影响，书中都有所涉及。全面了解航空燃料的基础理论、燃烧性能与环境影响，可以为进一步发展替代燃料指明积极的方向，这对未来燃料和发动机的有益发展至关重要。

　　第 1 章详细介绍了航空燃料原料体系及制备工艺。由于这一领域在不断发展，本章所涵盖的内容不可能详尽。不过，对于刚接触这一领域的人来说，本章提供了很好的开端。

　　第 2 章讨论了传统燃料与替代燃料的适航认证标准。这些规范、标准由诸如美国材料与试验协会（ASTM）、英国国防标准化机构（UKDS）等各类监管机构列出。这些标准基于燃料性能规格进行讨论，在文件中也被称为"适用性认证"。对于飞机和发动机的适航性、安全性及环保性而言，燃料是重要的影响因素之一。航空燃料是复杂的碳氢类物质的混合物，从生产到燃烧要经历各种过程。在此过程中，有很多外部因素对燃料产生影响，但我们仍要求燃料表现出理想的性能。这些性能参数决定了世界各地不同组织作为标准列出的燃料特性，其中明确讨论了相关人员的作用。本章还详细阐述了未来替代燃料在选择新的候选燃料或新的添加剂时所涉及的简化审批程序，并确定了一个事实，即随着燃料的发展，需要一个新的标准化和认证程序。

　　第 3 章详细讨论了点火性能和点火器的问题。此外，还从航空业的角度讨论了不同替代燃料及其特性对点火延迟时间的影响。

　　第 4 和第 5 章讨论了不同替代燃料对气体排放和颗粒物排放的影响。在评估替代燃料适用性的同时，需要关注和评估其在燃气轮机中燃烧产生的排放物，从而建立与传统航空燃料（如 Jet-A1 和 JP-8）的性能对比基准。除颗粒物生成机理外，本章还对当前颗粒物测量方法进行了详细评估。

第 6 章讨论了航空燃料与飞机材料的相互作用机理，重点聚焦弹性体这一影响航空器全寿命周期适航性与运行效能的关键材料。本章还讨论了密封件工作机制及其与燃料的相互作用，并简要介绍了新型密封材料研发进展，无芳香烃替代燃料对密封系统的适配性挑战，燃料芳香烃含量和添加剂对密封件溶胀的调控机理，密封件燃料兼容性测试规程以及密封件在新型替代燃料中的溶胀特性。

第 7 章讨论了替代燃料及其特性与贫油熄火性能的关系。鉴于不同燃料的特性存在显著差异，替代燃料对燃烧室贫油熄火及火焰稳定性有重大影响。

第 8 章讨论了不同化学成分对航空燃料热安定性的影响。鉴于现代燃气涡轮发动机日益提升的工作温度与压比，燃料在燃烧前需作为散热介质，这要求对其热安定性有清晰的了解。所有的燃料都含有多种对热安定性有影响的化合物和添加剂，因此需重点解析氧化环境、高温环境和燃料掺混三类情景下的化学组分及反应机制。当前，混合燃料中替代燃料含量高于 50% 情况下的热安定性问题已成为限制替代燃料商业应用的主要技术瓶颈。研究通过实验室测试与历史数据对比，揭示碳质沉积的不同形成路径及机理，并系统介绍了针对不同单一燃料及掺混燃料热安定性测试及评估方法。需要指出的是，深化该领域研究是实现零碳燃料目标的重要技术路径。

第 9 章旨在介绍燃气轮机中燃料特性与燃烧室火焰稳定性的关联机制，特别关注气候治理紧迫需求下的替代燃料应用问题。燃烧不稳定性是指由燃料流量脉动、热释放率波动、燃烧室中油气混合不充分等因素引发火焰微小扰动，并逐渐放大、失控，继而引发对火焰的多重负面影响，如异常噪声、振动加剧火焰湍流脉动以及极端工况下的熄火。本章将讨论不同燃料特性对燃烧不稳定性、噪声和振动的影响。作为航空领域新兴研究方向，现有文献资源较为匮乏。综合分析表明，燃料特性差异可在燃烧室与整机层面影响噪声、振动和燃烧不稳定性。

第 10 章探讨了氢能作为航空燃料的技术可行性。在航空燃料开发中，氢能扮演着重要角色。相较于其他燃料，氢燃烧具有高能量密度、可显著降低有害物排放两大核心优势。自 17 世纪起，氢能航空应用研究已持续开展，涵盖氢燃烧推进与燃料电池系统等方向。针对现代航空器，学界正着力研发新型氢燃烧室，包括微混燃烧室与贫油直接喷射燃烧室等创新构型。此类燃烧室突破传统设计限制，可安全燃烧纯氢燃料，有效规避常规氢燃烧的安全风险。

第 11 章旨在回答电动飞机是否可以替代内燃机飞机的问题。本章简要回顾了 2020 年初可用的电动航空航天推进技术，包括储能装置和电机，还介绍了电动飞机自 19 世纪至今的发展情况。此外，还对市场进行了回顾，介绍了哪些电动飞机已经投入商用或正在研发中。最后，介绍了该技术的最大障碍和潜在机遇。结论是，电动飞机可以在当今技术条件下成功飞行，并且能够胜任某些任务，但是要使电动飞机成为人们出行的日常选择尚需时日。

目录

第 **8** 章
替代燃料的热安定性及影响 ·· **147**

第 9 章
替代燃料特性对燃烧不稳定性、噪声和振动的影响 ·················· 213

第 10 章
航空用氢燃料 ··· 232

第 **11** 章

电动飞机 ··· **263**

第 **1** 章

航空替代燃料的原料和技术路径

本章原著作者：Chenxing Ling，英国谢菲尔德，谢菲尔德大学机械工程系；
Jerry Hamilton，Bhupendra Khandelwal，美国亚拉巴马州塔斯卡卢萨，亚拉巴马大学机械工程系。

1.1　引言

在航空领域，燃料的原料和技术路径可能不是最受关注的话题，但就可持续性、经济性，尤其是环境影响而言，它可能是最重要的。随着全球对航空运输需求的不断增长，航空行业的供应网络必须保持高度稳定。然而，眼下出现了一些威胁航空运营的问题，这些问题包括日益减少的化石燃料资源以及不断增长的温室气体（Greenhouse Gas，GHG）排放。幸运的是，前途并非一片黯淡，数十年来这些问题逐渐引起重视。全球研究者越来越注重能减少对化石燃料依赖的新原料和新工艺。对温室气体生命周期和碳中和替代燃料的研究，已经在减少航空运营导致的温室气体排放方面产生了积极影响。

尽管研究人员的目标是减少航空运营对环境和全球经济的影响，但是他们也必须清楚地了解燃料的生命周期。航空燃料对环境影响并非从燃烧开始，燃料的实际生命周期始于原料的来源地，并一直延续到原料的提取以及到加工厂的运输，直至燃料被转化为能量且废气排放到大气中，生命周期才算结束。包含燃烧消耗的能量在内，燃料整个生命周期中消耗的能量都被纳入其整体影响和成本之中。通过阿贡国家实验室（Argon National Laboratory）开发的温室气体、排放监管和交通运输能源使用程序（Greenhouse gases，Regulated Emissions，and Energy use in Transportation，GREET）等软件，可以方便快捷地分析燃料生命周期。

1.2　航空替代燃料研究的驱动因素

航空燃料的使用对环境和经济均带来负面影响，因为燃料燃烧时会向大气释放二氧化碳以及其他有害物质，可能会影响未来几代人。在过去的几十年，对于可持续航空燃料的研究迅速增长。广义来说，发展 SAF 的四大主要驱动力分别为对经济和环境的可持续性、能源供给的多样性，以及不同领域内存在的对 SAF 资源 / 原料的竞争。

能源成本总是随着时间波动，航空燃料也不例外。航空燃料的市场稳定性有待商榷，但是实际的市场价格却会说明一切。通过 indexmundi. com[1] 网站上的数据，航空燃料的价格从 1990 年的 0.54 美元 / 加仑涨到了 2008 年的 3.89 美元 / 加仑 [1 加仑（美）=3.785 升]。尽管如此，1991 ~ 2004 年期间价格还维持在 0.30 ~ 0.70 美元 / 加仑之间。过去 30 年间发生了使油价暴跌的三件大事，因此在 2008 ~ 2009 年及 2014 ~ 2016 年间，油价降了 33%；油价由 2019 年 12 月的 1.89 美元跌到了 2020 年 4 月的 0.61 美元。在本书撰写期间，油价回升到了 0.98 美元 / 加仑，如图 1-1 所示。

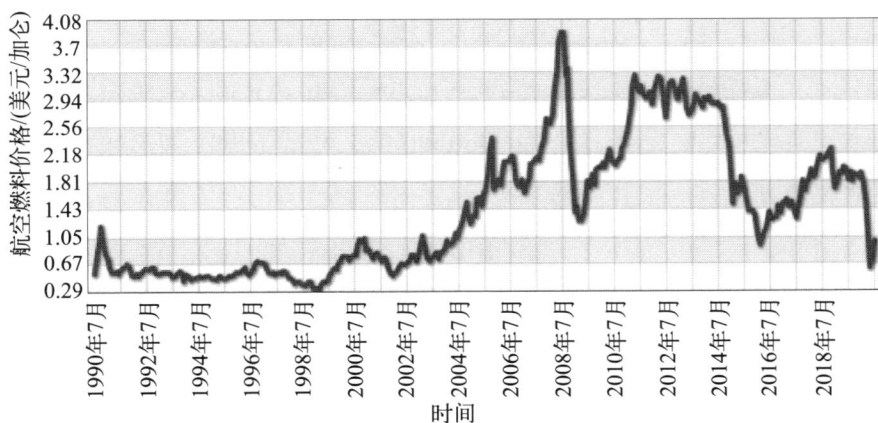

图 1-1　1990 ~ 2020 年的航空燃料价格[1]

虽然油价有过大跌，但是总体呈现上涨趋势。当油价每次大涨时，对 SAF 的研究和开发会再次兴起。在航空工业能够实施有效的替代燃料解决方案前，飞机和其发动机将基于传统航空燃料设计生产，这对 SAF 研究者来说是个挑战，因此"即用型"燃料的概念可能是引领摆脱化石燃料的桥梁。即用型燃料不仅需要具有可再生性和可持续性，还需要满足依据传统航空燃料制定的那些标准[2]。使用即用型燃料的好处是无需对现有的燃料基础设施进行大规模改造。

根据航空运输行动小组（Air Transport Action Group，ATAG）的数据，航空运营占所有交通运输二氧化碳排放的 12%。二氧化碳还只是有害排放物中的一种，其余有害排放物还包括氮氧化物、一氧化碳、未燃碳氢化合物、硫氧化物以及非挥发性颗粒物（PM），航空发动机燃烧过程排放的大部分成分被认定是对环境和人都有害的空气污染物。随着对航空替代燃料和新技术的重要研究不断推进，这些有害排放物有望得到大幅减少，最有效的手段是采用新型燃烧技术和燃料成分的优化。

值得一提的是，非航空领域的科技进步也可能影响到传统航空燃料生产的未来。近年来，地面交通正在转向使用更加环境友好的车辆，路上跑的混合动力车、纯电动车以及燃料电池车辆越来越多。这个现象对航空业意味着什么呢？根据美国能源信息署（Energy Information Administration，EIA）的相关信息，汽油构成了美国石油炼油厂生产总量的 49%，而煤油类航空燃料只占 9%[3]。图 1-2 所示的所有石油相关产物来自于 75.5 亿桶原油。如果汽油的需求量下降，那么航空燃料价格可能会大涨。

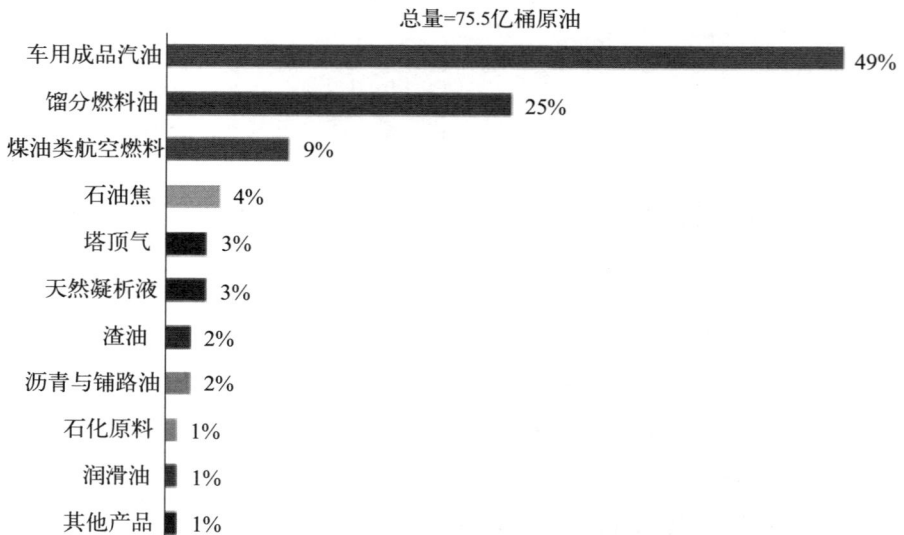

总量=75.5亿桶原油

产品	百分比
车用成品汽油	49%
馏分燃料油	25%
煤油类航空燃料	9%
石油焦	4%
塔顶气	3%
天然凝析液	3%
渣油	2%
沥青与铺路油	2%
石化原料	1%
润滑油	1%
其他产品	1%

图 1-2 2018 年美国炼油厂和调和厂石油产品净产量 [3]

1.3 生命周期评估

对航空燃料技术路径进行有效的生命周期评估（Life Cycle Assessment，LCA）有助于引导行业做出关键决策，从而减少航空领域年均3%的温室气体排放增长率[4]。生命周期评估还可以提供技术路径下各个环节的生产过程对环境造成影响的详细数据。为了更好地对比不同原料和技术路径的影响，过去数十年在开发相关标准和基准上开展了大量的工作。在生命周期评估中，实施方法的基础要素包含单位定义、数据资源信息和整个系统边界的范围。航空替代燃料技术路径的整体边界被称为"油井到轮机全周期"（Well-to-Wake，WtWa），即全生命周期，如图1-3所示。

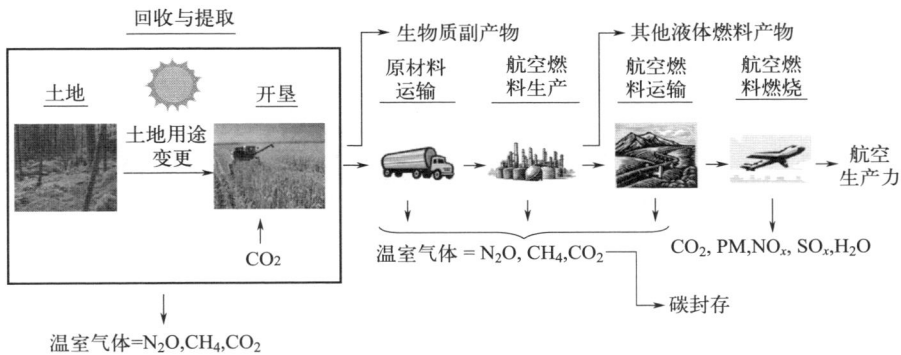

图1-3 航空替代燃料的原料和路径

油井到轮机全周期还包含其他系统边界，包括"油井到厂门"（Well-to-Gate，WtG）、"油井到油泵"（Well-to-Pump，WtP），以及"厂门到厂门"（Gate-to-Gate，GtG）。每个系统边界包含其他许多技术路径需要的子过程，这些子过程包括原料提取、加工、精炼、储存，以及子过程之间的运输系统，每个过程需要消耗能源和资源来完成。不言而喻，每个过程的产物包含温室气体排放和相应的副产物，这些副产物可能是有用的额外产物或者无用的废弃物。合适的生命周期评估会考虑包括但不限于以上所有的过程，来评估指定原料和技术路径的可行性和可持续性。图1-4描绘了化石航空燃料和可持续航空燃料生命周期之间的区别。

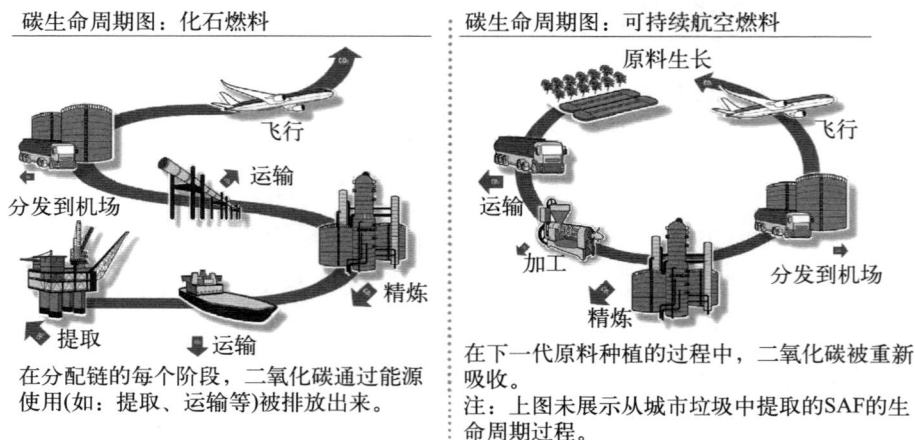

图1-4 化石燃料和 SAF 的生命周期

因为石油只存在于自然界，过去的研究只关注燃烧阶段的碳排放。但对于替代燃料，大部分的原料并不会像石油一样天然大批量地出现。同时原料还需要额外的工艺处理才能制造所需的航空燃料。此外，替代燃料的生命周期中往往会产生远超过其本身燃烧时的碳排放，因此在技术路径评估中应当考虑计算所有的碳排放。以煤制油（Coal-to-liquid，CtL）产品为例，如果只考虑燃烧时的碳排放，那么 CtL 的碳排放将会低于传统燃料，但是在CtL 的生产过程中会产生额外的碳排放，其油井到轮机全周期的碳排放显著高于传统燃料。另一个例子是生物质航空燃料，长久以来，生物质燃料被视为可再生航空燃料（Renewable Jet Fuel，RJF）的原材料，其具有零碳排放和碳中和的特性。这个特性是基于生物质在种植园中的生长阶段［从大气中吸收碳（碳指二氧化碳）］与燃烧阶段（将碳释放到大气）达成了碳平衡而得出的。在整个过程中，原料吸收的碳与油井到轮机全周期释放的碳相抵消，不会给环境制造额外的碳排放。尽管如此，近期研究表明，对于某些技术路径而言会有着相反的结果，并且另外有研究指出在生长阶段需要更多施肥的生物质原料会存在碳排放。此外，大规模的开垦、砍伐森林、土地开发以及土地拓荒会将泥土中储存的碳释放到环境中。土地利用变化（LUC）方面的研究者特别关注这点。图 1-5 展示了部分原料和技术路径的复杂生命周期碳排放计算结果。

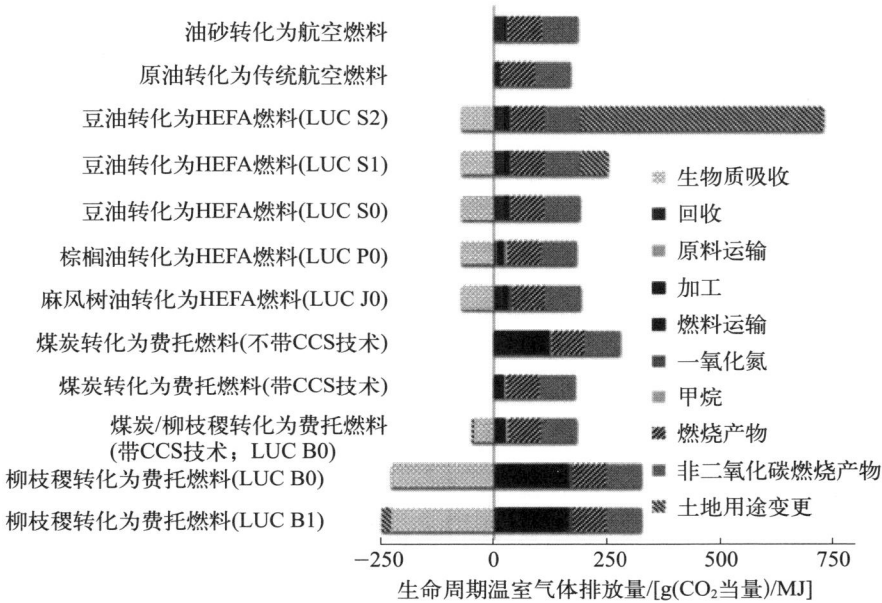

图 1-5 各类替代燃料的生命周期温室气体排放量对比[5]

HEFA—酯类和脂肪酸类加氢工艺

生命周期碳排放计算会计入燃料回收、原料运输、土地使用、燃料处理以及燃烧时的碳排放。根据国际航空与气候变化小组（Group on International Aviation and Climate Change，GIACC）的数据，全周期碳排放最高的燃料是以棕榈油和大豆油为原料，采用加氢工艺制成的可再生燃料。不过需要注意的是，大部分的碳排放来自土地用途变更。而土地用途变更造成的大量碳排放是因为在种植这些原料作物时会砍伐森林和拓荒。针对棕榈油的生产，热带和泥炭地上的雨林将会被改造为棕榈种植园。总体上，植物油生产中的土地用途变更会导致大量的碳排放。对比生物质原料，煤、天然气这种化石原料在回收阶段有碳排放优势，但是其主要的碳排放发生在加工阶段，其中的碳排放量超过了总排放的 1/2。在碳捕集和封存（Carbon Capture and Sequestration，CCS）技术的加持下，在转化过程中的碳排放量大幅降低。总的来说，对比化石原料，生物质原料因为其在生长阶段的碳吸收而具有明显优势。不过考虑到未来生物质燃料需求量巨大，尤其是必须保证粮食 - 燃料原料之间的平衡，大规模生产生物质燃料的可行性还需进一步研究。

1.4 原料

传统航空燃料的原料是原油，航空业大约消耗了全球产出原油的5.8%。研究预测未来很快会出现化石燃料短缺的问题，可以预见由可持续原料加工制取的替代燃料需求量将进一步上升。因此，需要为航空替代燃料的生产开发全新的原料和技术途径[6]。

替代燃料可被粗略分为化石基和生物基两类。图 1-6 中所示的化石基例子是天然气和煤，生物基例子则包括固体废弃物、生物质和农作物。图 1-6 中展示的化石基和生物基原料（在左侧标注为"资源"）并未划分到各自的特定单一路径中。实际上，化石基和生物质原料可以共享相同的加工工艺。

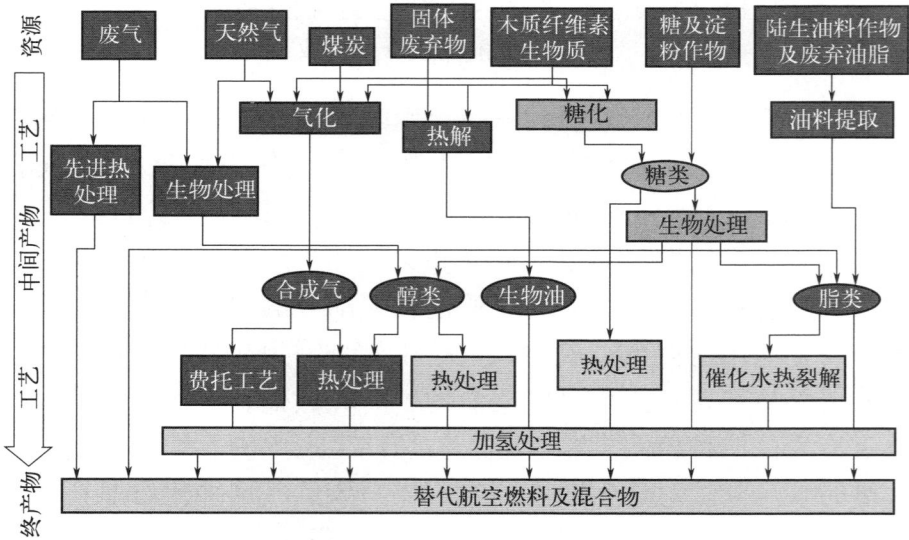

图 1-6 化石基和生物基替代燃料的原料和生产工艺

1.4.1 生物基原料

相比于化石基燃料，生物燃料被认为具有可再生性，例如作为Jet-A1燃料替代品的可再生航空燃料（RJF）[7]。生物质原料通常分为三代，如图1-7所示。第一代原料通常是粮食农作物，用来生产生物乙醇和生物柴油。这些原料被证明具有较低的温室气体排放量，但是其生产成本非常高昂，应对高成本的一些方法包括政府补贴以及利用现有完备的基础设施[2]。第二代原料的优势是几乎不存在与粮食作物之间的竞争。对这些原料的研究表明其存在可持续性并具有碳中和的潜质。但不像第一代原料能利用现有基础设施，第二代原料生产商必须为原料设计生产工艺流程。当然，工程师们可能会发现更高效的新工艺流程，而这在旧的基础设施模式下是不太可能实现的。最新一代即第三代的原料几乎全都由藻类组成，目前正对其进行划时代的研究。

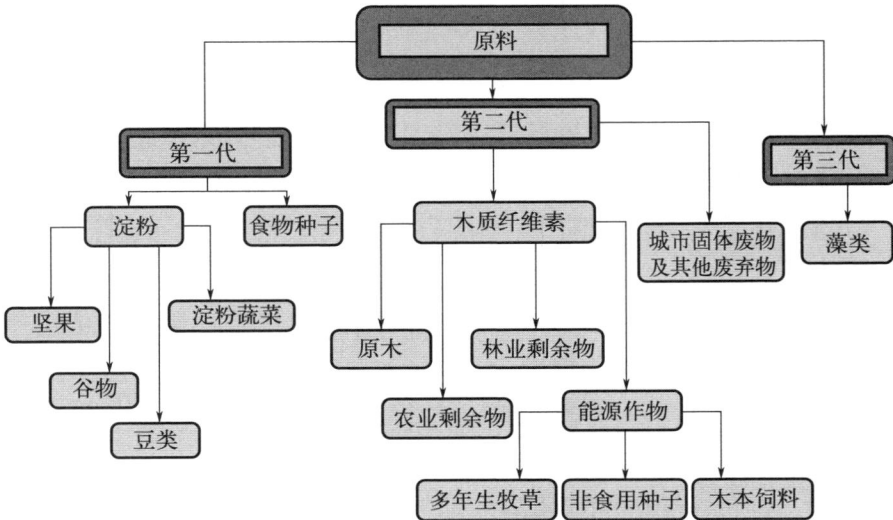

图 1-7　典型生物质供应链

从另一个角度对生物燃料原料进行分类，可分为可食用和不可食用两类。可食用类型中的食用油、玉米以及甘蔗被认为是第一代原料[8]。一直以来，大部分生物燃料的生产都基于可食用生物基原料。通常来说，350种不同的农作物可被作为生物燃料的原料[9]，但是生物燃料的主要要求是价格低且产出率高。研究者指出，生物燃料约 75% 的成本是原料自身的成本[10]，因此寻找廉价原料至关重要。因为大部分原料作物对地理条件非常敏感，所以其他需要考虑的因素还包括原产地及其气候条件，这些因素会影响生物质的产量。产量高且能量含量高的作物具有极大价值。如果生物燃料要投产，那么其碳排放必须低于要替代的传统燃料。但是当计算生物燃料总的碳生命周期时，结果可能会相反。因为在开垦种植过程中泥土蕴藏的碳会被排放到大气中。对于碳中和原料，在燃料生命周期中释放的碳会被原料植物生长时吸收，完成碳消耗，实现碳中和。

1.4.2　化石基原料

除非广泛应用可再生原料的工艺流程，否则化石基原料也能被用在航空替代燃料的生产中。煤、天然气以及油页岩可被转化为航空燃料。化石原料有着比生物质原料更加悠久的生产历史以及更加成熟的转换技术。替代燃料中最大的一部分通过基于煤和天然气的费托工艺生产（生物质原料也可以通过费托工艺生产液体燃料）。化石基原料的优势在于其生产技术途径已完全成熟且在回收阶段所需的投入更少。由于所有化石基原料均来自地质封存的碳源，因此无需进行额外处理，而生物基原料需要水和肥才能生长为所需的燃料原料。尽管如此，化石基替代燃料因为没有碳回收过程，在燃烧阶段产生的二氧化碳会扰乱大气碳平衡，这是化石基原料最大的缺点。另外，随着化石基替代燃料的大规模生产，航空燃料原料与日常能源消耗（供电、供暖）之间可能会出现能源竞争问题。

煤炭是另一种同样可以转化为液体燃料的资源。最大的煤炭直接液化（CtL）项目位于中国鄂尔多斯[11]。2015 年，中国 CtL 年产量为 254 万吨，根据中国国家能源局的规划，到 2020 年，CtL 年产量提升到 1300 万吨[12]。中国作为富煤国家有着非常多种类的煤矿，其中就有能做 CtL 工艺的原料，具体如表 1-1 所示。煤制油加工厂的运作表现以及燃料产量因煤的种类而异。表 1-2 列出了不同种类煤对应的燃料产量数据。

表 1-1　煤炭的组成 [14]

品种	质量分数 %								
	C	H	N	S	O	水分	固定碳	挥发分	灰分
无烟煤	90.93	1.13	0.30	0.25	1.27	3.21	88.27	3.32	5.2
贫煤	85.13	3.74	1.23	1.34	2.49	1.57	78.5	10.12	9.81
瘦煤	84.16	4.30	1.46	0.43	3.60	1.47	69.27	13.63	15.63
炼焦煤	80.65	4.66	1.23	0.14	2.82	0.93	60.79	17.71	20.57
气煤	76.40	5.27	0.99	0.27	11.10	4.12	51.62	34.81	9.45

表 1-2　煤制油的生产及组成 [13]

品种	轻质油 /（t/t 煤）	柴油 /（t/t 煤）	煤油 /（t/t 煤）	费托油 /（t/t 煤）
无烟煤	0.044	0.215	0.102	0.361
贫煤	0.045	0.219	0.105	0.369
瘦煤	0.042	0.0204	0.097	0.344
炼焦煤	0.041	0.0199	0.095	0.334
气煤	0.044	0.0211	0.101	0.356

研究表明，费托燃料对比传统燃料能减少约 2.4% 的二氧化碳排放 [11]。同时因为费托燃料中缺乏芳香化合物，颗粒物排放会少很多，最多能比传统航空燃料减少 90%。此外，费托燃料中还不存在任何硫化物。费托燃料的这些特性清晰展现了对于传统航空燃料的优势，但是，它的生产成本对比传统航空燃料高出许多。当考虑碳生命周期时，费托燃料的总碳排放高达自身燃烧时的 2 倍。因此有必要采用碳捕集和封存技术（CCS）来降低碳排放，不过需要资本高度密集才能将 CtL 技术结合碳捕集和封存技术 [14]。

1.4.3　生物质

生物质是指任何能以天然方式补充或再生的有机原料。图 1-8 展示了主要生物质的分类图。总体来说生物质原料主要分为木质纤维素生物质和粮食生物质两类。木质纤维素原料指的是木材、高产出或高能量农作物、农业废弃物、工业或城市废弃物、食物垃圾等。粮食生物质定义为可被人类食用同时可用作替代燃料原料的有机物。粮食生物质的一个典型例子是食用油。与化石基原料的悠久使用历史相比，生物质用于发展航空替代燃料的研究在近些年才开始。与化石燃料相比，采用生物质作为燃料原料最大的优势是原材料低廉的价格。此外，普遍认为生物质具有环境友好的特性，因为在恢复阶段时能够吸收碳排放。可以预见，在不久的将来由生物质原料生产的费托燃料占比会有所上升。

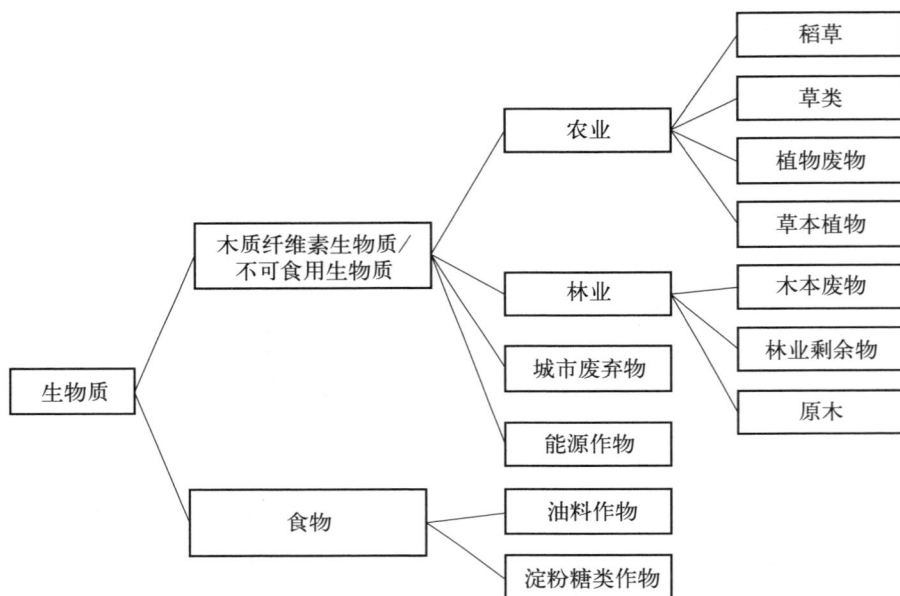

图 1-8　生物质分类

1.4.4　食用油

通过加氢处理，可将食用油这种生物材料转换为航空替代燃料[15]。这种原料包括但不限于棕榈油、豆油、葵花籽油以及麻风树油。

1.4.4.1　亚麻荠

十字花科的亚麻荠是一年生开花植物。十字花科包含油菜、双低油菜以及荠菜这些能生产多种用途油的植物，亚麻荠的优势是其高达

35% 的油含量。此外，在生产过程中，亚麻荠对比常规油料作物有着高耐旱性。这是个巨大的优势，因为亚麻荠能够在不适宜其他生物燃料原料植物生长的大片土地上种植。此外，亚麻荠仅需少量的水和肥料。尽管部分研究表明亚麻荠富含 Omega-3 脂肪酸，可被用于生产高质量食用油，但是亚麻荠并未纳入主流食物原料中，因此也就避免了与人争粮的潜在风险。

1.4.4.2　麻风树

麻风树是产于非洲、亚洲和美洲的有毒开花植物。与传统粮食作物相比，麻风树能生长在贫瘠的土壤上并且能耐受极端天气。此外，麻风树生长所需的水资源要求极少。麻风树的自身属性以及不与其他粮食作物竞争的特点，使其具有用于实际生产生物燃料的显著潜力。麻风树的油含量最高占原重的 35%[16]。麻风树的传统用途是为药用肥皂工业提供油料原料。麻风树的籽糕可用作肥料或牲畜饲料。因为麻风树对资源需求低且能够提供高品质的生物燃料，因此在过去数十年麻风树被称为神奇作物，产出的油料被选用为生物燃料原料。但最近发现麻风树的总产出远低于过去的预期，麻风树种植方法尚未被完全掌握，农场主基于市场的不确定性而在种植麻风树上犹豫不决。

1.4.4.3　棕榈

棕榈科包含约 2600 种不同植物[17]，从棕榈提取的油料被视作可再生航空燃料原料的有力竞争者。作为世界上最广泛种植的植物之一，棕榈科植物在人类历史上有一席之地。棕榈的用途之广泛，以至于在某些地方棕榈油用来调味。棕榈油大部分为饱和脂肪，在室温下会半凝固。采用棕榈作为燃料原料的一个优势是其在榨油过程中产生的废弃物（如果壳和果穗），也同样可以按废弃物生产燃料的方式进行处理。棕榈树适宜在热带和亚热带气候环境下种植，例如印度尼西亚、马来西亚和尼日利亚这些国家有着悠久的棕榈种植历史。

1.4.4.4　藻类

藻类是最古老的生命形态，曾进化分布为如今全球的数千物种。近期因为藻类的高油含量、高生长率以及种植便利，称其为第三代生物燃料原料。与其他油料作物类似，藻类也需要水、二氧化碳和阳光。但是藻类比常规作物能更有效地利用这些资源。相比其他油料作物，微藻种植过程非常简单迅速，并且每公顷产出高出常规作物的30倍[18]。在野外，藻类可以在地球上的每个角落找到，包括极端咸水甚至是冰川。微藻生命周期内极高的二氧化碳吸收量是其对比传统生物质原料的有利优势。此外，考虑到其极快的生长速率，微藻似乎是有着满足全球液体燃料需求潜质的重要原料之一。这些优势和其他因素无疑会加速藻类用于生产可持续航空燃料。

1.4.5　废食用油

废食用油被视为第二代生物质原料[4]。废食用油有着免费（例如上游使用者丢弃的油）或者非常便宜的独特优势。此外，利用废食用油也是对环境友好的。但是利用废食用油的主要问题是其生产并不稳定，而且废食用油收集点往往在垃圾站。因此，废食用油难以成为大需求市场的长期原料供给补充。此外，废食用油和动物脂肪通常有着较高的饱和脂肪酸含量，这会提升产品价格。

1.4.6　天然气

化石基原料中的天然气为不可再生能源。作为一种碳氢气体混合物，天然气的主要成分是甲烷。天然气中的杂质通常包含其他种类的烷烃。将天然气转化为液态燃料的工艺被称为天然气制油（Gas-to-liquid，GtL）[13]。Speight（2014年）指出天然气制油是一个精炼工艺，可以直接或者通过费托工艺将天然气转化为长链碳氢化合物[19]。合成气（syngas）由碳质原料通过气化过程得到，它是由一氧化碳和氢气组成的混合物，并且可以用天然气生产[20]。随后费托工艺用于将合成气转化为液态烃类[11]。美国能源信息署曾预计在 2017 年，天然气制油的日均产量为 230000 桶，占全球液体燃料产量的 0.2%[21]。

图 1-9 展示了全球通过天然气制油工艺生产的液态烃类产量。可

以看到，2005 ～ 2015 年前天然气制油的产量急剧上升。为了应对持续攀升的需求量，可以预见天然气制油工厂的建设也会增加。

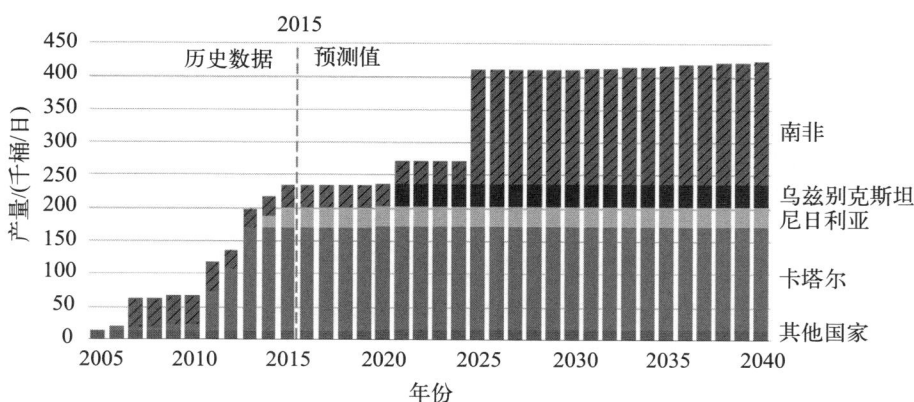

图 1-9 全球 GtL 工厂产量[22]

1.5 技术路径

如前文所讨论的，"技术路径"这个术语的定义是原材料变为燃料的过程。由原油原料到煤油型航空燃料的技术路径被视为传统技术路径。在 SAF 的进展出现前，这条技术路径几乎不存在竞争。

将原料转化为航空替代燃料的技术路径过程根据选用原料的不同而存在非常大的差异。费托工艺是最为成熟的技术，已得到广泛应用并且全面商用。由于存在传统航空燃料原料短缺的危机，近期也发展了其他的技术路径。例如酯类和脂肪酸类加氢工艺（Hydrotreatment Ester and Fatty Acid，HEFA）提供了用生物油原料生产航空燃料的替代方法。

1.5.1 传统技术路径

现在我们熟知的燃料生产系统起源于 1859 年美国宾夕法尼亚州 Edwin Drake 的第一口油井。当然，那时候的产物用途完全不同，并且像汽油这种潜在的精炼产品还未完全实现生产。随着汽车和后来飞机的发明，汽油产量迅速上升。用于生产和输送这些传统燃料，即化石燃料的方法和基础设施，相比新型创新燃料技术路径早起步了150年。必须指出，在现代汽车发明之前，有些内燃机已经设计成具备使用生物燃料、乙醇和松节油等燃料的能力。

1.5.2 费托工艺

费托工艺是德国人 Franz Fischer 和 Hans Tropsch 在一百多年前研究出来的。费托工艺中，碳氢化合物从低沸点气体合成为高沸点烷烃[22]。研究表明，费托工艺技术路径对比化石燃料技术路径能够减少高达86%～104%的温室气体排放[8]。费托工艺技术路径的原料多为煤炭、天然气和生物质。通常，可通过气化过程和催化裂解过程得到合成石蜡煤油（synthetic paraffinic kerosene，SPK）。产生的合成石蜡煤油燃料可以直接用在航空发动机中，并且并未出现重大问题。

目前，由煤炭和天然气生产的费托燃料按1∶1的比例与传统航空燃料混合，用于商业航空中[23]。费托工艺的基本原料随生产商而变化（Sasol 公司用煤炭，Shell 公司用天然气），不过所有需要生产合成气的工艺必须采用气化过程。萨索尔（Sasol）生产的费托航空燃料是第一个被批准的航空替代燃料（Alternative Jet Fuel，AJF），使用时与商用航空燃料（Commercial Jet Fuel，CJF）混合。与 JP-8 燃料相比，壳牌（Shell）公司生产的费托燃料是一种窄馏分的煤油。

对比煤炭和天然气，生物质费托工艺的发展历史短得多。采用生物质进行费托工艺的最大缺点是需要净化合成气以及找到可持续的原料资源。同时生物质的成本也显著影响大规模生产的进程。需要注意，生物质费托燃料75%的成本用于购买本身的原料。目前生物质费托燃料已经完成了一些规模化生产测试，并且自2009年起，生物质费托燃料以最高1∶1比例与传统航空燃料混合进行商用。

此外，近期研究表明存在使用煤炭和生物质同时作为原料的可能性，这种技术有时被称为煤/生物质制液体燃料（Coal and Biomass to Liquids，CBtL）。通过技术更新，可更有效率地单步水解生成液体燃料，副产物为可被重复使用的高纯度二氧化碳。因为这种新技术路径还需要进一步开发，其详细信息有限。

1.5.3 燃料成熟度等级

商业航空替代燃料倡议组织（Commercial Aviation Alternative Fuels Initiative，CAAFI）已经将航空替代燃料开发的标准化编写成规范，称其为燃料成熟度等级。不同的等级有助于验证所处的开发阶段。这种分类能够帮助追踪燃料从起始研究开发、认证，到公示之间的进度。在这个过程中的每个阶段必须达成特定的里程碑才能进入到下一个成熟度等级[12]。

1.5.4 酯类和脂肪酸类加氢工艺（燃料成熟度等级 7）

通常，酯类和脂肪酸类加氢工艺（HEFA）技术通过加氢处理（图 1-10）以及异构过程将原料转化为链烷烃（在本书撰写时，HEFA 技术是七个获批的可持续航空燃料技术路径之一）。HEFA 技术是最成熟的用生物质原料生产可再生航空燃料的方法。HEFA 技术的大部分原料是植物油、动物脂肪，以及废油等第一代原料。HEFA 技术使用的第二代原料包括像亚麻荠和麻风树这种非食用农作物。对于藻类产油这种第三代原料的 HEFA 技术也正在快速开发中。Honeywell 公司和 Neste 公司都采用 HEFA 技术生产替代燃料，但由于使用了不同的工艺，终产物存在着差异。Honeywell 公司在加氢处理后组合进行选择性裂解和异构化工艺。Honeywell 公司的工艺可使再生航空燃料的产出最大化，而 Neste 公司的 HEFA 工艺目标是生产柴油。尽管 Neste 公司的工艺仍然存在生产航空替代燃料的可能性，但是需要进一步的调整。HEFA 技术存在的一个难题是原料的生产。总体上，2015 年世界植物油产量为 17800 万吨。尽管最近航空工业增加了对不同种类原料转化航空替代燃料的研究和开发，但是出于对于粮食生产以及环境影响的担忧，人们开始研究废油用于替代 HEFA 的原料。废弃食用油（Used Cooking Oil，UCO）是最广泛使用的原料，但是相比于植物油，其产量太低。预估全球每年会产出 2900 万吨废弃食用油[24]。实际可用的废油原料还得与不断增长的车用生物柴油生产需求相竞争。地面交通运输用的生物柴油已经成熟，而航空替代燃料的生产也肯定会借鉴生物柴油生产的经验。

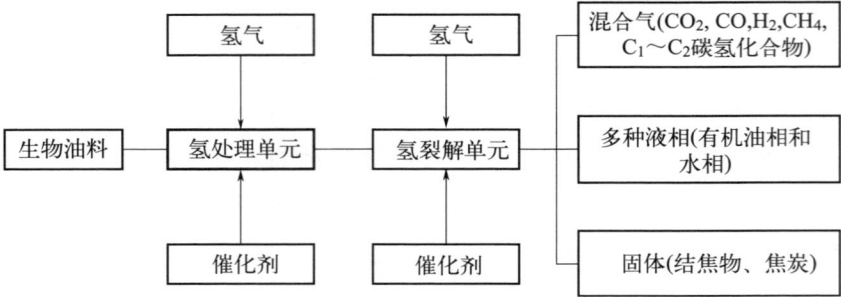

图 1-10 加氢处理的一般流程

　　使用可食用原料的一个主要缺点是当其需求和产量都突然上升时，可能会影响粮食安全。此外，在 1972～2015 年期间全球植物油产量增长了 600% 的背景下，过去 10 年间植物油价格上涨超过了 10 倍[25]。因此对非食用原料投入更多开发是合理的。与可食用作物相比，发展非食用作物为原料不会出现与人争粮的情况，而且大部分非食用作物能够生长在不适宜种植可食用油料作物的土地上。所以非食用作物的价格也会显著低于可食用作物。

1.5.5　醇喷工艺（燃料成熟度等级 4～6）

　　乙醇是一种无色透明的醇类，可由玉米和甘蔗这类生物质生产。美国和巴西是世界领先的乙醇生产国。在美国，因为玉米广泛耕种且有着大量储备，所以是乙醇的主要原料。目前只有少量的航空燃料技术路径获得批准，其中醇喷工艺合成石蜡煤油（Alcohol-to-Jet Synthetic Paraffinic Kerosene，AtJ-SPK）技术在 2016 年获批，与传统航空燃料的混合上限是 30%[26]。

　　通常生产这种航空替代燃料需要分两步走。第一步通过像发酵这种工艺从糖或淀粉生成乙醇。这个工艺非常成熟，尤其是在美国和巴西。但对于木质纤维素原料来说，转化工艺还在开发过程中。醇喷工艺的优点在于其广泛的原料来源和能够作为生产醇类中间产物的方法之一。

1.5.5.1 玉米

玉米作为最重要的农作物之一，各大洲都广泛种植。联合国粮食及农业组织（Food and Agriculture Organization，FAO）的统计数据显示，2020 年玉米年产量达 12.07 亿吨，美国占据最大百分比。在 2019 年，美国玉米产量达 3.47 亿吨，2020 年达到 4.06 亿吨[26]。玉米是美国首要的乙醇原料，并且近年来玉米的大量丰收助力了乙醇产量的上升。增加的玉米产量以及相对稳定的玉米价格使得乙醇生产利润更高，并且提升了对玉米价格波动的容忍度，这与过去玉米价格波动显著影响乙醇的利润和产量的情况不同。

1.5.5.2 甘蔗

甘蔗原产自亚洲，是最大的乙醇生产原料之一。巴西是全球市场上领先的甘蔗种植国，甘蔗生产量全球第一，几乎占据了世界总产量的 41%。相比美国采用玉米生产乙醇，巴西将甘蔗作为乙醇原料。因为美国和巴西均为世界领先的乙醇生产国，因此在这一领域两国之间存在大量竞争。

1.5.5.3 木质纤维素资源

像树、草和农业废弃物这种非食用生物质也能成为醇喷工艺的原料。在工艺过程中，首先提取植物中的纤维，然后纤维素断裂，生产出纤维素乙醇。非食用原料对比传统乙醇农作物存在巨大的潜力。非食用生物质种植过程中所需水和肥料远低于常规农作物，并且能够在不适宜可食用农作物种植的土地上生长。

1.5.6 直接糖制碳氢化合物工艺（燃料成熟度等级 5 ~ 7）

直接糖制碳氢化合物工艺的原料与醇制航空燃料相似，区别在于这种工艺通过无氧发酵直接将糖类转化为烷烃类燃料。所以无需生产航空燃料的中间产物醇类[21]。考虑到发酵过程的复杂度，主要原料是来自甘蔗的简单六碳糖。尽管如此，这项技术存在将原料扩展到有着更加复杂结构糖类的可能，例如从木质纤维素生物质原料中提取的糖类。

1.5.7 共处理催化水热裂解工艺（燃料成熟度等级6）

这条技术路径通过炼油厂的中间馏分将植物油转化为航空燃料。因为这条技术路径与现有加氢技术类似，因此其投入成本较低。催化水热裂解工艺利用水来生产芳香烃和链烷烃化合物，能够减少氢气消耗量。

1.6 小结

随着公众对燃烧化石燃料造成不良环境影响的担忧日益加剧，伴之而来的是对更加环境友好空运方式兴趣的持续上升。开发可持续、经济性好且环境友好的燃料过程中出现的问题以及过程本身的复杂程度令人生畏，特别是在燃料安全标准上决不能退让的情况下。在过去五年中航空科技取得的进展使得整个行业更有效率，并且随着空运需求持续上升，下一个主要目标就是开发SAF。

过去，化石基（例如石油、天然气和煤炭）原料就已经是航空燃料的主要原料，它们是生物有机物在一定压力、热量以及漫长时间过程中形成的。这些有机物在生长阶段捕获二氧化碳，并在作为燃料使用时将二氧化碳释放回大气。燃烧过程中除二氧化碳外，还会产生氮氧化物和其他化合物，一并称为温室气体。通常，生物质燃料在燃烧过程中也会向大气释放同样的化合物。生物质燃料的优势在于其原料生长阶段能够吸收温室气体化合物。借助生命周期分析，可以发现生长阶段吸收的和燃烧阶段释放的温室气体达成了平衡。如前文提到的，原料是发掘可持续航空燃料潜在优势的关键。不同种类的原料有着各自独特的挑战。例如玉米和糖类这种原料就必须与粮食生产相竞争，而非食用原料则需要新的昂贵基础设施。

这个领域中另一方面是开发将原料转为燃料的技术。这是技术路径工艺的一部分，并且需要专门认证才能作为"即用型"燃料。术语"即用型"的意思是替代燃料既可以与传统燃料混合，也可以单独用作航空燃料。替代燃料的终极目标是完全取代化石基燃料，一些飞机已经使用100%SAF做过飞行演示验证。如前文提到的，航空替代燃料必须遵守燃料安全标准，并且像CAAFI这类组织也编写了相关方法来指导技术路径的批准。现在有六种被美国材料与试验协会（American Society for Testing and Materials，ASTM）批准的可持续航空燃料技术路径，并且更多的技术路径处于认证过程中。随着越来越多的原料和技术路径获批，化石燃料的依赖会减少，进而为子孙后代提供更加稳定的经济环境以及更加洁净的空气。

参考文献

[1] Jet fuel daily price. [cited 2020 August]. Available from：https：//www.indexmundi.com/commodities/?commodity=jet-fuel&months=360.

[2] Kargbo H，Harris JS，Phan AN. "Drop-in" fuel production from biomass：critical review on techno-economic feasibility and sustainability. Renewable and Sustainable Energy Reviews，2021，135：110168.

[3] Oil and petroleum products explained，refining crude oil. 2019 [cited 2020 August]. Available from：https：//www.eia.gov/energyexplained/oil-and-petroleum-products/refining-crude-oil-inputs-and-outputs.php.

[4] Kolosz BW，et al. Life cycle environmental analysis of 'drop in' alternative aviation fuels：a review. Sustainable Energy & Fuels，2020，4（7）：3229-3263.

[5] Hileman JI，Stratton RW. Alternative jet fuel feasibility. Transport Policy 2014，34：52-62.

[6] Crago CL，et al. Competitiveness of Brazilian sugarcane ethanol compared to US corn ethanol. Energy Policy 2010，38（11）：7404-7415.

[7] De Jong S，et al. Life-cycle analysis of greenhouse gas emissions from renewable jet fuel production. Biotechnology for Biofuels，2017，10（1）.

[8] Hileman JI，Ortiz DS，Bartis JT，Wong HM，Donohoo PE，Weiss MA，Waitz IA. Near-term feasibility of alternative jet fuels. RAND Corporation and MIT，2009.

[9] Sani YM，Daud WMAW，Abdul Aziz AR. Biodiesel feedstock and production technologies：successes，challenges and prospects，biodiesel-feedstocks，production and applications. In：Biodiesel - feedstocks，production and applications. IntechOpen，2012.

[10] Atabani AE，et al. A comprehensive review on biodiesel as an alternative energy resource and its characteristics. Renewable and Sustainable Energy Reviews，2012，16（4）：2070-2093.

[11] Zhang C，et al. Recent development in studies of alternative jet fuel combustion：progress，challenges，and opportunities. Renewable and Sustainable Energy Reviews，2016，54：120-138.

[12] The outlook for energy：a view to 2040. Exxon Mobil Corporation，2015.

[13] Zhou L，Duan M，Yu Y. Exergy and economic analyses of indirect coal-to-liquid technology coupling carbon capture and storage. Journal of Cleaner Production，2018，174：87-95.

[14] Lane J. Beta renewables：biofuels digest's 2015 5-minute guide. [Online]. Biofuels Digest，2015.

https：//www.biofuelsdigest.com/bdigest/2015/01/15/beta-renewablesbiofuels- digests-2015-5-minute-guide/.

[15] Tao L，et al. Techno-economic and resource analysis of hydroprocessed renewable jet fuel. Biotechnology for Biofuels，2017，10（1）：261.

[16] Nithiyanantham S，Siddhuraju P，Francis G. Potential of jatropha curcas as a biofuel，animal feed and health products. Journal of the American Oil Chemists' Society，2012，89.

[17] Tobi AR，et al. Comparative analysis of physiochemical properties of physically activated carbon from palm bio-waste. Journal of Materials Research and Technology，2019，8（5）：3688-3695.

[18] Kandaramath Hari T，Yaakob Z，Binitha NN. Aviation biofuel from renewable resources：routes，opportunities and challenges. Renewable and Sustainable Energy Reviews，2015，42：1234-1244.

[19] Speight JG. In：Speight JG，editor. Gasification of unconventional feedstocks. Boston：Gulf Professional Publishing，2014，162.

[20] Russell W，Stratton HMW，Hileman JI. Life cycle greenhouse gas emissions from alternative jet fuels. 2010.

[21] Mat Yasin MH，et al. Potentials of palm oil as new feedstock oil for a global alternative fuel：a review. Renewable and Sustainable Energy Reviews，2017，79，1034-1049.

[22] Administration，U.S.E.I.. International energy outlook. 2017. https：//www.eia.gov/ outlooks/ archive/ieo17/.

[23] U.S.D.o. Energy，editor. Alternative aviation fuels：overview of challenges，opportunities，and next steps. Bioenergy Technologies Office（BETO）. 2016，88.

[24] Pradhan RA，Arshad M，Ullah A. Solvent-free rapid ethenolysis of fatty esters from spent hen and other lipidic feedstock with high turnover numbers. Journal of Industrial and Engineering Chemistry，2020，84：42-45.

[25] Woiciechowski A，et al. Feedstocks for biofuels. 2016，15-39.

[26] FAO. Food outlook-biannual report on global food markets. June 2020［Rome］.

第 **2** 章

航空燃料的一般组成与航空替代燃料审批流程

本章原著作者：Vamsi Krishna Undavalli，俄罗斯莫斯科，莫斯科航空学院（国立研究大学）；
Bhupendra Khandelwal，美国亚拉巴马州塔斯卡卢萨，亚拉巴马大学机械工程系。

2.1 引言

航空燃料的选用需结合发动机类型及其运行工况的适配性进行综合评估。这些燃料的大致分类如图 2-1 所示。目前，活塞式发动机使用航空汽油（Aviation Gasoline，AVGAS），燃气涡轮发动机使用航空涡轮燃料（Aviation Turbine Fuels，ATFs）。尽管所有航空涡轮燃料均以石油为基础，但其成分会因生产工艺、原油来源及供应稳定性的不同而产生差异。基于此，航空燃料的认证与标准均以其性能参数为核心制定依据。燃料性能由以下理化特性决定：热值、燃烧品质、燃料稳定性、挥发性、流动性、润滑性、抗腐蚀性、洁净度、安全特性及排放特性。最常见的航空燃料是宽馏分 Jet-A1 燃料，Jet-A 仅在美国国内使用，Jet-B 则一般应用于世界寒冷地区。航空燃料还要求具有高能量和高吸热能力、低的高温沉积特性、良好的热安定性，以满足热交换、燃料操作性、储存和材料相容性。

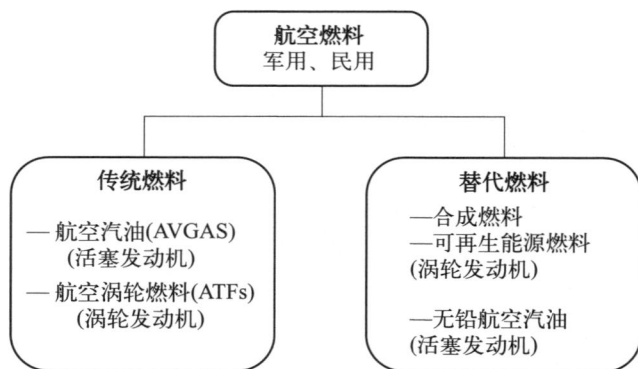

图 2-1 航空燃料分类

随着时间的推移，航空燃料与飞机和发动机技术同步发展。航空燃料主要从原油中提炼，包括石油基、煤油基或两者混合的宽馏分燃料。不同航空燃料具有非常相似的化学结构，但由于不同生产商采用的生产工艺不同，因此很难定义燃料的精确成分。归根结底，燃料的性能才是最根本的，因此标准燃料规格是以燃料性能为基础制定的。此外，燃料的化学特性也随时间不断优化，以满足发动机性能日益增长的需求。早期活塞发动机燃料的使用经验为当前航空燃料规格的发展及在工业和军事领域中的应用提供了基准，形成了业界公认的燃料性能指标体系，并作为燃料标准发布。表 2-1 列出了全球范围内广泛使用的一些航空燃料。

表 2-1　航空涡轮燃料的种类及应用

用户	燃料
国际航空运输协会	Jet-A1，Jet-A
美国	Jet-A1，Jet-A
美国军方	海军 JP-4 [F-40]①，JP-5 [F-44] 空军 JP-7，JP-8 [F-34/35]
英国	AVCAT 高闪点煤油 [F-44]，AVTAG 宽馏分煤油 [F-40]，AVTUR Jet-A1 [F-35]
俄罗斯	T-1，TS-1，TS-1 高级煤油，T-1S 特种煤油，T-3 宽馏分煤油，RT 高级煤油
加拿大	Jet-A，Jet-A1 [F-35]，AVTUR 煤油 [F-34]，AVCAT 高闪点煤油 [F-44]

① 方括号内为北约代码。

2.2　燃料标准

燃料标准是用于控制航空燃料质量和性能的一套技术规范。这些规范由各国国家机构发布，并最终成为评估航空燃料的核心依据。早期的燃料标准关注点在于提升发动机性能和运行能力，例如解决爆震问题和提高飞行高度。基于活塞发动机燃料的早期实践经验，现行燃料标准在持续改进和修订中逐步完善，以满足民用航空和军用航空的需求。航空业通过应用这些标准，系统性地规范了飞机机身和动力装置的研发及其运行部署、燃料生产、运输及储存等活动中的性能输出和燃料特性。

适航当局负责对飞机和飞机发动机进行认证，但不直接认证燃料。

因此，他们接受原始设备制造商（Original Equipment Manufacturers，OEM）指定的标准作为运行限制。1999年，基于 Sasol 公司的费托（FT）工艺，首批替代燃料——煤制油（CtL）半合成航空燃料获得批准，此后替代燃料不断发展。美国材料与试验协会（ASTM）石油、液体燃料与润滑剂 D02 委员会中负责航空燃料的 J 分委会以此为基础，制定了航空替代燃料及其认证标准，并得到其他相关组织的认可。

当替代燃料与从原油中提炼的航空燃料具有相同的燃料特性时，它们可以替代传统航空燃料，并被称为"即用型"燃料。即用型燃料具有与传统航空燃料相似的性能。美国联邦航空管理局（Federal Aviation Administration，FAA）和欧洲航空安全局（European Aviation Safety Agency，EASA）采用了"即用型"的概念，以避免对现有喷气发动机和飞机进行重新认证。商业航空替代燃料倡议组织（CAAFI）正积极与航空燃料行业及包括与美国军方合作的航空原始设备制造商在内的其他合作伙伴合作，建立替代燃料生产及应用的资格认证流程。2009年，首次发布了基于费托燃料的 50% 混合燃料的综合标准，截至2020年，已正式发布七种替代燃料标准。

2.3　传统燃料的认证

传统燃料通过原油炼制工艺获得，这些燃料可能基于石油或煤油，甚至是两者的混合物，通常被称为宽馏分燃料。宽馏分燃料是一种烃类混合物，其沸点超过汽油和煤油，因此具备更高的产量优势。

传统燃料的发展可追溯至 20 世纪初人类航空探索的萌芽阶段。随着对飞行高度与速度的追求，需持续优化燃料特性并控制燃料性能，以满足飞机的运行要求。20 世纪 30 年代中期至 40 年代，人们通过一系列尝试解决活塞发动机因爆震导致的燃烧不稳定性问题，从而提升发动机性能。后来，人们认识到燃烧与燃料成分之间的复杂关系，从而改变了航空汽油的成分，最终开发出了抗爆汽油。通过添加异构烷烃和四乙基铅，新型添加剂汽油得以问世，这就是现代的航空汽油。

几十年来，军事组织主导制定燃料标准以提升燃料性能。这些标准引入燃料测试方法与燃料质量标准，并控制燃料参数以满足航空设计师需求。早期活塞发动机使用航空汽油的经验为后续航空涡轮燃料的研发奠定了基础。德国发明家 Dr. Hans Von Ohain 最初的原型实验，在搭载于 Henkel-178 实验机的喷气发动机中，首先尝试使用气态氢，后因航空汽油供给充足且储运简便，改用航空汽油提供动力。另一方面，英国 Sir Frank Whittle 则选用冰点较低的照明煤油作为其发明的燃气轮机的燃料。20 世纪 30～40 年代，在寻找合适的航空燃料过程中，经历了反复的实验试错。科学家与工程师通过权衡燃料特性与飞机运行要求，取得了初步成果。例如，喷气式飞机的高空飞行要求燃料具有高挥发性和低冰点。而从航空母舰燃料的安全性方面考虑，对其闪点进行了限制。当然，单纯基于工作需求选择燃料并不可取，这会因炼油成本的提升而限制可用燃料的范围。

随着多年运行经验的积累，早期的燃料标准持续完善，最终形成了目前航空燃料广泛认可的性能指标体系。这些标准伴随燃料、飞机及发动机的技术进步而发展。目前，这些标准因其已发展为高度稳定的技术标准体系，更新频率极低。从原油中提炼出来的燃料有许多特性，但只对燃料性能有显著影响的适用性参数(Fit-to-purpose, FTP)进行管控, 如：①热膨胀系数；②表面张力；③比热容；④热导率；⑤蒸发焓；⑥介电常数；⑦导电率；⑧随海拔高度变化的可燃性极限；⑨最小火花点火能量；⑩自燃点；⑪气体和水的体积模量溶解度；⑫热氧化安定性[1]。由于炼油加工技术的一致性，其余参数的变化非常有限。

ASTM 国际协会下属的石油产品及润滑剂 D02 委员会以及英国国防部下属的航空燃料委员会（DEF STAN）是制定现行燃料标准的主要机构。这些组织与包括民用和军用在内的主要航空业利益相关者密切合作，协调航空燃料的规格标准。许多国家都发布了航空燃料标准，但大多是由上述委员会的标准衍生而来。ASTM D1655《航空涡轮燃料标准》[2] 与 DEF STAN 91-91 是航空工业标准中最常用的标准。这两个标准规定了航空涡轮燃料 Jet-A1 和 Jet-A 的规格。美国军用燃料 JP-8 包含在 MIL DTL 83133 标准中。独联体（Commonwealth of Independent States，CIS）国家的 TS-1 和 RT 航空燃料采用俄罗斯标准 GOST 10227[3]，Jet-A1 煤油采用 GOST R 52050 标准。加拿大根据

CGSB 3.24 标准对 Jet-A1 进行了规范，而中国则根据 GB 6537 标准对其 3 号航空燃料进行了规范。尽管所有这些航空燃料标准中的燃料要求、燃料特性和燃料限制相当接近，但并不等同，表 2-2 列出了部分燃料的技术要求。航空汽油的技术标准单独制定，根据 ASTM D910 标准，航空汽油有 80L、90L、100L 和 100LL 四种标号，而 DEF STAN 91-90 标准则有 80L、100L 和 100LL 三种标号。

美国联邦航空管理局和欧洲航空安全局等适航当局对航空燃料的监管方式与对飞机机身、动力装置及其组件的直接适航审定不同，其通过航空公司等终端用户实施间接监管。无论如何，燃料在整个燃料供应链中都会受到一些外部影响，从而导致燃料质量和性能的改变。几乎不可能像制造飞机或发动机部件那样，在每个构成单元上都贴上"合格"标签。此外，由于化石燃料的来源和燃料生产商使用的生产工艺不同，每批燃料的成分也会有所差异。因此，适航性法规最终演变为只监管燃料性能，而不是前面提到的燃料成分。这种方式允许供应链各环节通过验证燃料性能来确保其适用性。简而言之，适航当局通过航空公司实施监管，而航空公司必须按原始设备制造商操作手册中指定的燃料标准使用燃料。原始设备制造商需根据美国联邦法规第 14 编第 33.7 部分（US CFR Title 14，Part 33.7）和欧洲航空安全局发动机认证规范第 40（d）条 [EASA CS-E 40（d）] 或欧洲航空安全局发动机可接受的合规方法第 40（d）（3）（c）条[4][EASA AMC 40（d）（3）（c）]，通过产品测试与认证确定其产品适用的燃料类型。因此，一旦飞机或发动机的燃料符合适航规定，其燃料标准将成为机身或动力装置运行限制的一部分，并写入操作手册及适航认证文件[5]。从历史经验看，作为运行限制的燃料标准已足够控制燃料成分与特性，以满足飞机或发动机的适航认证要求。

表 2-2　不同航空燃料的技术要求

燃料	Jet-A	Jet-A1	TS-1	Jet-B
规格标准	ASTM D1655	DEF STAN 91-91	GOST 10227	CGSB-3.22
总酸值（以 KOH 计）/（mg/g）	0.100	0.015	0.700	0.100

燃料		Jet-A	Jet-A1	TS-1	Jet-B
芳香烃（体积分数）/%	≤	25	25	22	25
总硫（质量分数）/%	≤	0.300	0.300	0.250	0.400
硫醇硫含量（质量分数）/%		0.003	0.003	0.005	0.003
馏程 /℃					
10% 馏出		205	205	165	报告
50% 馏出		报告	报告	165	报告
终馏点		300	300	250	270
蒸气压 /kPa	≤	—	—	—	21
闪点 /℃	≥	38	38	28	
密度（15℃）/（kg/m³）		775～840	775～840	≥774（20℃）	750～801
冰点 /℃	≤	−40	−47	−50	−51
黏度（−20℃）/（mm²/s）	≤	8	8	8（−40℃）	—
净热值 /（MJ/kg）	≥	42.8	42.8	42.9	42.8
烟点 /mm	≤	18	19	25	20
萘系烃含量（体积分数）/%	≤	3	3	—	3
铜片腐蚀（100℃，2h）/级	≤	NO.1	NO.1	通过（100℃，3h）	NO.1
热安定性（压力降）/（mmHg）	≤	25	25	—	25
管壁目视评级	≤	＜3	＜3	—	＜3
静态沉淀物测试（150℃，4h）/（mg/100mL）	≤	—	—	18	—
胶质含量 /（mg/10mL）	≤	7	7	5	—

在 ASTM D1655 和 DEF STAN 91-91 标准的基础上，由石油公司联盟成立的联合检查组（Joint Inspection Group，JIG）整合两项标准，发布了最严格的燃料要求，即《联合运营系统航空燃料质量要求》（Aviation Fuel Quality Requirements for Jointly Operated Systems，

AFQRJOS）。该文件通常被称为"联合检查单"，制造商将其作为满足燃油标准的核查清单[6]。

2.4 替代燃料的认证

替代燃料包括合成燃料和可再生燃料，通常被称为可持续航空燃料。合成燃料通过费托工艺，以煤炭、天然气或生物质等烃类化合物原料生产。这些原料经气化生成一氧化碳和氢的混合物，随后重组形成烃类燃料[7]。可再生燃料是从植物脂类、脂肪、油类及生物油脂等生物原料，通过酯交换反应或加氢处理工艺制成航空燃料。替代燃料被称为"即用型"燃料，因其化学成分与传统燃料相似，且通过与传统燃料混合可满足运行性能要求。其核心优势在于，无需对飞机设备进行重新认证，即可直接替代传统燃料或进行补充。

南非的 Sasol 公司自 20 世纪 50 年代开始研发替代燃料。自 1955 年以来，Sasol 公司一直在使用费托工艺生产煤制合成混合燃料。随着航空燃料需求增长及石油资源短缺，该公司于 20 世纪 90 年代中期开始研究半合成航空燃料（Semisynthetic Jet Fuel，SSJF），并于 1999 年获得 DEF STAN 91-91 第 3 版认证的煤基半合成 Jet-A1 燃料，该航空煤油是基于煤与石油基燃料混合的费托工艺生产的。2008 年，由五种煤基合成馏分混合而成的全合成航空燃料（Fully Synthetic Jet Fuel，FSJF）进一步获得 DEF STAN 91-91 第 6 版认证[8]。此外，DEF STAN 91-91 第 6 版中还规定了燃油喷嘴、燃烧室等零部件的验收测试程序，甚至在必要时进行整机测试。美国空军（The United States Air Force，USAF）基于上述两项认证标准制定了替代燃料测试与评估流程[2]。

此后，ASTM 国际也批准了半合成航空燃料（SSJF）与全合成航空燃料（FSJF），并将两者归类为"即用型"燃料。由于燃料特性与传统 Jet-A/Jet-A1 燃料一致，Sasol 公司的燃料被纳入现有航空燃料标准。美国联邦航空局和欧洲航空安全局采纳了"即用型"的概念，允许直接使用此类燃料而无需重新认证发动机或飞机。Sasol 公司通过上述认证为其他生产商建立了一条通用的替代燃料认证途径，目前已被行业广泛采用。

随着替代燃料关注度的提升，由美国联邦航空局牵头，行业利益相关方于 2006 年 5 月共同发起商业航空替代燃料倡议。该倡议旨在简化认证流程，积极推动"即用型"燃料的研发与商业化[9]。美国空军与商业航空替代燃料倡议组织联合航空燃料行业 100 余家利益相关方开展协作，包括燃料生产商、原始设备制造商、航空公司及军事机构。商业航空替代燃料倡议组织主导 ASTM 国际石油、液体燃料与润滑剂委员会（D02 委员会）下设的航空燃料 J 分委会，负责确定新兴可再生燃料的评估流程和燃料规格要求，下设若干工作组。

尽管替代燃料（即用型燃料）与石油基燃料性能相同，但由于对可再生燃料和现代生产技术认知有限，且生产可再生燃料的原料必须从煤炭、生物质和植物油等多种资源中转化而来，因此分会决定为"即用型"燃料制定更严格的认证标准。因此，2009 年 9 月颁布了 ASTM D7566 标准《含合成烃的航空涡轮燃料标准》，如图 2-2 所示。此外，航空燃料 J 分委会还发布了 ASTM D4054《新型航空涡轮燃料及燃料添加剂认证与审批的标准规程》，明确候选燃料评估准则[4]，如图 2-3 所示。

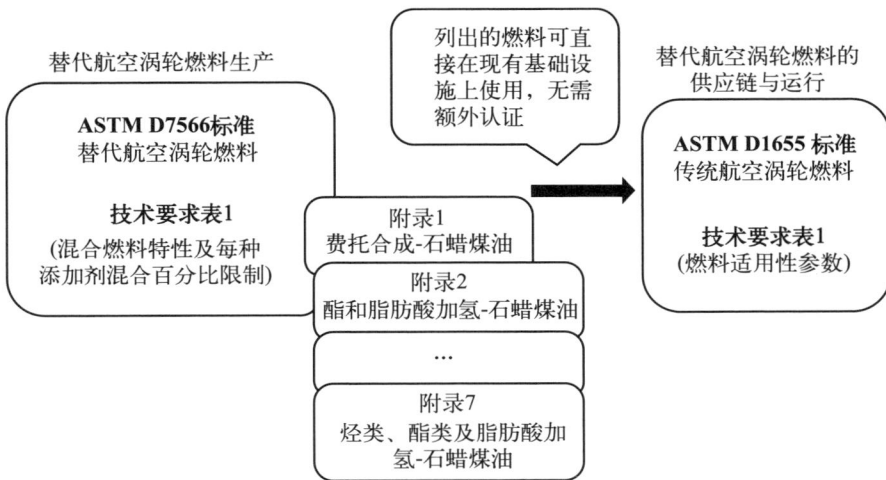

图 2-2 D7566 与 D1655 标准的结构协调性

由于替代燃料中缺乏某些特定的烃类成分，需与传统航空燃料混合以优化结构和组成，同时保持与传统燃料相似的性能。因此，ASTM D7566通过附录形式规定各类合成燃料的特性与组分要求，主文件则列出每种新型燃料与传统燃料的允许混合比例。一旦新型替代燃料被纳入 D7566作为"即用型"燃料，即可依据 ASTM D1655《航空涡轮燃料标准》[2]与传统燃料等同使用。这为现有燃料供应链基础设施、飞机及发动机的再认证提供了便利，或几乎无需进一步认证。这使得 D7566中列出的燃料可以随时使用，既严格控制了燃料特性，又实现了与现有体系的兼容。

在将新型替代燃料成功列入 ASTM D7566之前，该燃料必须是通过认证的合格候选燃料。新型候选燃料需按照 ASTM D4054《新型航空涡轮燃料及燃料添加剂认证与审批的标准规程》[10]进行三阶段评估流程，如图 2-3所示。在此三个阶段四个层级的评估过程中，候选燃料生产商将通过燃料样本的迭代测试以测定燃料成分与性能。

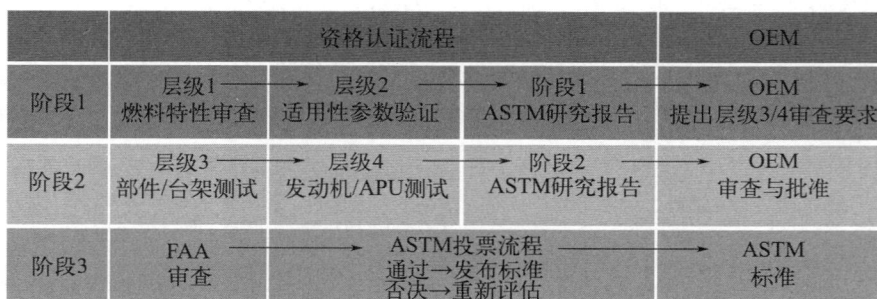

资格认证流程			OEM
阶段1	层级1 燃料特性审查 →	层级2 适用性参数验证 →	阶段1 ASTM研究报告 →	OEM 提出层级3/4审查要求
阶段2	层级3 部件/台架测试 →	层级4 发动机/APU测试 →	阶段2 ASTM研究报告 →	OEM 审查与批准
阶段3	FAA 审查 →	ASTM投票流程 通过→发布标准 否决→重新评估		ASTM 标准

图 2-3 ASTM D4054 候选燃料认证流程（依据 CAAFI[9]调整）
APU-辅助动力装置

如图 2-4所示，生产商首先在层级 1向 ASTM D02委员会下属的 J分委会提交新型燃料或添加剂提案。该提案需获得航空公司及军方认可方可启动候选资格认证流程。燃料获得认证后，进入层级 2测试流程，接受技术评估。技术评估全面检验适用性参数，包括烃类结构的化学成分分析与痕量物质检测，同时对照 ASTM D7566标准对燃料的性能参数与整体物理特性进行测量和交叉检查。主要测试项目包括：

热安定性，验证燃料在工作温度下是否具有足够的抗氧化分解能力[7]；添加剂相容性，检查燃料或添加剂是否与现有燃料兼容；材料相容性，检查润滑油密封件的弹性体行为是否改变、燃油系统是否腐蚀。此外，还对静电安全与地面操作性进行测试检查，评估燃料商业化应用的可行性。完成层级 1 和层级 2 测试后，编制阶段 I 研究报告并提交至原始设备制造商审查。根据原始设备制造商反馈，认证流程进入阶段 II，开展层级 3 与层级 4 评估。

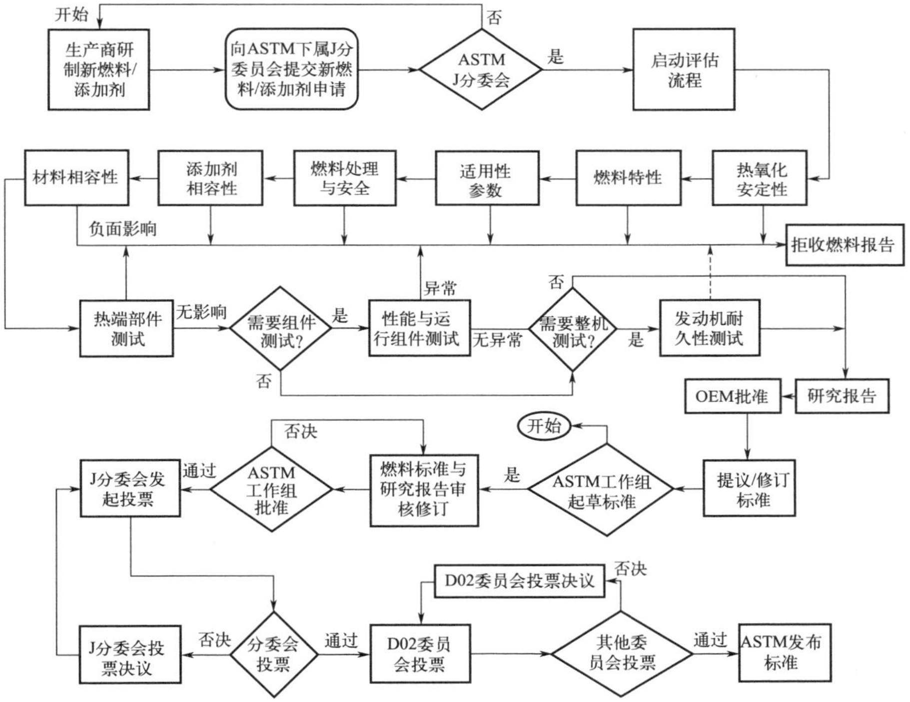

图2-4 ASTM D4054 候选燃料分阶段资格认证流程

层级 3 主要涉及发动机热端部件测试，如涡轮与燃烧室，分析燃烧产物对涡轮叶片及冶金涂层的影响。此外，还对燃油泵、喷嘴、燃油管路等与燃料接触的系统进行测试，以及辅助动力装置的高空起动能力测试。在获取性能与运行部件测试数据后，进行整机测试。根据整机测试的要求，收集发动机排放、耐久性及再点火性能数据，编制报告经原始设备制造商审查批准，并由 J 分委会在阶段 II 完成研究报告审核。原始设备制造商批准后，流程进入阶段Ⅲ，由适航监管机构进行最终审查。ASTM 工作组据此起草燃料标准并启动投票程序。投票通过后，ASTM 将新燃料标准列入 ASTM D7566 附录 A。

截至 2020 年，已有七种燃气涡轮发动机替代燃料生产工艺通过认证并实际应用，如表 2-3 所示，列于 D7566 附录 A1 ～ A7 中[11]。由于航空汽油含铅且对环境有负面影响，需解决爆震问题以确保活塞发动机运行安全。因此，美国联邦航空管理局、环境保护署（Environmental Protection Agency，EPA）及 CAAFI 正在威廉·休斯大西洋城技术中心研究无铅替代添加剂。2019 年，Shell 公司的三种燃料通过初步评估，但仍需改进[12]。近年来，行业正大力降低替代燃料认证成本与周期，例如美国建立的"信息共享中心"。

表 2-3　已批准的替代燃料类型[9,11]

类型	批准年份和 D7566 附录	混合 百分比	原料	工艺
费托工艺 - 石蜡煤油	2009 年，附录 A1	≤ 50.00%	城市固体废弃生物质，或农业、林业、碳作物、煤炭和天然气中的废弃物合成的 CO 和 H_2 混合物	费托工艺通过铁或钴催化剂将 CO 和 H_2 转化为液态烃，经裂解和异构化生成与传统航空燃料中的石蜡组分完全一致的即用型燃料
酯类和脂肪酸类加氢 - 石蜡煤油	2011 年，附录 A2	≤ 50.00%	植物和动物脂肪、油脂中的脂肪酸、酯类及脂质	天然油脂经加氢处理、去除氧及其他杂质分子，转化为烃类，再经裂解、异构化生成以石蜡为主的合成航空燃料混合组分
加氢发酵糖类合成异链烷烃	2014 年，附录 A3	≤ 10.00%	糖类	利用改良酵母发酵糖类生成 C15 法呢烯，经加氢处理后用作航空燃料的混合组分
费托合成含芳香烃的石蜡煤油	2015 年，附录 A4	≤ 50.00%	城市固体废物生物质或农业、林业、碳作物、煤炭、天然气中的废弃物合成的 CO 和 H_2 混合气	费托工艺结合轻质芳香烃（主要为苯）的烷基化反应，生成含芳香烃化合物的混合燃料

続表

类型	批准年份和 D7566 附录	混合百分比	原料	工艺
醇喷合成工艺 - 石蜡煤油	2016 年，附录 A5	≤ 50.00%	乙醇与异丁醇 —通过糖类、玉米、甜高粱、甘蔗、甜菜根及块茎的发酵淀粉制得 —木质纤维素生物质水解产物 —其他形式的氢和碳生化转化产物	异丁醇或乙醇经脱水处理后，依次进行低聚、加氢及分馏
催化水热裂解合成煤油	2020 年，附录 A6	≤ 50.00%	植物和动物脂肪、油脂中的脂肪酸、酯类及脂质	通过水热转化脂肪酸酯和游离脂肪酸，结合催化、水热裂解、加氢处理、加氢裂化或加氢异构化等工艺，最终分馏生成合成煤油
烃类、酯类及脂肪酸加氢 - 石蜡煤油	2020 年，附录 A7	≤ 10.00%	生物来源的烃类、脂肪酸酯及游离脂肪酸	对原料进行加氢处理以去除氧及其他杂质分子，将生物烃类与脂质转化为烃类，通过裂解与异构化生成以石蜡为主的合成航空燃料混合组分

2.5 小结

　　化石燃料资源的枯竭及其对环境的负面影响，使人们更加关注替代燃料的应用。但是，由于可再生能源的供应有限，传统燃料仍是当前航空业的主要燃料来源。随着人们对环境问题的日益关注，而且各类技术可以帮助航空燃料克服新工艺设计过程中出现的挑战，燃料改良势在必行。例如，航空汽油通过加入铅添加剂解决爆震问题，传统航空燃料也通过添加剂混合实现性能优化。在碳中和目标驱动下，通过碳捕集方式形成的新型燃料使得航空燃料标准与认证流程发生了重大变革。通过将 ASTM D7566 与 ASTM D1655 相结合，引入了"即用型"燃料概念，既简化了新燃料的审批流程，又通过严格管控燃料标准确保其满足运行需求。当前，业界正在开发新的程序和流程，使新型航空燃料审批流程更为合理，降低燃料审批所需的成本与时间。

参考文献

[1] Wilson GR，Edwards T，Corporan E. Certification of alternative aviation fuels and blend components. Energy & Fuels，2013，27（2）：962-966.

[2] ASTM D1655-20b. Standard specification for aviation turbine fuels. West Conshohocken，PA：ASTM International. 2020.

[3] GOST 10227-2013. Jet fuels specifications. Federal Agency on Technical Regulatingand Metrology（ROSSTANDART）. 2013.

[4] Rumizen M. Aviation biofuel standards and airworthiness approval. In：Kaltschmitt M，Neuling U，editors. Bio-kerosene status and prospects. Berlin，Heidelberg：Springer，2018. p. 639-664.

[5] Edwards T，Moses C，Drye F. Evaluation of combustion performance of alternative aviation fuels. In：46th AIAA/ASME/SAE/ASEE joint propulsion conference & exhibit，July 2010.

[6] Aviation fuel quality requirements for jointly operated systems. Joint Inspection Group 2019：（31）.

[7] Daggett D，Hadaller O，Maurice L，Rumizen M，Brown N，Altman R，Aylesworth H.The commercial aviation alternative fuels initiative. SAE Transactions，2007，116：953-965.

[8] DEF STAN 91-91，Issue-11. Turbine fuel，kerosene type，jet A1；NATO code：F-35；joint service designation：AVTUR. UK：Ministry of Defense，2019.

[9] Approved alternative fuels. www.caafi.org. [Accessed 5 August 2020].

[10] ASTM D4054-20a. Standard practice for evaluation of new aviation turbine fuels and fuel additives. West Conshohocken，PA：ASTM International. 2020.

[11] ASTM D7566-20a. Standard specification for aviation turbine fuel containing synthesized hydrocarbons. West Conshohocken，PA：ASTM International. 2020.

[12] Piston Aviation Fuels Initiative（PAFI）. www.faa.gov. [Accessed 5 August 2020].

第 **3** 章

点火和再点火及替代燃料的影响

本章原著作者：Bandar Awadh Almohammadi，沙特阿拉伯延布，塔伊巴大学工程学院机械工程系；

Vamsi Krishna Undavalli，俄罗斯莫斯科，莫斯科航空学院（国立研究大学）；

Bhupendra Khandelwal，美国亚拉巴马州塔斯卡卢萨，亚拉巴马大学机械工程系。

3.1 为什么点火和再点火很重要

对于航空燃气轮机来说，点火和再点火能力决定了燃烧室体积的大小和可操作性，同时也关联影响发动机排放和干重等指标。预测燃气涡轮发动机燃烧室的点火性能将有利于燃烧室的设计和燃料的开发，但目前还受这一现象复杂性的限制[1]。燃油喷雾火焰点火可分为以下3个阶段[2]：

① 火花和初始内核生长；
② 火焰的形成和传播；
③ 在回流区里形成稳定的火焰[3]。

3.2 燃气轮机点火器

除了电火花点火器和火炬点火器，本节还介绍了其他不同类型的燃气轮机点火器，如电热塞点火、化学点火和热表面点火等。但是，由于电热塞点火需要提供一个持续的电源，用于将燃料预热到瞬时燃烧温度；化学点火额外需要一个用来装化学燃料的容器；而热表面点火也需要额外提供一个高温热源[3]。事实上，这些点火方式目前已经过时了。

3.2.1 电火花点火系统

电火花点火器具备点燃燃油、启动发动机的功能，还需要具备在高空火焰完全熄灭时提供快速再点火能力[4]。电极是火花塞的主要部件，通过它产生火花。火花塞的特点是在极短的时间内，一般在 0.1s 内，将极高的点火能量传递到油气混合物中，并传递到以毫米为单位的限定区域内，使混合物迅速电离。这就产生了温度约为 $6 \times 10^4 K$ 的高能火花通道，从而瞬间加热了邻近的油气混合物。电火花点火系统易于使用，因为它能够控制火花频率、火花持续时间和火花能量[3]。

3.2.2　火炬点火系统

火炬点火器一般由额外的燃料/空气流、一个火花塞和一个壳体组成，通过火花塞和燃料/空气混合物产生初始火焰并形成火炬，形成的火炬作为点火源，点燃主燃烧室内的燃料。影响火炬点火器性能的参数有很多，如燃料的挥发性、空气温度和油气比等，但点火器性能不受其本身安装位置的影响。燃气轮机中火炬点火器的主要缺点是在点火器空载期间燃料的结焦和裂解。为克服结焦和燃料裂解问题，可在燃气轮机启动点火系统中加入清洁吹扫空气的流程和电磁阀。火炬点火器的理想安装位置是燃烧室底部，如笛卡尔坐标系中的 195° 和 345° 位置[5]。

3.2.3　激光点火系统

与其他点火系统相比，激光点火系统因其能够调节点火时间、位置和能量而最具应用前景。鉴于上述特点和激光点火器的广泛应用潜力，相信在不久的将来，激光点火器将成为主流[6]。另一方面，在大规模生产和应用于喷气发动机之前，还需要对激光点火器在各种工作条件下的可操作性、在高速气流中的点火性能以及光束质量进行大量研究。激光点火系统的示例见图 3-1[7]。

3.2.4　等离子体喷射点火系统

等离子体喷射点火系统与电火花点火系统类似，通过放电产生的极高温度和压力来形成等离子介质，然后让等离子体流出喷口，点燃燃油。其工作原理更像火炬点火器，但速度是超音速的。等离子体介质的温度及其流速可以通过改变等离子体喷口、气体流量、腔室大小和放电方式来改变，从而改变其穿透深度[3]。虽然等离子体喷射点火系统在高速气流中点火时具有优势，但缺点也较大。等离子体喷射点火系统需要大功率电源来进行高能放电，因此该系统能耗高、寿命短。

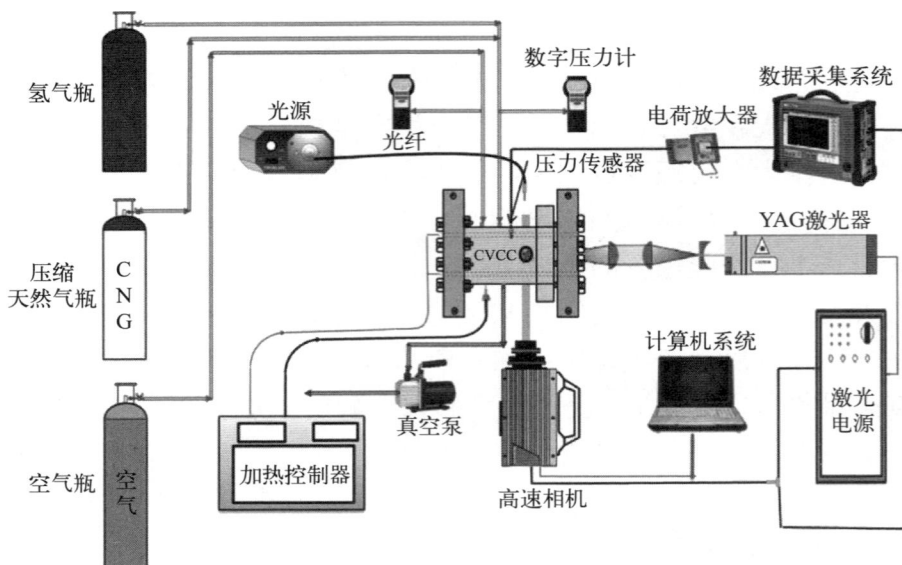

图 3-1 Prasad 等开发的富氢天然气激光点火系统[7]

3.3 影响最小点火能量的参数

最小点火能量（Minimum ignition energy，MIE）对点火系统而言是一个非常重要的参数，因为最小点火能量决定了点火系统能否在低能耗电源下高效运行。影响点火能量的因素很多，将在本节中进行详细介绍。

3.3.1 硬件和运行条件

3.3.1.1 气流

最小点火能量会随着空气流量的增加而增加。主要是因为随着气量的增加，流过点火器的气量也相应增加，加快了点火器的冷却从而损失了点火能量。随着气量的增加[8]，点燃油气混合物的当量比范围会变窄。最小点火能量与气流速度呈近似线性关系，但它同时也是电极间距和火花持续时间等多个变量的函数。然而，气流压力对最小点火能量的变化速率并不产生影响[9]。

湍流是影响最小点火能量的另一个因素。随着湍流强度的增加，火花核心能量会因强湍流而损失，但同时燃烧速度也会增加，在两者的综合作用下，最小点火能量随湍流强度增加而略有增加。当湍流强度较高时，湍流尺度大小对最小点火能量具有显著影响[10]。

根据研究结果，Shy 等[11]认为，在一定的湍流强度下，最小点火能量随湍流强度的变化关系会发生转变。在贫油混合物中，转变发生在归一化湍流强度约为 25 时，而在富油混合物和化学当量比混合物中，转变发生在湍流强度约为 15 时。转变发生前，最小点火能量与湍流强度呈近似线性关系；一旦转变发生，最小点火能量会以湍流强度的 4 次方关系剧烈变化。

3.3.1.2 温度

除空气流量外，油气混合物的温度也会影响最小点火能量。燃料空气混合物温度从 300K 升至 400K 时，最小点火能量可降低约 50%[12]。最小点火能量与温度之间的关系呈指数关系变化[13]。

因此，在相同的最小点火能量情况下，预热过的燃料空气混合物会比未预热的燃料空气混合物当量比边界略宽。此外，在较高温度下点火，当量比肯定会更进一步减小[12]。

3.3.1.3 压力

实验结果表明，当点火过程主要取决于化学反应速率时，最小点火能量（MIE）与压力（P）的 -2 次方成正比[3]，可表达为 $MIE \propto P^{-2}$。因此，压力的增加会降低最小点火能量。但是 $MIE \propto P^{-2}$ 这一关系仅适用于压力低于 30kPa 时的状态，当压力超过 30kPa 时，随着压力的增加，最小点火能量降低超过 P 的 -2 次方关系的幅度。当然，压力指数也受当量比和空气流量影响。当静态混合物的当量比略高于 1 时，压力指数最小（约为 -2），更富（油）的油气混合物和更大的压力会使得最小点火能量下降。然而，当气流速度在 10m/s 左右时，压力指数会增长到 -1.25，然后随着气流速度的增加保持不变。同样，压力指数随当量比 Φ 变化的幅度也非常明显，当 $\Phi=1.5$ 时，指数值约为 -0.5[8]。在空气质量流量增加时，压力的变化确实会影响最小点火能量。另外，在相同压力条件下，当量比 Φ 较低时压力增加导致最小点火能量的变化比当量比 Φ 较高时更为剧烈。

3.3.1.4　火花塞位置

为提高点火的成功概率，工程师应选择合适的火花塞位置。理想的火花塞位置应处于当量比等于 1 或略大于 1 的区域。如果将火花塞位置从富油或化学恰当区域向更贫油区域移动 5 ～ 10mm 左右，点火概率可能会从 100% 急剧降至 0%[14]。这些结果也得到了 Ahmed 研究[3]的支持。

Marchione 等[3]也对最佳火花塞位置进行了研究，发现回流区是最佳位置，因为该区域燃料液滴密集。此外，还对使用多个点火器进行了研究。与单个点火器相比，多个点火器只能位于燃烧室火焰筒旁边。多个点火器的位置可以在同一轴向位置沿燃烧室周向排列，但要靠近回流区。研究表明，将火花塞位置从上述最佳位置移开 5 ～ 10mm，点火概率会降低到约 60%。

3.3.1.5　火花持续时间

火花持续时间是直接影响能量消耗的重要因素。大量能量在火花快速放电过程中消耗，但如果放电速度过于缓慢，能量就会损耗分散到过多的油气混合物中，从而导致油气混合物加热的温度过低而不会燃烧。气流速度大小会影响火花的最佳持续时间，气流流速增加会缩短火花的最佳持续时间。当量比 Φ 变化也会影响火花的最佳持续时间，当 $\Phi=1$ 时，火花的最佳持续时间最长。而当量比远远偏离 $\Phi=1$ 时，最佳火花持续时间越来越短。同时，压力增加会缩短最佳火花持续时间。另外，虽然湍流强度不会影响火花的最佳持续时间[15]，但火花持续时间始终应小于点火延迟时间[16]。

3.3.1.6　火花频率

在使用火花塞点火时，火花频率（spark per second，sps）会影响点火效果。即使采用相同的电源，随着频率增加，点火成功概率也会增加。但从另一方面来说，火花频率越高，点火装置就越大。因此，需要根据实际应用情况来进行权衡，进而确定最佳的火花频率[3]。

上述结论在 Foster[17] 的实验研究中得到了验证，他将火花频率从150sps 调整为 3sps，观察到在最高火花频率时点火成功概率更大。他对这一结果给出了三种解释[17]。

① 当瞬态易燃油气混合物通过火花塞发火位置附近时，点火成功率会增加。

② 在电极之间的局部小区域内，燃料和空气并没有完全混合。然而，较高的火花频率会增加较小的油气混合物微团通过电极并返回的机会，从而增加点火的机会。

③ 提高火花电极的温度可以达到预热油气混合物的目的，使混合物更容易点燃。

实验表明，与频率为 100sps 的单个点火器相比，多个点火器同时点火提高了点火可靠性，而且单点火器的能耗是多个点火器的 3 倍，因此多个点火器点火既节能又可靠。

3.3.1.7　电极间隙和材料

在火花塞的设计中，电极特性和电极间隙（两个电极之间的间隙）至关重要。事实上，最佳电极间隙是指成功点火时最小点火能量所需的最小间距，这是点火的关键因素。定义最佳电极间隙的意义在于，除最佳间隙外，其他电极间隙无论大小都会需要更高的最小点火能量。如果电极间隙过小，就会产生淬熄效应。因为如果有更多的油气混合物微团通过电极，则需要更高的最小点火能量。另一方面，如果电极间隙过大，产生火花核心需要耗费更多的能量[3]，也会需要更高的最小点火能量。尽管如此，现有研究对影响最佳火花宽度的参数知之甚少。

Ballal 等在各种气体介质中进行的研究[10] 表明，具有较大电极间隙的气体依次为二氧化碳、氦气、氮气和氩气。

电极的横截面积越小，则越容易被侵蚀，导致能量释放不均匀，因此，最小点火能量也越小。同时，最小点火能量也受到电极材料的影响，比如，最小点火能量随材料沸点温度的 0.25 次方指数变化。因此，更倾向于选择沸点低的材料。但在选择电极材料时，耐磨性和经济性也是需要考虑的重要因素[15]。

3.3.2　燃料操作条件

在液体燃料的最小点火能量和点火问题上，挥发性是最关键的考虑因素。与挥发性较低的燃料相比，挥发性较高的燃料的最小点火能量更低。自然界中挥发性极强的庚烷（正庚烷）的最小点火能量大约是低挥发性燃料甲醇的 1/5[18]。

3.3.2.1　当量比（Φ）

就液体燃料而言，只有在富油燃料（当量比高）的条件下，比如 $\Phi>2$ 时才能达到最小点火能量。然而，当量比并不完全取决于燃料的挥发性，也就是说，燃料是液体形式或气体形式对当量比的影响很小，如图 3-2 所示。这是因为，在 $\Phi>2$ 的条件下，无论燃料是液态还是气态，燃烧区域内气体形式的燃料含量都会随着当量比的增加而增加[18]。

Lee 等[19] 也发现了类似的现象，即液体燃料的最佳当量比比气体燃料高。Danis 等对更高当量比情形进行的实验证明，液体燃料的最佳当量比约为 4[18]。

3.3.2.2　液滴尺寸

在点火过程中，为了更好地混合燃料和空气，需要更好的雾化效果。通过雾化，液体燃料被分解成微小的液滴。但最小点火能量通常会随液滴尺寸（直径）的变化而变化。如图 3-2 所示，液滴尺寸越小，最小点火能量越低。然而，也观察到当液滴直径 < 10 ～ 15μm 时，最小

点火能量有增加的趋势。由此可见，液滴直径不是越小越好[18]。由于气体分子的布朗运动，尺寸较小的液滴会被带离燃烧区域或点火区域，因此，获得热量的液滴无法充分加热到点火温度。

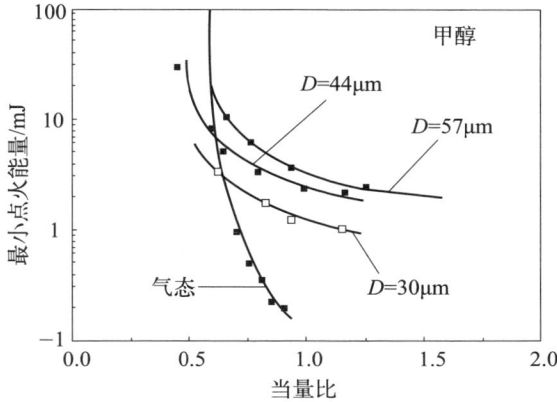

图 3-2 当量比和液滴大小对甲醇最小点火能量的影响[18]

D- 液滴直径

在已知当量比的情况下，较大液滴的最小点火能量较高，原因是，与较小液滴的总表面积相比，单个较大液滴的表面积较小。因此，液滴越大，燃料液滴被加热到点火温度的表面积就越小。另一个原因是火焰核心的分布，与较小的液滴相比，较大的液滴不会迅速移动，导致它们停留在焰芯内部。这使得火焰内核中的较大液滴几乎不可能与火焰内核外的相邻液滴发生相互作用[18]。

3.3.2.3 预蒸发

液体燃料预蒸发后最小点火能量会减小，最佳当量比 Φ 也会从 2 减小到 1.5，如图 3-2 所示。除此之外，预蒸发对极易挥发的燃料只有轻微影响，而对低挥发性燃料则有显著影响[18]。有学者研究了低挥发性燃料在预蒸发和非预蒸发两种不同情形之间的差异，发现预蒸发燃料的最小点火能量低至非预蒸发燃料的 1/20 左右。然而，温度对最小点火能量的变化几乎不会产生影响，预蒸发和非预蒸发燃料之间的温度差约为 25℃。

3.4 影响点火延迟时间的参数

3.4.1 运行条件

3.4.1.1 温度

火焰温度是影响点火延迟时间的一个重要因素。在 20bar（1bar=1×10^5Pa）、1800K 的高温条件下，点火延迟时间（τ）非常短，约为 1μs[20]。不过，该分析是在燃料进入燃烧室之前已将燃料加热到蒸发温度的前提下做出的[20]，研究使用的是 Jet-A 燃料。与柴油相比，Jet-A 燃料更易挥发，但两种燃料的点火温度相同。Zhang 等的研究[21]发现，随着火焰温度的升高，点火延迟时间迅速缩短。此外，还观察到点火延迟时间随火焰温度的升高呈指数下降。

使用火炬点火器时，进口空气的温度非常重要。当空气温度从标准温度降低到 220K 时，90% 的火焰传播到燃烧室花费的时间将比标准温度下增加许多倍[5]。然而，火焰完全传播的时间相对较短。另一项研究[22]使用煤油燃料，在两个点火器周向位置相差 180°，进口空气温度为 273.15K，燃烧室直径为 35cm 的情况下，火焰完全传播的时间约为 0.5s。

3.4.1.2 压力

点火延迟时间（τ）受压力的影响很大。研究发现，τ 与 P^{-1} 成正比。从实验研究中可以看出，$P^{-0.98}$ 拟合得最好，但考虑到实验的不确定性，P^{-1} 可以被认为是合适的[20]。

然而，Spadaccini 和 TeVelde[23]注意到，对于五种不同的液体燃料所获得的数据，τ 正比于 P^{-2}。Spadaccini 等提到的许多其他研究表明，指数值可取在 −1 ～ −2 之间。Zhang 等[21]对气体燃料的研究也发现了类似的结果，同时他们也注意到，所使用的燃料类型对压力也有显著影响，但无法给出确定的指数值。

3.4.2　燃料控制条件

3.4.2.1　燃料和液滴尺寸

随着液滴尺寸（直径）的增加，低挥发性燃料的点火延迟时间确实会增加。这是因为燃料只能以蒸汽形式存在才能点火成功，随着液滴尺寸的增大，液滴达到汽化温度的时间会延长。相反，在使用高挥发性燃料时，随着液滴尺寸的增大，汽化温度会降低或保持不变。在液滴直径较小的情况下，高挥发性燃料和低挥发性燃料的点火延迟时间大致相同；但随着液滴直径的增大，高挥发性燃料的点火更快，点火延迟时间更短[24]。

3.4.2.2　当量比（Φ）

对于高挥发性燃料而言，点火最佳当量比（Φ）较低。在 $\Phi=0.5\sim 1$ 的范围内，点火延迟时间相对会较短。这是因为更高的当量比意味着更多的燃油液滴颗粒，它们蒸发吸收大量热量会导致局部淬熄。而对于低挥发性燃料而言，最佳当量比高得多，一般为 $\Phi>2$。当燃料由同时具有高挥发性和低挥发性的燃料组合而成时，高挥发性燃料的比例至关重要。如果组合燃料中高挥发性燃料的比例为50%，那么其最佳当量比与组合燃料中单一高挥发性燃料的最佳当量比一样小。但是，如果组合燃料中只含有10%的高挥发性燃料，则最佳当量比将略高于2，这一数值也大大低于单组分低挥发性燃料的情形[25]。

3.4.2.3　温度

对于非预热燃料来说，燃料的挥发性非常重要。对于液滴直径为 100μm 的癸烷（低挥发性），当火炬火焰温度从 1100K 上升到 1700K 时，点火延迟时间将从 0.1s 降至 0.03s。如果癸烷混合物中加入 10% 的挥发性更强的正己烷，点火延迟时间将从 0.1s 降至 0.015s[26]。

3.4.2.4　速度

速度会影响非预蒸发燃料的点火延迟时间，因为它对燃料的加热和蒸发时间有直接影响。速度的增加会缩短蒸发时间。在使用柴油燃料的情况下，当速度从 1m/s 增加到 10m/s 时，蒸发时间缩短了约 30%，首次蒸发时间缩短了约 1/2[27]。

3.5　替代燃料对点火性能的影响

许多研究都涉及了替代燃料对点火延迟的影响，因为这是最为关键的燃烧特性之一。Zhu 等[28]对两种传统燃料、九种替代燃料以及六种混合燃料（50%替代燃料和 50%传统燃料）的点火延迟时间进行了实验。实验中点火延迟时间的测量采用了激波管和激光吸收方法，在 1047～1520K 的温度范围内对两种不同压力情况和不同的混合物区域进行了测量。在这两种压力范围内，传统燃料和替代燃料之间的 τ 都不存在明显差异。因此，燃料类型不会影响点火延迟时间。

Flora 等[29]进行的另一项研究使用单脉冲激波管在高压和贫油燃料混合物条件下进行，他们研究了 JP-8 燃料、费托航空替代燃料（FT）、四种生物航空燃料、直接糖制碳氢燃料、醇喷燃料（AtJ）和生物柴油燃料的点火性能。如图 3-3 所示，所有燃料的点火延迟时间（τ）差异都在 ±25% 以内。这些微小的差异可能是由于燃料成分（如芳香烃含量）的变化造成的。

Dean 等[30]研究了正己烷、苯、癸烷混合物和 Jet-A 的自燃问题，目的是为航空煤油找到合适的替代燃料。实验使用了一个温度介于 1000～1700K 之间的加热激波管，平均压力为（8.5±1.0）atm（1atm=101325Pa）。研究发现，在 1450～1750K 温度范围内，己烷 - 癸烷（20%-80%）、苯 - 癸烷（20%-80%）和苯 - 己烷 - 癸烷（18.2%-9.1%-72.7%）混合物和 Jet-A 航空燃料的点火延迟时间（τ）大致相同。特别是，如图 3-4 所示，在低温条件下，正癸烷、正己烷和苯的混合物点火延迟时间略有增加，但这并不影响直接起爆所需的临界温度。

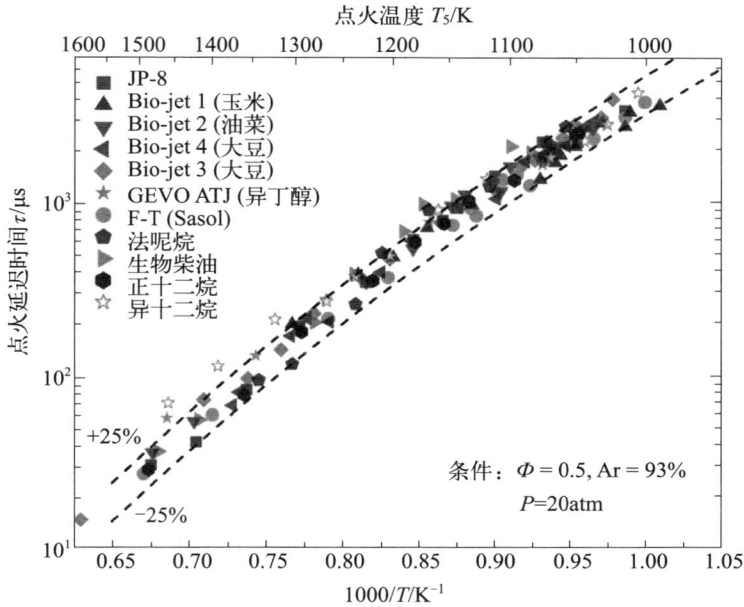

图3-3 JP-8 和航空替代燃料点火延迟时间（τ）的比较 [30]（另见文后彩图）

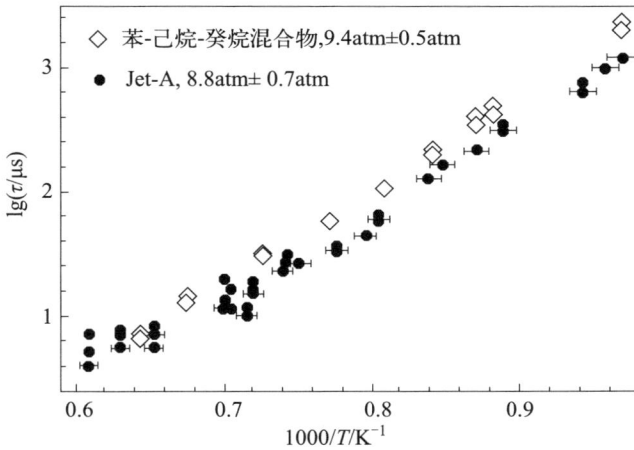

图3-4 在等效条件下化学恰当比替代燃料苯 - 己烷 - 癸烷（BHD）和 Jet-A/ 空气混合物的点火延迟时间 τ 与温度倒数的关系 [31]（1atm=1.01325×10⁵Pa）

  Han 等 [31] 研究了生物航空燃料对点火延迟的影响。混合燃料的特性与煤油航空燃料（Jet-A1）相似，如密度、氢碳比（H/C）和低热值。使用激波管记录了在压力 20atm、温度 700 ～ 1200K 范围内混合燃料的点火延迟时间，并与 Jet-A 和 Jet-A1 的点火延迟时间进行了比较。混合燃料在低温（<900K）时的点火延迟时间较短，原因是混合燃料中的生物燃料成分在低温下的点火延迟时间较短。

Kumar 和 Sung 研究了 Jet-A、JP-8 和非石油燃料（S-8）的自燃特性[32]。S-8 航空燃料由富含异构烷烃和正构烷烃的碳氢化合物组成（$C_7 \sim C_{18}$）。在温度为 615 ～ 933K，压力为 7 ～ 30bar，当量比为 0.43 ～ 2.29 的范围内测量了点火延迟时间。如图 3-5 所示，与 Jet-A 和 JP-8 相比，S-8 的点火延迟时间最短，因为 S-8 中的异构烷烃和正构烷烃的点火更快。

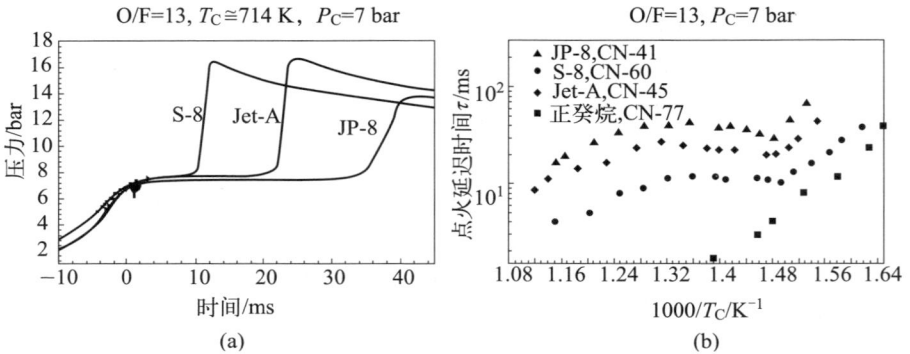

图 3-5 点火延迟时间 τ 与压力（a）和温度（b）的函数关系[33]

Mosbach 等[33] 研究了五种不同替代燃料（如 GtL 燃料成分）对航空燃气轮机点火和燃烧性能的影响。该研究使用了一个贫油燃烧航空发动机燃烧室，在模拟 25000 ～ 30000ft（1ft=0.3048m）飞行高度的温度、压力条件下进行。Jet-A1 被用作参考燃料，各测试燃料之间的点火延迟时间差异不大。

Hui 等[34] 研究了六种替代燃料对燃烧特性的影响，其中包括三种加氢处理的可再生燃料（hydrotreated renewable jet，HRJ）和三种费托燃料。结果表明，点火延迟受燃料成分，尤其是正构烷烃含量的影响。与正构烷烃含量低的燃料相比，正构烷烃含量高的实验燃料的点火延迟时间最短。例如，按重量计，以亚麻荠为原料的 HRJ 燃料正构烷烃含量为 10.2%，以动物油脂为燃料的 HRJ 燃料正构烷烃含量为 8.8%，前者点火延迟时间更短。

Davidson 等[35] 对馏分燃料的点火延迟性能进行了研究。该研究使用激波管在不同压力、温度和混合物条件下进行。馏分燃料包括火箭推进剂（RP-2）、航空燃料（JP-5、JP-8 和 Jet-A）、汽油和柴油燃料（F-76 和 DF-2）。燃料成分的变化对点火延迟时间的影响并不明显。在一组当量比接近 1 的实验结果中，决定点火延迟时间的活化能取决于氧气浓度。氧气浓度低，活化能就高。例如，图 3-6 描述了不同氧浓度的 A2 航空燃料在当量比接近 1 时的点火延迟时间对比。由于氧浓度的变化取决于温度，因此氧浓度越低，活化能越高。

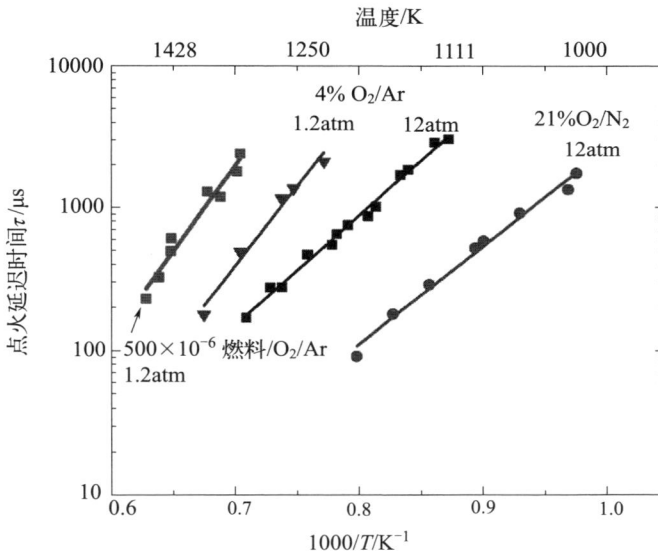

图 3-6 Φ=1 时在氩气中不同含量的 N₂ 和 O₂ 条件下 A2 航空燃料的点火延迟时间 τ[36]（另见文后彩图）

Valco 等[36] 研究了两种军用航空燃料（JP-5 和 JP-8）、费托燃料（Sasol 公司和 Shell 公司）、申请认证的亚麻荠衍生加氢处理可再生燃料（HRJ-5 和 HRJ-8）以及三种 Sasol 公司异链烷烃溶剂的自燃性能。实验使用激波管在贫油和化学恰当比条件下进行，温度范围 625 ～ 1000K，使用快速压缩机增压至 20bar。研究结果表明，随着燃料化学成分结构分支的增加，点火延迟时间会缩短。此外，在中、低温条件下，点火延迟时间受到环烷烃含量的影响。

Hui 等[5] 对自燃反应的研究结果表明，航空替代燃料的自燃速度比 Jet-A 快，而且自燃特性很容易受到燃料结构和成分的影响。研究表明，如果在 Jet-A 中添加十六烷添加剂，点火延迟时间会缩短。所有七种航空替代燃料的总体点火延迟时间似乎都比 Jet-A 短得多，而 Shell 公司的 GtL 是点火延迟时间最短、点火速度最快的燃料。

Wang 和 Oehlschlaeger[37] 对传统燃料和费托燃料的自燃特性进行了研究，总共有 5 种不同的燃料成分。研究结果表明，当温度大于 1000K 时，燃料具有大致相同的点火延迟时间，如图 3-7 所示。在低温条件下，燃料成分的影响非常明显，GtL 燃料具有最短的点火延迟时间，这与 Burger 的观察结果[6]基本一致。他还证明，在测试的 8 种燃料中，GtL 煤油在蒸发受限和反应受限两种类型燃烧室中性能都是最好的。Mosbach 等[4]以 Jet-A1 为标准燃料，在低于常温、常压条件下，采用典型的贫油燃烧航空发动机燃烧室测试了 5 种不同的 GtL 类燃料，发现点火和燃烧性能与所研究的燃料类型关系不大。

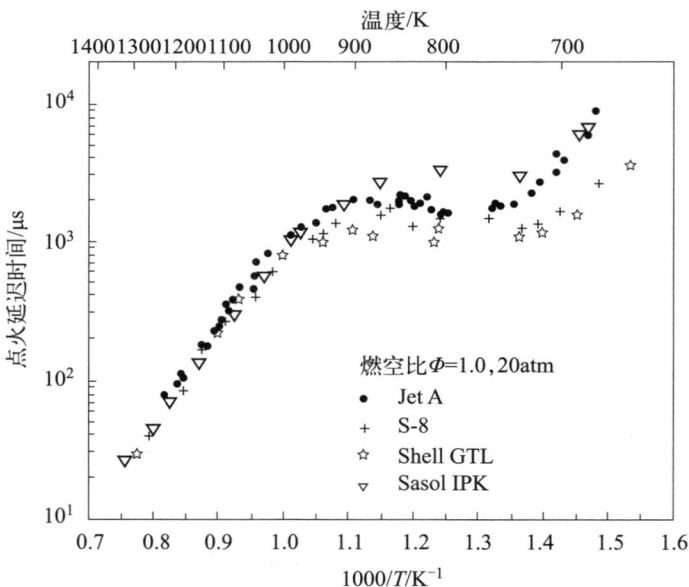

图 3-7 20atm 条件下替代燃料点火延迟时间的比较[38]

Lecourt 的实验工作[7]指出，燃料中的芳香烃含量在 0 ~ 20% 范围内对点火性能有积极影响。但纯芳香烃很难被点燃。根据 Colket 的建模结果，对于所有测试的芳香烃种类，较高的环境温度可以显著减

少点火延迟时间 τ [37]。与 Jet-A 相比，异辛烷和甲苯的点火延迟时间更长，另外，提高雾化压力对点火过程有积极影响。

Kang 等 [38] 最近进行的另一项研究对比分析了合成燃料与传统燃料的自燃特性。该研究使用 Jet-A、JP-5 和 JP-8 等传统燃料与 Syntroleum S-8（S8）、Shell 公司的合成石蜡煤油（Shell SPK）、Sasol 公司的合成异构石蜡煤油（Sasol IPK）、加氢处理可再生航空燃料（HRJ8）和醇喷燃料（AtJ）等合成燃料进行比较。研究中的替代燃料可分为高反应性燃料（S8、Shell 公司的 SPK 和 HRJ8）和低反应性燃料（Sasol IPK 和 AtJ）两类。图 3-8 和图 3-9 展示了在十六烷点火延迟时间（Cetane Ignition Delay，CID）装置中进行的实验结果，包括物理点火延迟时间、化学点火延迟时间和总点火延迟时间。这些延迟时间是通过十六烷点火延迟时间测量装置在 813 ～ 913K 范围内间隔 20K 的温度下将燃料混合物保持在 20bar 的等压条件下测量的。

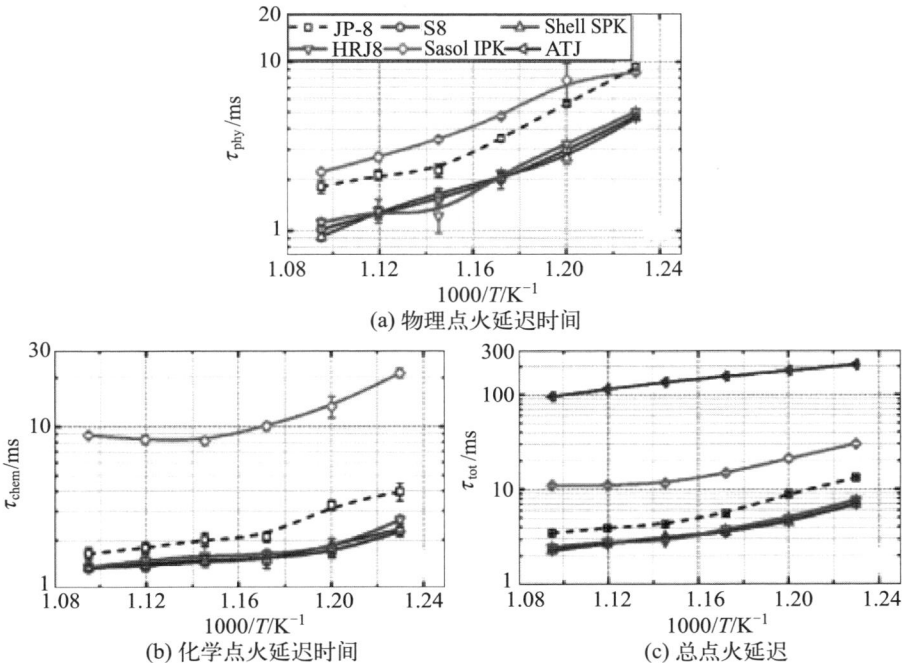

(a) 物理点火延迟时间

(b) 化学点火延迟时间

(c) 总点火延迟

图 3-8 在十六烷点火延迟时间测量装置中测量的合成燃料与传统燃料点火延迟时间比较 [39]（另见文后彩图）

这项研究特别表明，物理点火延迟时间（τ_{phy}）、化学点火延迟时间（τ_{chem}）和总点火延迟时间不仅是燃料的物理、化学和热力学特性的函数，而且相互依赖。图 3-8 中合成燃料的阿伦尼乌斯图显示，τ_{phy} 随混合物温度呈线性变化。由于混合物温度直接影响燃料雾化蒸发过程，τ_{phy} 随着混合物温度升高而减小。同时，与 JP-8 相比，替代燃料的密度和黏度相对较低，雾化速度更快，因此其 τ_{phy} 比 JP-8 更小，但 Sasol SPK 燃料除外。这清楚地表明了 τ_{phy} 与 τ_{chem} 的相互关系和影响，因为低氧化温度下其反应活性低，导致总点火过程延迟。

图 3-9 是 50% 混合燃料的阿伦尼乌斯图，它清楚地展示了 τ_{phy} 随混合物温度的线性变化。通过与图 3-8 的比较，也清晰展示了添加 JP-8 的混合燃料与单独合成燃料相比，可能延迟也可能提前点火过程：Sasol IPK 混合燃料和 AtJ 混合燃料具有相同的 τ_{phy}，但它们的 τ_{tot} 存在显著差异。还应注意到，由于添加 JP-8 后燃料性质的变化，高活性替代燃料与 JP-8 混合后在雾化过程中表现出延迟效应，而混合燃料的 τ_{chem} 则更接近合成燃料，与其值可能介于 JP-8 与合成燃料中间的预期

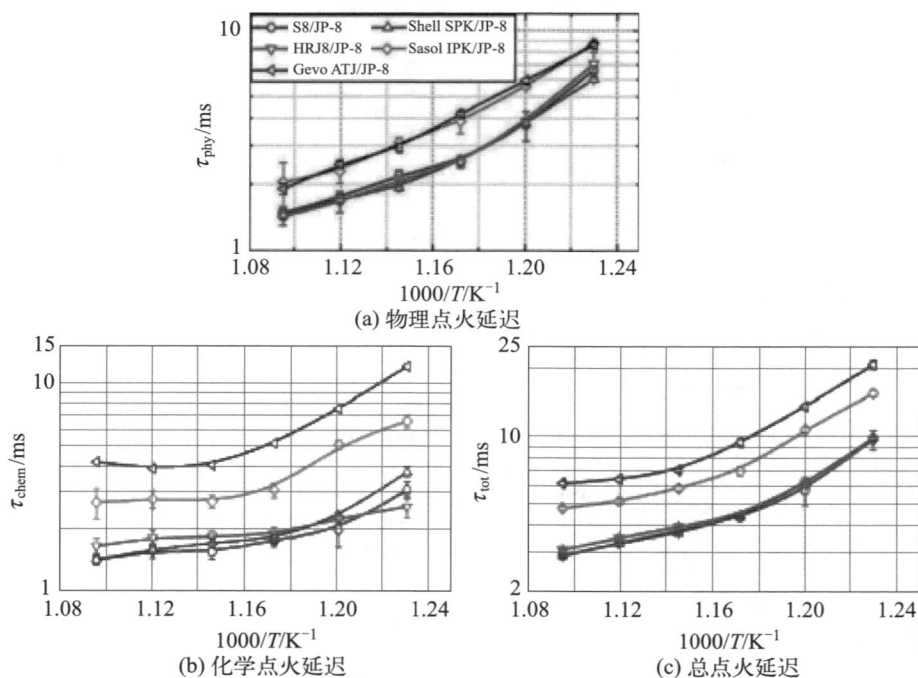

(a) 物理点火延迟

(b) 化学点火延迟

(c) 总点火延迟

图 3-9 在十六烷点火延迟时间测量装置中测量的 50% 混合燃料与传统燃料的点火延迟时间比较[38]（另见文后彩图）

不符。同样明显的是，点火过程在很大程度上受到混合过程的影响，混合比例完美的 AtJ 燃料的点火反应性能提高了 90%，Perez 等也观察到了同样的情况。燃料混合的协同和对抗行为对点火反应性能的影响更大，因为它描述了反应性和非反应性燃料成分的比例。显然，在较低的混合物温度下，τ_{chem} 会表现出显著差异，而对于十六烷值相近的燃料来说，随着混合物温度的升高，差异会逐渐缩小[39]。

3.6　结论

燃烧室点火性能对飞机的可操作性起着决定性作用，是影响航空发动机成本、重量和污染物排放的重要因素。最小点火能量和点火延迟时间受工作条件和所用燃料的影响。燃气轮机可使用多种类型的点火器，如火花点火器、火炬点火器、激光点火器和等离子体喷射点火器。激光点火器由于能够调节点火位置、点火延迟时间和点火能量，与传统点火系统相比具有诸多优点，应用前景会更好。对航空替代燃料而言，点火延迟时间受燃料成分浓度的影响，如芳香烃、烷烃和十六烷值。增加燃料中的芳香烃含量会增加点火延迟时间。根据本章综述文献，与传统燃料相比，使用生物航空燃料有助于缩短低温条件下的点火延迟时间。

参考文献

[1] Mastorakos E. Forced ignition of turbulent spray flames. Proceedings of the Combustion Institute，2017，36：2367-2383.

[2] Mastorakos E. Ignition of turbulent non-premixed flames. Progress in Energy and Combustion Science，2009，35：57-97.

[3] Marchione T，Ahmed S，Mastorakos E. Ignition of turbulent swirling *n*-heptane spray flames using single and multiple sparks. Combustion and Flame，2009，156：166-180.

[4] Wang Q，Zhang Y. Spark characteristics investigation of a gas turbine igniter. Combustion Science and Technology，2012，184：1526-1540.

[5] Lefebvre A H. Gas turbine combustion. 2nd，xv. Philadelphia：Taylor & Francis. 1998.

[6] Phuoc T X. Laser-induced spark ignition fundamental and applications. Optics and Lasers in Engineering，2006，44：351-397.

[7] Prasad R K, Jain S, Verma G, Agarwal A K. Laser ignition and flame kernel characterization of HCNG in a constant volume combustion chamber. Fuel, 2017, 190: 318-327.

[8] Ballal D, Lefebvre A. The influence of spark discharge characteristics on minimum ignition energy in flowing gases. Combustion and Flame, 1975, 24: 99-108.

[9] Swett Jr CC. Spark ignition of flowing gases. 1956.

[10] Ballal D R, Lefebvre A H. Flame quenching in turbulent flowing gaseous mixtures. In: Symposium (international) on combustion. 1977: 1689-1698.

[11] Shy S, Liu C, Shih W. Ignition transition in turbulent premixed combustion. Combustion and Flame, 2010, 157: 341-350.

[12] Moorhouse J, Williams A, Maddison T. An investigation of the minimum ignition energies of some C_1 to C_7 hydrocarbons. Combustion and Flame, 1974, 23: 203-213.

[13] Brokaw R S, Gerstein M. Correlations of burning velocity, quenching distances, and minimum ignition energies for hydrocarbon-oxygen-nitrogen systems. In: Symposium (international) on combustion.1957: 66-74.

[14] Neophytou A, Mastorakos E, Cant RS. The internal structure of igniting turbulent sprays as revealed by complex chemistry DNS. Combustion and Flame, 2012, 159: 641-664.

[15] Ballal D R, Lefebvre A H. Turbulence effects on enclosed flames. Acta Astronautica, 1974, 1: 471-483.

[16] Bradley D, Lung F-K. Spark ignition and the early stages of turbulent flame propagation. Combustion and Flame, 1987, 69: 71-93.

[17] Foster H H. Effect of spark repetition rate on the ignition limits of a single tubular combustor. 1951.

[18] Danis A M, Namer I, Cernansky NP. Droplet size and equivalence ratio effects on spark ignition of monodisperse n-heptane and methanol sprays. Combustion and Flame, 1988, 74: 285-294.

[19] Landen O, Farley D, Glendinning S, Logory L, Bell P, Koch J, Lee F, Bradley D, Kalantar D, Back C. X-ray backlighting for the national ignition facility. Review of Scientific Instruments, 2001: 72.

[20] Vasu S S, Davidson D F, Hanson R K. Jet fuel ignition delay times: shock tube experiments over wide conditions and surrogate model predictions. Combustion and Flame, 2008, 152: 125-143.

[21] Zhang Y, Jiang X, Wei L, Zhang J, Tang C, Huang Z. Experimental and modeling study on auto-ignition characteristics of methane/hydrogen blends under engine relevant pressure. International Journal of Hydrogen Energy, 2012, 37: 19168-19176.

[22] Boileau M, Staffelbach G, Cuenot B, Poinsot T, Bérat C. LES of an ignition sequence in a gas turbine engine. Combustion and Flame , 2008, 154: 2-22

[23] TeVelde J, Spadaccini L, Szetela E, Glickstein M. Alternative fuel deposit formation. East Hartford, CT: United Technologies Research Center. 1984.

[24] Takei M, Tsukamoto T, Niioka T. Ignition of blended-fuel droplet in high temperature atmosphere. Combustion and Flame, 1993, 93: 149-156.

[25] Aggarwal SK. Ignition behavior of a multicomponent fuel spray. Combustion and Flame 1989; 76: 5-15.

[26] Mawid M, Aggarwal S. Analysis of dropwise ignition versus external ignition for dilute multicomponent fuel sprays. Combustion and Flame, 1990, 81: 59-72.

[27] Sazhin S, Kristyadi T, Abdelghaffar W, Heikal M. Models for fuel droplet heating and evaporation: comparative analysis. Fuel, 2006, 85: 1613-1630.

[28] Zhu Y, Li S, Davidson DF, Hanson RK. Ignition delay times of conventional and alternative fuels behind reflected shock waves. Proceedings of the Combustion Institute, 2015, 35: 241-248.

[29] Flora G, Balagurunathan J, Saxena S, Cain J P, Kahandawala M S, DeWitt M J, Sidhu S S, Corporan E. Chemical ignition delay of candidate drop-in replacement jet fuels under fuel-lean conditions: a shock tube study. Fuel, 2017, 209: 457-472.

[30] Dean A, Penyazkov O, Sevruk K, Varatharajan B. Autoignition of surrogate fuels at elevated temperatures and pressures. Proceedings of the Combustion Institute, 2007, 31: 2481-2488.

[31] Han H S, Kim C J, Cho C H, Sohn C H, Han J. Ignition delay time and sooting propensity of a kerosene aviation jet fuel and its derivative blended with a bio-jet fuel. Fuel, 2018, 232: 724-728.

[32] Kumar K, Sung C-J. A comparative experimental study of the autoignition characteristics of alternative and conventional jet fuel/oxidizer mixtures. Fuel, 2010, 89: 2853-2863.

[33] Mosbach T, Gebel G C, Le Clercq P, Sadr R, Kannaiyan K, Al-Sharshani A. Investigation of synthetic paraffinic kerosene compositions on aviation turbine altitude ignition and combustion performance. In: Qatar foundation annual research forum, Volume 2011 Issue 1; 2011. EGO3.

[34] Hui X, Kumar K, Sung C-J, Edwards T, Gardner D. Experimental studies on the combustion characteristics of alternative jet fuels. Fuel, 2012, 98: 176-182.

[35] Davidson D, Zhu Y, Shao J, Hanson R. Ignition delay time correlations for distillate fuels. Fuel, 2017, 187: 26-32.

[36] Valco D, Gentz G, Allen C, Colket M, Edwards T, Gowdagiri S, Oehlschlaeger M A, Toulson E, Lee T. Autoignition behavior of synthetic alternative jet fuels: an examination of chemical composition effects on ignition delays at low to intermediate temperatures. Proceedings of the Combustion Institute, 2015, 35: 2983-2991.

[37] Wang H, Oehlschlaeger M A. Autoignition studies of conventional and Fischer-Tropsch jet fuels. Fuel, 2012, 98: 249-258.

[38] Kanga D, Kimb D, Kalaskarc V, Violia A, Boehmand A L. Experimental characterization of jet fuels under engine relevant conditions-Part 1: effect of chemical composition on autoignition of conventional and alternative jet fuels. Fuel, 2019, 239: 1388-1404.

[39] Perez P L, Boehman A L. Effects of the chemical structure and composition of surrogate gasoline fuels on homogeneous charge compression ignition combustion in a singlecylinder engine. Energy & Fuels, 2014, 28: 3377-3390.

第4章
替代燃料对气态排放物的影响

本章原著作者：Charith J. Wijesinghe，英国谢菲尔德，谢菲尔德大学机械工程系；
Bhupendra Khandelwal，美国亚拉巴马州塔斯卡卢萨，亚拉巴马大学机械工程系。

4.1 引言

评估替代燃料时，需重点测量并评估其在燃气轮机中燃烧产生的排放物，以便与传统燃料（如 Jet-A1 和 JP-8）进行科学对比。为此，本章聚焦航空燃气轮机在使用替代燃料时的排放测量技术现状。

燃气轮机排放物一般分为两类，即气态排放物和颗粒物。颗粒物，顾名思义就是燃烧过程中生成的物理颗粒，通常是固体，但也可能呈液体形态；气态排放物则包括 CO_2、NO、NO_2 等气体。

航空燃气轮机在燃烧过程中生成的气态排放物分类见表 4-1 和表 4-2[1]。

表 4-1 燃气轮机气态排放物的主要成分及来源

主要排放组分	典型体积浓度 /%	来源
氮气（N_2）	66 ~ 72	进气空气
氧气（O_2）	12 ~ 18	进气空气
二氧化碳（CO_2）	1 ~ 5	燃料碳的氧化
水蒸气（H_2O）	1 ~ 5	燃料氢的氧化

表 4-2 燃料轮机气态排放物的次要成分及来源

次要排放组分	典型体积浓度 /$\times 10^{-6}$	来源
一氧化氮（NO）	20 ~ 220	大气中氮的氧化、燃料结合氮的氧化
二氧化氮（NO_2）	2 ~ 20	大气中氮的氧化、燃料结合氮的氧化
一氧化碳（CO）	5 ~ 330	燃料碳的不完全燃烧
二氧化硫（SO_2）	微量，约 100	燃料中硫的氧化
三氧化硫（SO_3）	微量，约 4	燃料中硫的氧化

燃气轮机气态排放物中，CO_2 占温室气体排放质量分数的绝大部分。Turgut 等[2] 的研究验证了这一点，他们通过在土耳其航空公司的 CFM-56 发动机上使用传统燃料，进行了大型商用燃气涡轮发动机的气

态排放测试研究，揭示了CO、NO$_x$和CO$_2$排放随燃料流量与发动机油门杆位置的变化规律。

图4-1展示了上述研究中获得的CO和NO$_x$排放量随燃料流量（FF）及N1C（等效风扇转速，对应的发动机推力）的函数关系。可以看出，在低当量比时，CO的含量非常高，随着燃料流量的增加，CO的排放量呈指数下降至几乎可以忽略不计。而NO$_x$的排放则呈现出相反的趋势，在燃料流量与风扇转速达到峰值时，NO$_x$排放量也相应达到最高值。文献中对以上两种现象均有充分描述，并展示了在燃气轮机循环中CO和NO$_x$排放的形成机理。

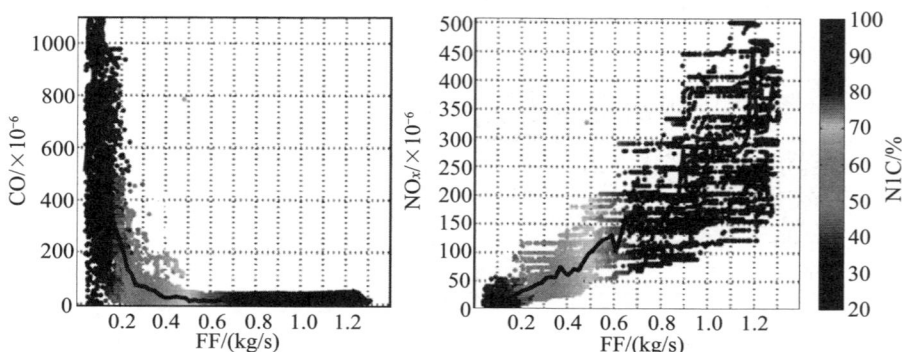

图4-1　CFM-56发动机使用Jet-A1燃料的CO和NO$_x$排放量随燃料流量（FF）和等效风扇转速(N1C)的变化关系[2]（另见文后彩图）

CO是不完全燃烧的结果[3]，因此，在低当量比和低风扇转速时，由于没有足够的空气流量使燃料完全燃烧，CO排放较高是合乎逻辑的。通过提高工况（同时增大进入燃烧室的燃料流量和空气流量）可以降低CO排放量。相比之下，NO$_x$是燃烧室高温环境下的产物，高温区极高的温度将空气中的氮气氧化成对人类和环境有害的NO或NO$_2$。因此，从图4-1可以看出，增大燃料流量和风扇转速会提高燃烧区温度，从而导致NO$_x$生成速率的升高。

Turgut等[2]进一步研究了燃气轮机工作循环中CO$_2$排放量的变化规律，如图4-2所示。CO$_2$是完全燃烧的产物，从烃类燃料在空气中的当量比燃烧反应方程式，可以判断其排放量会随着燃料流量与风扇转速增大而上升。

$$C_xH_y + \left(x + \frac{y}{4}\right)O_2 + 3.73\left(x + \frac{y}{4}\right)N_2 \longrightarrow xCO_2 + \frac{y}{2}H_2O + 3.73\left(x + \frac{y}{4}\right)N_2$$

$$（4-1）$$

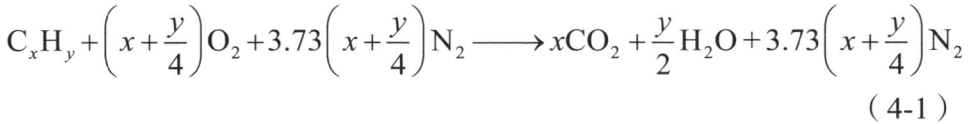

根据上面的反应方程式，CO_2 生成量由燃料含碳量决定，只能通过减少燃烧过程中的碳输入量来降低，但这并不现实。而 CO 是烃类燃料在缺氧环境中因不完全燃烧而生成的产物。

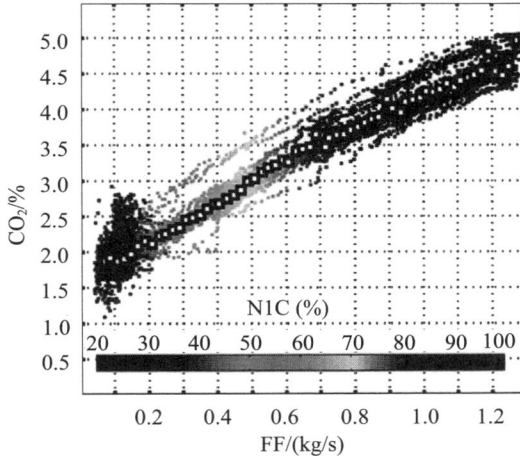

图 4-2 CFM-56 发动机使用标准 Jet-A1 燃料时 CO_2 排放量与燃料流量的关系
（另见文后彩图）

一般来说，燃气轮机排放物中 SO_x（硫氧化物）的浓度极低，仅来源于燃料中的硫。以前硫氧化物被重点关注，是因为其与水蒸气结合会形成硫酸，导致酸雨等环境危害。因此，燃料标准中一直通过限制硫含量来控制 SO_x 的排放，例如英国 Jet-A1 燃料标准要求硫质量分数最高不超过 0.3%[4]。

4.2 NO$_x$ 生成机理

与 CO 和 CO_2 的生成过程类似，NO_x 也可通过燃料中的氮生成。但不同的是，绝大多数 NO_x 是通过高温燃气与空气中的 N_2 反应生成的，该过程被称为热力型 NO_x 生成机理。另一生成机理产生最少量的

NO_x，称为快速型 NO_x，其通过大气中的氮与烃自由基（如 CH_2、CH 等）发生反应，生成多种不稳定中间产物，如氨基自由基（NH），随后快速氧化为 NO_x。

热力型 NO_x 通常在高温下由空气中的氮与氧反应生成。当温度超过 1500℃时，热力型 NO_x 的生成将占据主导地位[5]。因此燃烧室燃气温度低于 1500℃是设计超低排放发动机的关键。热力型 NO_x 生成机理的主要反应又被称为 Zel'dovich 机理，具体反应式如下[5]：

$$N_2 + O \Longleftrightarrow NO + N$$

$$N_2 + O \Longleftrightarrow NO + O$$

$$N + OH \Longleftrightarrow NO + H$$

前两个反应式由 Zel'dovich 首次提出，最后一个反应式由 Lavoie 等[6,7]补充。

Fenimore 初步研究了另一种 NO_x 机理，将其命名为快速型 NO_x[8]，并阐述了火焰当量比（富油）与快速型 NO_x 生成的关系。值得注意的是，在燃气轮机正常运行条件下，快速型 NO_x 仅占总 NO_x 生成量的约 27%。快速型 NO_x 的反应路径如下：

$$CH + N_2 \rightarrow HCN + N$$

Lefebvre 进一步指出，热力型 NO_x 与快速型 NO_x 形成过程中产生的 HCN 在贫油条件下通过以下反应氧化为 NO：

$$N + O_2 \longrightarrow NO + O$$

$$HCN + OH \longrightarrow CN + H_2O$$

$$CN + O_2 \longrightarrow NO + CO$$

然而，需要注意的是，在航空和地面燃气轮机 NO_x 排放中，热力型机理占据主导地位。

4.3 气态排放物和替代燃料

Corporan 等[9] 在 Allison T63-A-700 涡轴发动机上测试了多种商用替代燃料的气体排放情况。这些燃料通过费托工艺从不同原料中制得，例如，Shell 公司和 Rentech 公司的燃料以天然气为原料，而 Sasol 公司的燃料以煤为原料。研究中还使用了加氢处理可再生燃料。与基准燃料 JP-8 相比，这些商用替代燃料的共同特点是低或无芳香烃含量、高氢含量、低密度及硫含量可忽略不计。在研究过程中，气体排放数据通过傅里叶变换红外光谱（Fourier Transform Infrared spectroscopy，FTIR）分析仪采集。研究结果表明，替代燃料对 CO_2、NO_x 及甲醛排放影响可忽略不计，但降低了 CO 与未燃碳氢化合物（Unburned Hydrocarbon，UHC）的排放量，如图 4-3 所示。

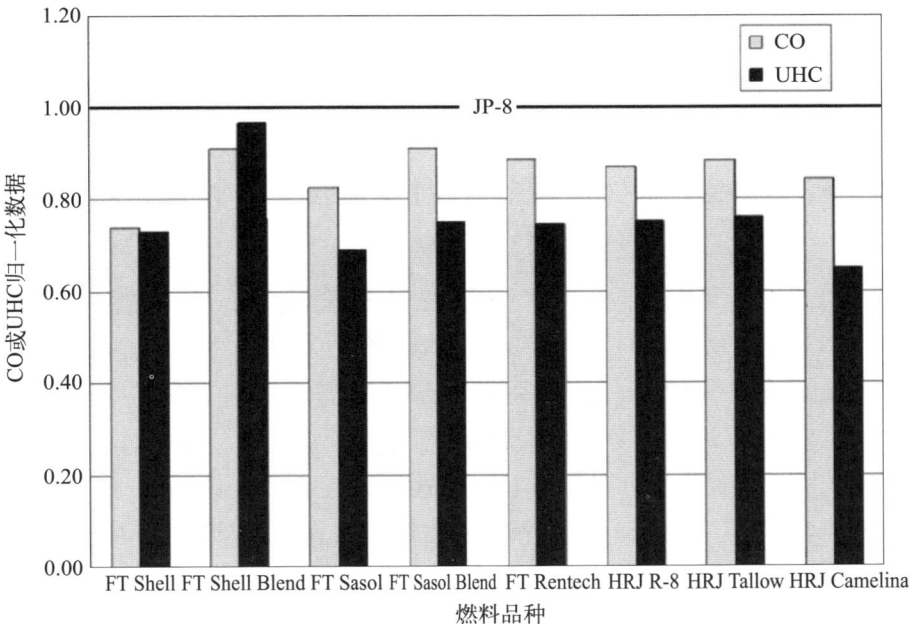

图 4-3 替代燃料的 CO 与未燃碳氢化合物（UHC）排放
（以 JP-8 为基准归一化）[9]

从图 4-3 中可以看出，在发动机慢车工况下，所有替代燃料的

UHC 与 CO 排放均优于 JP-8，其中 Shell 公司的费托燃料表现最佳，这可能归因于其氢含量在所有测试燃料中最高。

Cain 等 [10] 研究了涡轴发动机使用多种燃料（包括传统燃料与替代燃料）时的气态排放物情况。测试的传统燃料主要为 JP-8（军用煤油，与标准 Jet-A 相比含少量添加剂）。替代燃料包括全合成石蜡煤油（SPK），例如间二甲苯（芳香化合物）和甲基环己烷（MCH）等多组分混合物，庚烷 C_7 和辛烷 $i\text{-}C_8$ 等脂肪烃。上述各种燃料的 CO 和 CO_2 排放指数如图 4-4 所示。

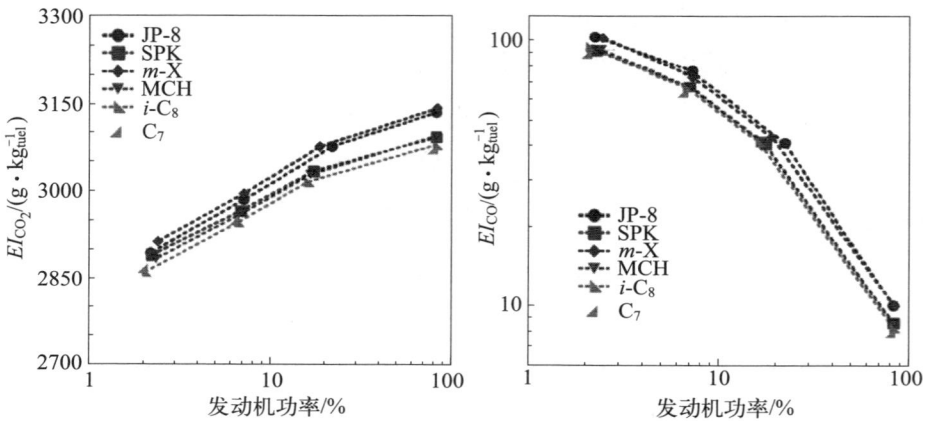

图 4-4 六种燃料的 CO_2（左）与 CO（右）排放指数随发动机功率的变化（另见文后彩图）[10]

从图 4-4 中可以看出，在所有发动机工况下，替代燃料 SPK 的 CO_2 和 CO 排放表现均优于 JP-8，且随着发动机功率的提高，优势更加显著。就单组分而言，由于间二甲苯的芳香烃特性，其在 CO 和 CO_2 排放方面表现最差。排放性能最佳的燃料为辛烷，这是因为作为脂肪烃，其饱和结构（无双键）使得氢碳比（Hydrogen to Carbon ratio，H/C）较高，可如式（4-1）所示最容易实现清洁燃烧。此外，应该注意的是，随着发动机功率的增加，CO_2 排放量显著增加，但 CO 排放量几乎成比例减少，其原因是燃料的不完全燃烧会随功率的增大而减少。这是因为发动机在高功率工况下燃烧效率更为高效，而在低功率时不能充分燃烧油气混合物，燃烧效率较低。

Lobo 等 [11] 在辅助动力装置上测试了两种基于费托工艺制备的燃

料（天然气制油 GtL 与煤制油 CtL）的排放，并与 Jet-A1 的排放进行了对比。

表 4-3 和表 4-4 列出了测试获得的各种燃料的排放和 UHC 数据：Jet-A1、GtL 及 50∶50 混合燃料在慢车与 100% 功率状态下 NO_x 排放量无显著差异，但 CtL 燃料的 NO_x 排放量较 Jet-A1 降低 5%。这归因于替代燃料中氮的含量较低，甚至不存在[12, 13]。此外，针对 UHC 排放，CtL 燃料较 Jet-A1 增加 7%，而 GtL 燃料较 Jet-A1 减少 40%。

表 4-3　慢车工况下燃料的气态排放、颗粒物（PM）及排烟数汇总[11]

燃料	NO_x/(g/kg 燃料)	CO/(g/kg 燃料)	UHC/(g/kg 燃料)	排烟数
Jet-A1	2.26±0.09	70.3±0.3	39.8±2.8	10.3±0.6
CtL	2.13±0.09	67.0±0.3	42.7±2.7	2.6±1.5
GtL	2.30±0.09	63.4±0.2	25.6±3.1	0.7±0.6
50∶50 GtL Jet-A1	2.31±0.09	65.2±0.2	28.5±3.0	2.0±1.0

表 4-4　100% 功率工况下燃料的气态排放、颗粒物（PM）及排烟数汇总[11]

燃料	NO_x/(g/kg 燃料)	CO/(g/kg 燃料)	UHC/(g/kg 燃料)	排烟数
Jet-A1	4.10±0.05	28.3±0.05	8.5±3.4	27.3±0.6
CtL	3.87±0.05	27.3±0.05	7.0±3.3	10.3±1.2
GtL	4.00±0.05	28.3±0.05	5.2±3.5	0.7±0.6
50∶50 GtL Jet-A1	4.01±0.05	28.4±0.05	6.0±3.4	6.3±0.6

Chiariello 等[14] 基于微型燃气轮机（Micro Gas Turbine，MGT），研究了植物油掺混比例对排放的影响。所测试的植物油（菜籽油和葵花籽油）与 Jet-A1 按 10% 和 20% 的体积比混合，形成燃料 K（纯 Jet-A1）、燃料 A（90% Jet-A1+10% 菜籽油）、燃料 B（80% Jet-A1+20% 菜籽油）、燃料 C（90% Jet-A1+10% 葵花籽油）和燃料 D（80% Jet-A1+20% 葵花籽油）五种燃料组合。图 4-5 对比不同植物油掺混比例下，微型燃气轮机在 15kW 和 25kW 两种功率工况下的 NO_x 和 CO 排放量。

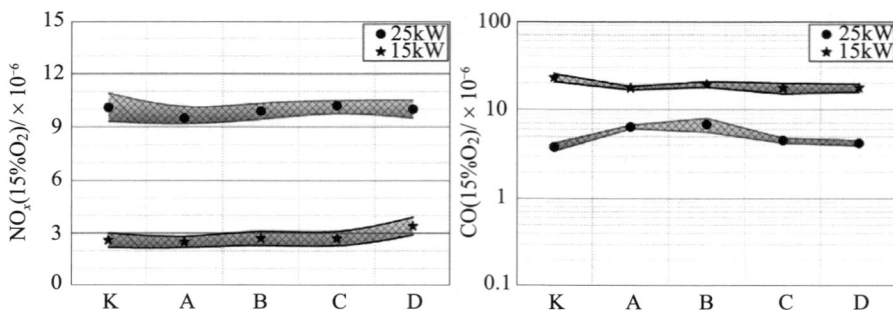

图 4-5 微型燃气轮机（MGT）的 NO_x 和 CO 排放数据

图 4-5 表明，两种植物油的添加对 MGT 的气体排放影响较小，这可能与混合燃料中纯植物油（Straight Vegetable Oil，SVO）的浓度较低有关。但需注意的是，该图很好地反映了热力型 NO_x 的生成情况，低功率工况下的 NO_x 排放量是高功率工况的四分之一，这是由于低功率时燃烧温度较低。

Corporan 与 Cheng[13] 进一步研究了直升机发动机使用费托燃料与 Jet-A1 的排放性能。图 4-6 对比了 3 台发动机（T700 使用 Jet-A1，2 台 T701C 分别使用 Jet-A1 与费托燃料）的 NO_x 排放，结果显示，与本章其他研究一致，燃料成分对 NO_x 影响有限。此外，Corporan 与 Cheng 进一步指出，使用费托燃料的发动机 CO 排放量减少了 5% ～ 10%，如图 4-7 所示。

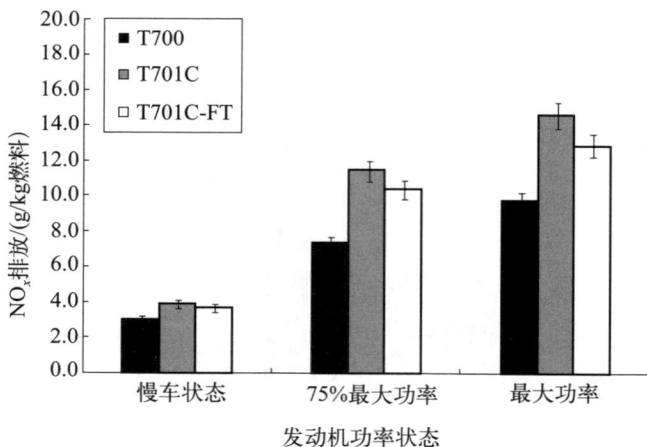

图 4-6 3 台 T7xx 发动机在不同功率状态下的 NO_x 排放指数[13]

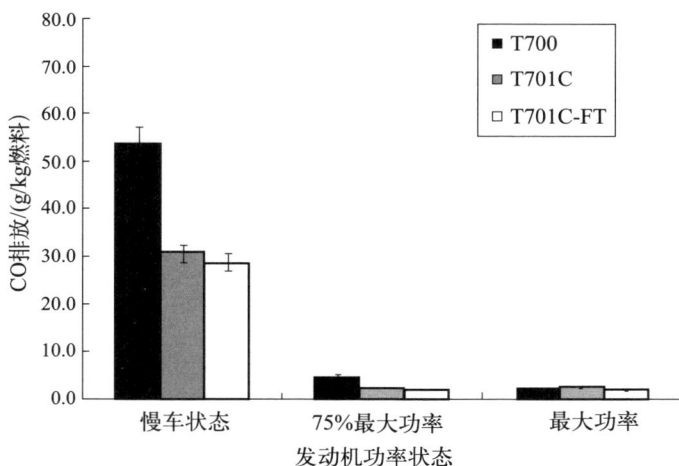

图 4-7 Corporan 与 Cheng 研究的 CO 排放指数 [13]

4.4 小结

总而言之，针对使用替代燃料的燃气涡轮发动机，燃料特性对气体排放特性的影响有限。这是因为 CO 和 CO_2 的生成速率必然受燃烧化学控制，只有去除燃料中的碳才能减少 CO 和 CO_2 排放，但去除碳后燃料将变为氢基燃料，而氢燃烧火焰温度较高，会增加 NO_x 排放。不考虑燃料中氮（替代燃料不含燃料氮）的情况下，NO_x 生成主要源于大气中的氮，因此燃料特性本身对 NO_x 排放无直接影响。不过，采用新技术如纯氧燃烧（在纯氧环境而非大气中燃烧燃料，但此类技术在航空燃气轮机上的实用性尚且存疑）可避免 NO_x 的生成。因此，基于本章引用文献的相关研究 [3, 11, 13-16]，替代燃料的气态排放特性与目前使用的传统燃料相似。

参考文献

［1］ Pavri R，Moore GD. Gas turbine emissions and control. Atlanta，GA；n.d.

［2］ Turgut ET，Cavcar M，Yay OD，Ucarsu M，Yilmaz E，Usanmaz O，Armutlu K，Dogeroglu T. A gaseous emissions analysis of commercial aircraft engines during testcell run. Atmospheric Environment，2015，116：102-111. https：//doi.org/10.1016/j.atmosenv.2015.06.031.

［3］ Christie S，Lobo P，Lee D，Raper D. Gas turbine engine nonvolatile particulate mattermass emissions: correlation with smoke number for conventional and alternative fuel blends. Environmental Science & Technology, 2017, 51: 988-996. https: //doi.org/10.1021/acs. est.6b03766.

[4] United Kingdom Ministry of defence UK aviation fuels committee, defence standard 91-091. 2016.

[5] Lefebvre AH, Ballal DR. Gas turbine combustion. CRC Press. 2010. https: //doi.org/10.1201/9781420086058.

[6] Zel'dovich Y. The oxidation of nitrogen in combustion explosions. Acta Physicochimica USSR, 1946, 21: 577-628.

[7] Lavoie GA, Heywood JB, Keck JC. Experimental and theoretical study of nitric oxideformation in internal combustion engines. Combustion Science and Technology, 1970, 1: 313-326. https: //doi. org/10.1080/00102206908952211.

[8] Fenimore CP. Formation of nitric oxide in premixed hydrocarbon flames. Symposium (International) on Combustion, 1971, 13: 373-380. https: //doi.org/10.1016/S0082-0784 (71) 80040-1.

[9] Corporan E, Edwards T, Shafer L, Dewitt MJ, Klingshirn C, Zabarnick S, West Z, Striebich R, Graham J, Klein J. Chemical, thermal stability, seal swell, and emissionsstudies of alternative jet fuels. Energy & Fuels, 2011, 25: 955-966. https: //doi.org/10.1021/ef101520v.

[10] Cain J, DeWitt MJ, Blunck D, Corporan E, Striebich R, Anneken D, Klingshirn C, Roquemore WM, Vander Wal R. Characterisation of gaseous and particulate emissions from a turbo-shaft engine burning conventional, alternative, and surrogate fuels.Energy & Fuels, 2013, 27: 2290-3302. https: //doi.org/10.1021/ef400009c.

[11] Lobo P, Rye L, Williams PI, Christie S, Uryga-Bugajska I, Wilson CW, Hagen DE, Whitefield PD, Blakey S, Coe H, Raper D, Pourkashanian M. Impact of alternativefuels on emissions characteristics of a gas turbine engine Part 1: gaseous and particulate matter emissions. Environmental Science & Technology, 2012, 46: 10805-10811.https: //doi.org/10.1021/ es301898u.

[12] Timko MT, Yu Z, Onasch TB, Wong HW, Miake-Lye RC, Beyersdorf AJ, Anderson BE, Thornhill KL, Winstead EL, Corporan E, DeWitt MJ, Klingshirn CD, Wey C, Tacina K, Liscinsky DS, Howard R, Bhargava A. Particulate emissions of gasturbine engine combustion of a fischer-tropsch synthetic fuel. Energy & Fuels, 2010, 24: 5883-5896. https: //doi.org/10.1021/ ef100727t.

[13] Corporan E, DeWitt MJ, Klingshirn CD, Striebich R, Cheng MD. Emissions characteristics of military helicopter engines with JP-8 and Fischer-Tropsch fuels. Journal of Propulsion and Power, 2010, 26: 317-324. https: //doi.org/10.2514/1.43928.

[14] Chiariello F, Allouis C, Reale F, Massoli P. Gaseous and particulate emissions of amicro gas turbine fuelled by straight vegetable oilekerosene blends. ExperimentalThermal and Fluid Science, 2014, 56: 16-22. https: //doi.org/10.1016/j.expthermflusci.2013.11.013.

[15] Khandelwal B, Cronly J, Ahmed IS, Wijesinghe CJ, Lewis C. The effect of alternativefuels on gaseous and particulate matter (PM) emission performance in an auxiliary power unit (APU). Aeronautical Journal, 2019, 123: 617-634. https: //doi.org/10.1017/aer.2019.16.

[16] Corporan E, DeWitt MJ, Belovich V, Pawlik R, Lynch AC, Gord JR, Meyer TR.Emissions characteristics of a turbine engine and research combustor burning a Fischer Tropsch jet fuel. Energy & Fuels, 2007, 21: 2615-2626. https: //doi.org/10.1021/ef070015j.

第 **5** 章

替代燃料和燃料特性对
颗粒物排放的影响

本章原著作者：Vamsi Krishna Undavalli，俄罗斯莫斯科，莫斯科航空学院（国立研究大学）；
Bhupendra Khandelwal，美国亚拉巴马州塔斯卡卢萨，亚拉巴马州立大学机械工程系。

术语

ACARE	欧洲航空研究咨询委员会
ASTM	美国材料与试验协会
ATFs	航空涡轮燃料
AtJ	醇喷合成工艺
CAEP	国际民航组织航空环境保护委员会
CPM	可凝结颗粒物
CtL	煤制油
EMA	电迁移率分析仪
EPA	（美国）环境保护署
FAME	饱和脂肪酸甲酯（生物柴油）
FPM	可过滤颗粒物
FT	费托工艺
GHC	温室气体
GtL	天然气制油
H/C	氢碳比
ICAO	国际民航组织
LBO	贫油熄火
LII	激光诱导炽光法
nvPM	非挥发性颗粒物（质量和数量）
PAHs	多环芳香烃
PM	颗粒物
$PM_{0.1}$	超细颗粒物，指粒径小于 $0.1\mu m$ 的颗粒物
PM_{10}	粗颗粒物，指粒径小于 $10\mu m$ 但大于 $2.5\mu m$ 的颗粒物
$PM_{2.5}$	细颗粒物，粒径小于 $2.5\mu m$ 但大于 $0.1\mu m$ 的颗粒物
SPK	合成石蜡煤油
vPM	挥发性颗粒物

5.1　什么是颗粒物排放？

　　颗粒物（Particulate Matter，PM）排放通常被称为颗粒排放，是指排气中存在的微小固体或液体颗粒。颗粒物排放由碳烟或碳黑的形成导致，作为公共领域中常见的术语，其通常是指环境中的微小或超微小颗粒。空气中的颗粒物几乎无处不在，这是因为其存在大量可能的来源（如燃料燃烧过程中的气相反应、磨损、颗粒再悬浮等）。即便如此，有相当一部分极小尺寸的颗粒物是在燃烧过程中产生的。颗粒物分为固态颗粒和液态颗粒，其成分多种多样，如碳质颗粒、硝酸盐和硫酸盐颗粒，还包括其他化合物颗粒。颗粒物排放可分为挥发性颗粒物（volatile Particulate Matter，vPM）和非挥发性颗粒物（nonvolatile Particulate Matter，nvPM）。尤其是通过燃气轮机排放的颗粒物是一种由固体颗粒组成的复杂污染物，其大小、形状和化学成分也各不相同（图 5-1）。

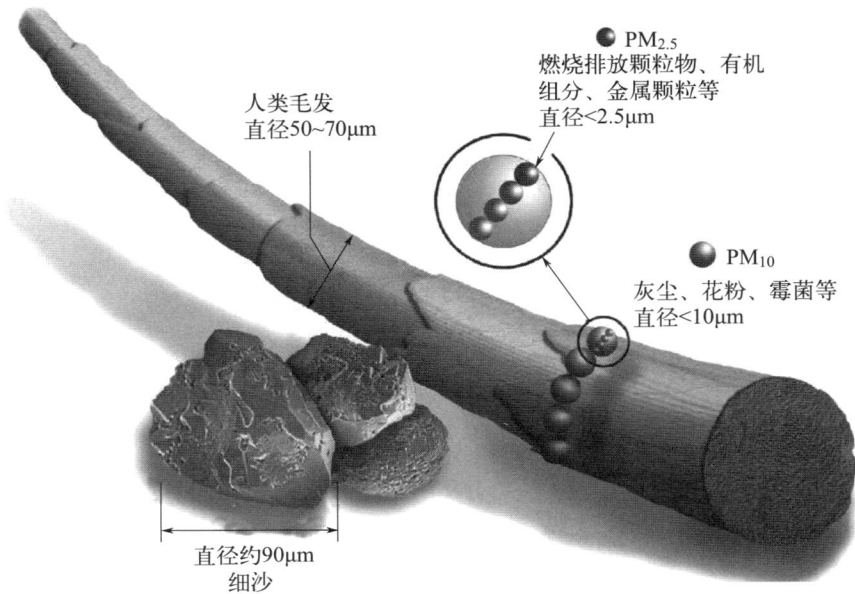

PM$_{2.5}$
燃烧排放颗粒物、有机
组分、金属颗粒等
直径<2.5μm

人类毛发
直径50~70μm

PM$_{10}$
灰尘、花粉、霉菌等
直径<10μm

直径约90μm
细沙

图 5-1　美国环境保护署发布关于颗粒物的尺寸及分类[1]

5.1.1 挥发性颗粒物

挥发性颗粒物主要是由含有硫酸和其他有机化合物的气相前体成核而形成的，这些前体通常在燃烧尾流下游的低温区域形成[2-4]。由于排气的温度相对于大气条件较高，因此挥发性颗粒物在进入大气时很容易从气态转变为固态，这取决于当地的温度、压力和相对湿度[5]。在某些情况下，颗粒物会凝结成液体，在排气中冷却后又会进一步包覆在固体颗粒上，如图5-2所示。这些多相颗粒也被称为可凝结颗粒物（Condensable Particulate Matter，CPM）。可凝结颗粒物在离开发动机排气管后会立即从气态转变为固态/液态。这些气相的颗粒物要么会在现有的微粒上凝结，要么会形成新的核心而聚集在一起（成核）。

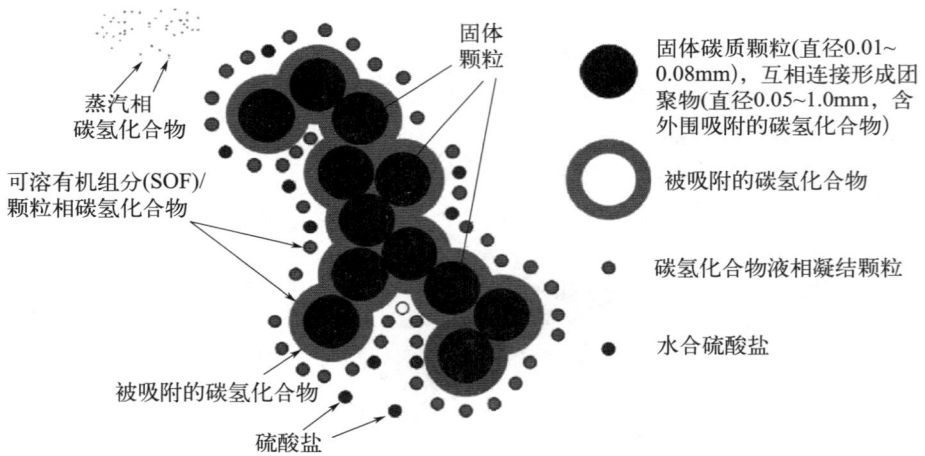

图 5-2 挥发性与非挥发性颗粒物的形成[6]

5.1.2 非挥发性颗粒物

非挥发性颗粒物在离开发动机排气前后始终保持为固体。这些颗粒不会因为外部环境条件（如周围环境的压力和温度）而改变其物理状态。但较小的非挥发性颗粒物会积聚形成较大的颗粒，如图5-2所示。非挥发性颗粒物排放主要由碳质组成，也称为碳烟或烟尘排放物。还有一个术语叫作可过滤颗粒物（Filterable Particulate Matter，FPM），通常与非挥发性颗粒物这一术语相关。可过滤颗粒物描述的是在发动机测试期间，燃料燃烧释放的颗粒物中可被过滤器捕获的颗粒物含量。

除了挥发性颗粒物和非挥发性颗粒物外，其他分类术语也被使用，如一次颗粒物和二次颗粒物。在评估颗粒物排放对环境的影响以及颗粒物排放状况时，这种区分也很重要。一次颗粒物被描述为已经排放到大气中的颗粒排放物（包括成核现象，这将在本章稍后讨论），并且很容易通过扩散或迁移现象同时发生物理和化学变化。另一方面，二次颗粒物是指那些由气相前体和一次颗粒物转化而成的颗粒物；它们并非从发动机中直接排放出来的。二次颗粒物的形成受各种因素的影响，如大气条件（包括压力和湿度）、是否存在可参与成形的其他化合物或粒子以及它们的浓度。根据 Chang 等的研究[7]，图 5-3 描述了一次颗粒物和二次颗粒物的形成路径。这些一次颗粒物和二次颗粒物在当地环境的颗粒物总量中占据了相当的比例，通过降低能见度等方式来影响环境。

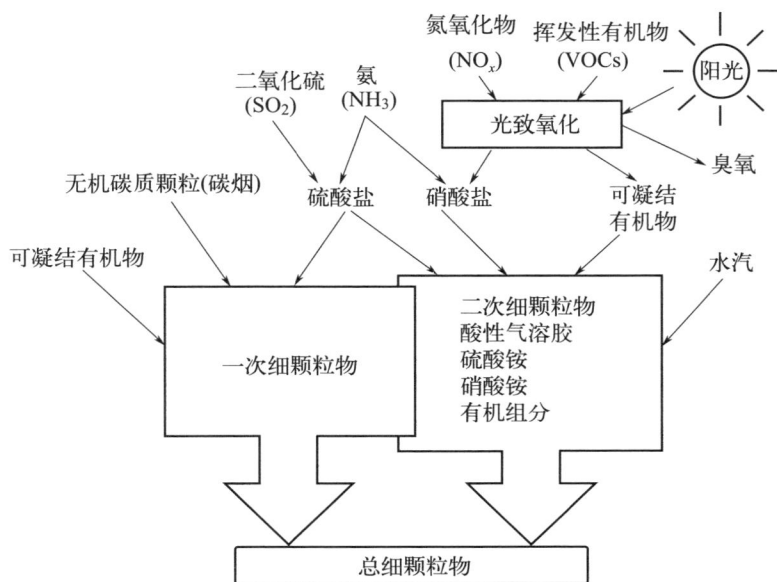

图 5-3 典型一次颗粒物和二次颗粒物的形成路径

5.1.3 颗粒尺寸

颗粒物、碳烟和碳黑颗粒是由一次颗粒物形成的复杂分形结构。在发展阶段，根据温度和压力等参数的不同，聚合体的尺寸也会增大。每个聚合体或单独个体通常都有一些不规则的形状和复杂的几何结构，这给确定尺寸带来了困难。因此，我们引入了"等效直径"一词来描述聚合体的尺寸。等效直径通常指具有相同电迁移行为的理想球形颗粒的直径，或在空气动力学上与单个聚合物或颗粒相当的等效直径。根据等效直径的规格值，颗粒物可按不同的尺寸模式进行分类，通常分为粗颗粒物、细颗粒物和超细颗粒物三类，如图 5-4 所示。

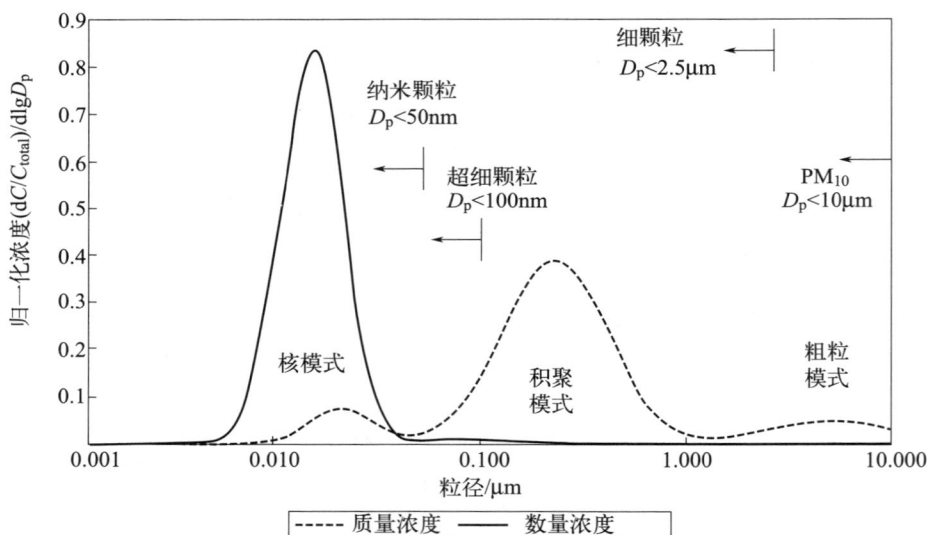

图 5-4 颗粒物粒径、数量和质量分布[8]

粗颗粒物的直径在 2.5～10μm（PM_{10}），细颗粒物的直径 < 2.5μm（$PM_{2.5}$），超细颗粒物的直径 < 0.1μm（$PM_{0.1}$）。Kittelson[8] 根据颗粒的形成方式描述了三种模式。"核模式"是指不太可能通过冷凝或凝集过程生长的颗粒。这一类颗粒物通常由挥发性有机物和含硫组分组成，此外也会包含碳质或金属组分。"积聚模式"指的是颗粒在生长阶段通过冷凝或凝集两种方式进行生长，这种模式包括非挥发性颗粒物的凝集和挥发性物质在非挥发性颗粒物（包括碳烟和吸附性物质）

上的冷凝。"粗粒模式"由受约束的"积聚模式"颗粒和曲轴箱烟气组成。

5.1.4　颗粒物的形成机制

　　航空和工业燃气轮机中颗粒物的形成是燃料中的无机和有机组分与发动机中的工作流体（大多数情况下是空气）相互作用的结果。此外，还有一些催化剂也会诱发颗粒物的形成，例如工业燃气轮机中通常引入蒸汽用于限制 NO_x 的生成，但同时蒸汽也会在流道中形成固态沉淀物以及腐蚀金属，导致颗粒物形成。由于燃烧室中的能量密度很高，通过燃料 - 氧化剂混合物带入的无机组分会发生物理和化学变化。这些变化取决于组分的特性和燃烧室的运行条件，但在发动机排气时，排放的颗粒物是由非挥发性无机组分组成的。上述的变化还可能导致颗粒尺寸减小和氧化分解，从而导致高温裂解。一般来说，这是因为与气体燃料相比，无机组分主要存在于重油类燃料中。此外，燃料中的有机金属（特别是作为添加剂的存在）会在火焰中氧化形成无机金属氧化物，进而形成颗粒物。

　　几十年来，燃料分子在燃烧过程中形成颗粒物的机理一直是一个重要的研究课题。但基于大量的火焰研究[9-11]，我们建立了一个共识的机理，如图 5-5 所示。碳氢化合物燃料分子从液态或气态演变为固态颗粒物的机理可以用五个阶段的过程来描述，即高温裂解、成核、凝结 / 表面生长、聚合和氧化，这些过程将在第 5.3 节中详细讨论。上述所有过程几乎同时发生，但都始于一类前体的形成，即多环芳香烃（ Polyaromatic Hydrocarbons，PAHs ），且在很大程度上受燃料中芳香烃含量的影响。与芳香烃含量最低的燃料相比，燃料中芳香烃含量越高，多环芳香烃的形成就越快[2, 10]。除燃料特性外，还有其他与燃烧相关的因素也在很大程度上影响了非挥发性颗粒物的形成，本章稍后将对此进行讨论。与传统化石燃料相比，替代燃料中有一个重要因素是燃料高温裂解时的动力学时间延迟。由于替代燃料中芳香烃含量不足，它们需要在最初形成足够数量的多环芳香烃，才能最终形成颗粒物。因此，与传统燃料相比，动力学时间延迟限制了替代燃料中的颗粒物生成。现代航空发动机燃烧室具有较强的湍流，可提供更好的掺混效果和较低的局部当量比，从而进一步延迟多环芳香烃的形成。对于纯替代燃料或与传统燃料混合的替代燃料，其完整的油气混合物掺混时间基本处于动力学时间延迟之内。因此，与纯传统燃料相比，这些混合燃料形成的颗粒物最少[11, 12]。这些混合燃料还会导致颗粒尺寸减小，因为初级颗粒的尺寸同样会受到不完全高温裂解和多环芳香烃前体不足的影响。

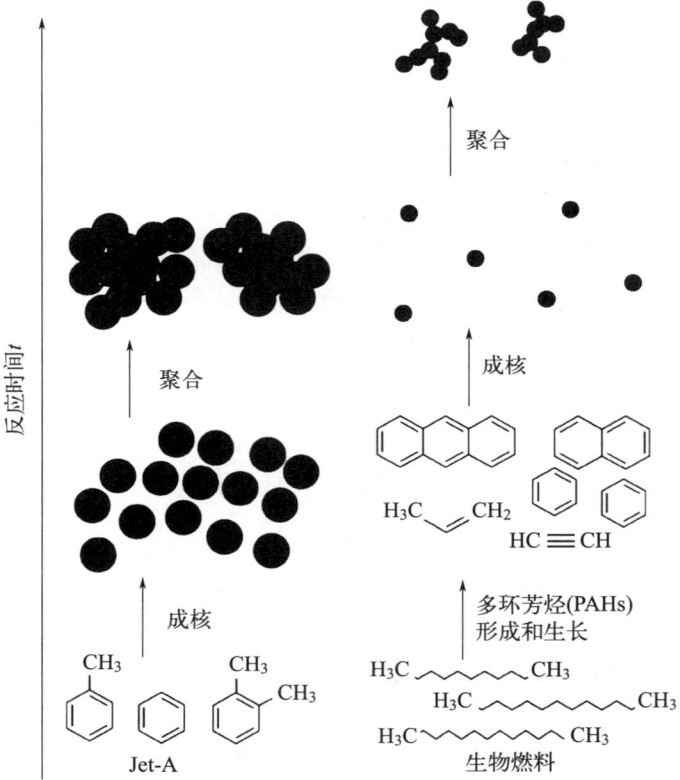

图 5-5 Jet-A 与含烷烃的替代燃料中的非挥发性颗粒物的形成

5.2 颗粒物排放的影响

颗粒物的排放会导致空气质量恶化，从而对区域空气质量、居民健康和气候造成极大的威胁。目前，许多国家和相关国际监管组织都提出了空气质量要求，规定了一段时间内大气中颗粒物和其他排放物的最大允许水平，以尽量减少污染物的有害影响。目前，大多数国家尝试通过限制 $PM_{2.5}$ 和 PM_{10} 在 24 小时或一年周期内的排放量来减轻颗粒物排放的影响。一些国家和世界卫生组织提出的颗粒物排放限制如图 5-6 所示。尽管这些限制仅具有指导意义，但在实时测量中，当前的排放量远远高于提出或现行的限制水平。这表明形势十分严峻，因此许多监管组织正与业界各方面携手合作，以求限制排放。

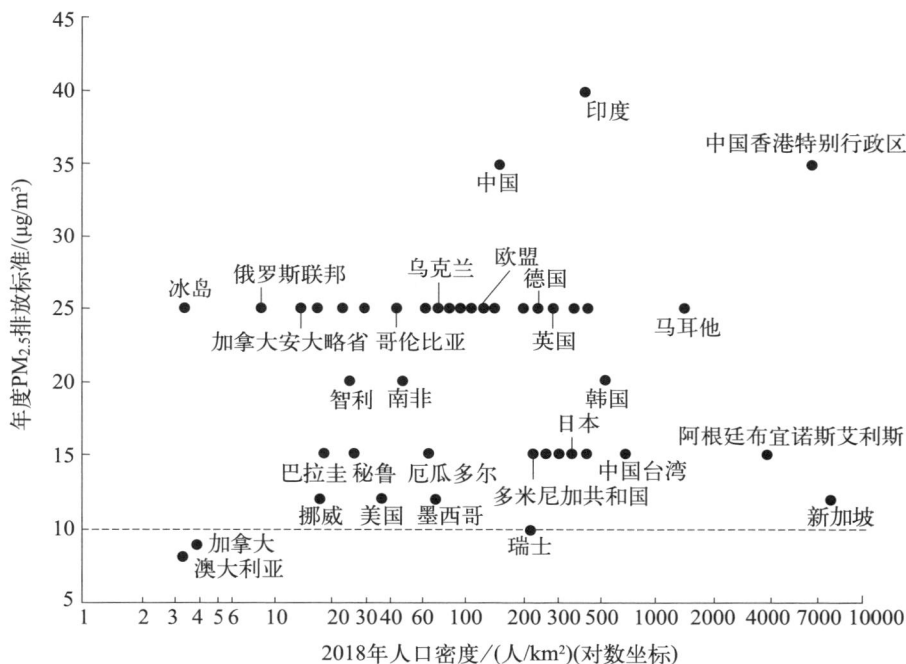

图 5-6 各个国家 $PM_{2.5}$ 的年度排放监管限制[13]

---WHO 年度 $PM_{2.5}$ 污染排放指导标准

5.2.1 对环境的影响

高浓度的颗粒物排放，导致大气中的特定位置的能见度显著降低。目前，中国、印度、美国等许多国家都受到恶劣空气质量的严重影响。颗粒物降低了大气能见度可能会使车祸数量增加，并通过引发肺病、哮喘等疾病对公众生活造成负面影响。颗粒物中通常带有含硫组分，会污染水体、河流和湖泊，土壤和水体中的营养平衡也会受到破坏。

此外，由于颗粒物可以存在于大气中，并随风传播，因此颗粒物也会促成酸雨的形成。有鉴于此，建筑物和雕像等露天材料也会因颗粒物的排放而受损。最重要的是，它们会极大地影响整个生态系统。沉积在雪上的颗粒物会降低反射率，从而导致冰川吸收更多的热量，加速融化。由于全球变暖，喜马拉雅山脉的冰川正在以前所未有的速度融化。据估计，到2100年，兴都库什山脉地区多达5500处冰川将融化70% ~ 90%[14]，这将进一步影响水力发电的潜力。此外，在建筑工地等颗粒物浓度较高的地区，植物很容易受到颗粒物沉积的影响。这些沉积物不仅会在植物的生长过程中影响其自然构造，还会根据沉积颗粒的化学成分影响植物的化学组成。研究发现，颗粒物对植物的毒性影响主要归因于其酸度、金属含量、营养成分、表面性质以及盐度等性质[15]。

5.2.2 对健康的影响

大量研究强调了颗粒物污染与人类健康问题之间的关系。颗粒物造成的健康问题有短期和长期之分。$PM_{2.5}$等极细小颗粒物，尤其是小于10nm的颗粒物，很容易深入人体肺部，甚至进入血管内部。长期暴露在颗粒物污染环境中，容易引发致命疾病，如心脏病、哮喘和肺损伤[1]。统计数据表明，呼吸系统疾病的发病率与颗粒物排放正相关。由于颗粒物会在肺部积聚，且难以治疗，因此对呼吸系统的损害既有短期的，也有长期的。综上，医学界普遍认为，颗粒物的排放会对健康产生不利影响，包括从肺部状况恶化到心肺疾病等多种损害[13]。

5.3 颗粒物排放测量方法

颗粒物排放的特征对于规范最大允许污染水平至关重要。测量燃气轮机和喷气发动机中的颗粒物排放是一项复杂的工作，当前测量程序仍处于演进阶段。目前，根据国际民航组织（International Civil Aviation Organization，ICAO）航空环境保护委员会CAEP-11标准[16]，颗粒物的质量和数量浓度是航空业的主要监管对象。大多数颗粒物测量仪器测量的是颗粒物的质量 / 数量排放指数或粒径分布。本节简要介绍非挥发性颗粒物测量方法，但我们也鼓励读者参考公共领域的其他资料[17-20]。测量发动机排气中颗粒物排放量最常见、最简单的方法是称重，即重量法。这种方法是使用一个滤膜来收集排气中的颗粒物。实验前后对滤膜进行称重，以确定排放颗粒物的质量。由于颗粒物和滤膜重量都极轻，重量法受环境条件（如空气湿度）的影响很大，因此需要非常精确的测量。除了过滤称重，还可以使用其他技术来测量颗粒物，如光学方法。光学方法主要测量颗粒物的反射率和航空发动机的"冒烟数"。下文将详细讨论其中一些技术。但颗粒物测量技术并不仅限于这些，整个行业还使用了多种测量仪器。表 5-1 简要列出了这些方法，基本上可以将这些测量仪器分为三类，如基于过滤法的质量测量、粒径测量和化学性质测量。特定测量仪器的选择受多种因素影响，如与质量测量的相关性、仪器响应时间、检测下限、最小量程上限、粒径和测量的可溯源性等。

表 5-1　典型颗粒物测量设备

设备	测量参数	测量原理	响应时间	测量范围
基于过滤方法的质量测量				
β 射线测量仪	质量	β 射线衰减	60s	$1.1 \sim 10mg$
锥形元件振荡微量天平	质量	振荡惯性微平衡	3s	$5\mu g/m^3 \sim 5mg/m^3$
压电微量天平	质量	共振频率	60s	—
粒径与数量测量				
Cambustion DMS500 快速粒谱仪	粒径，数量	电迁移，电探测	200s	$< 1\mu m$
光学颗粒计数器	粒径，数量	光散射	秒级	$0.2 \sim 0.3\mu m$
扫描电迁移粒径仪	粒径，数量	电迁移，凝结颗粒计数	16s	$< 1\mu m$
Dekati 质量仪	粒径，数量，密度	电迁移，颗粒碰撞，电探测	2s	$0 \sim 1.2\mu m$
Dekati 电低压冲击器	粒径，数量	颗粒碰撞，电探测	1s	$< 10\mu m$
气动颗粒光谱仪	粒径，数量	颗粒滞空时间	秒级	$0.3 \sim 20\mu m$

设备	测量参数	测量原理	响应时间	测量范围
化学组分测量				
微型碳烟传感器	碳烟	光声吸收	1s	$0.001 \sim 50\text{mg/m}^3$
多角度吸收光度法	碳黑	吸光度	2min	$< 100\text{ng/cm}^3$
激光诱导炽光法	难熔碳质	激光诱导炽光法	0.05s	$0.2 \sim 20\mu\text{g/m}^3$
傅里叶变换红外仪	气态前驱物组分	吸收谱	60s	—
热光透射法 NIOSH 5040	有机组分，可过滤碳质颗粒	原位热力学 / 光学碳分析	5min $\sim$ 2h	$0.2\mu\text{g/m}^3$
SAE 烟度仪	碳烟	消光法	分钟级	$N=0 \sim 100\%$

5.3.1 重量法 / 过滤法

重量法是测量悬浮在空气中的颗粒物最广泛使用的技术。这种方法是根据采样前后滤膜的重量差来确定颗粒物的浓度。因此，当使用重量取样法时，总是需要额外的分析方法来分析样本。具体步骤是将两个预先称重的滤膜一上一下地放置在一个支架上。朝向采样口的第一个滤膜是取样滤膜，另一个则是控制滤膜。颗粒物由取样滤膜进行收集。采样后对两个滤膜分别进行称重，控制滤膜重量上的任何变化都将作为取样滤膜的修正系数。重量法分析的精确性依赖于最小化静电效应、控制水分或其他挥发物的吸收、稳定环境温度以及以最大的谨慎处理样品。与其他方法相比，重量分析法对专业知识、仪器和资源的要求较低。一旦根据确定的重量修正规格进行了校准，重量法就能作为方便、经济且可重复性高的测量方法。ASTM 名下的国际标准 D2274（石油产品）和 D2276（航空燃料）中就建议在测量颗粒物排放时使用这种方法。

5.3.2 激光诱导炽光法

激光诱导炽光法（Laser-induced Incandescence，LII）是一种激光光学测量技术，可实时获得测量结果，还能测量碳烟体积分数。在 LII 技术中，样品燃气将被一束脉冲高能激光束加热。LII 的原理是利用脉冲激光系统将燃气中的颗粒物加热到 2500 ~ 4500K 的温度，具体温度取决于所配备的激光系统参数[21]。其基本原理是，燃气中的颗粒物会吸收激光能量，升温至白炽状态并增强其发出的光度，传感器捕捉到这些光，进一步检测出处于白炽状态的颗粒。炽光发射强度与碳烟体积分数有关。经仪器标定后，可实时以较高的时间和空间分辨率进行定量碳烟体积分数测量[20]。由于这是一种实时方法，因此 LII 为持续检测颗粒物排放提供了相对便捷的途径。但也存在一些缺点。加热后的颗粒物的温度会达到极高水平，但方法要求不能超过升华点。尽管如此，在加热过程中仍会有一些质量损失。有些颗粒，如挥发性颗粒物对高温很敏感，会在加热过程中蒸发。因此，LII 只能检测非挥发性颗粒物。

除 LII 外，其他新型光学方法也在近年来被研究和验证。光学方法利用燃烧器火焰的颜色强度来确定颗粒物的产生水平。大部分光学方法的基本理论与 LII 有些相似。光学方法的仪器一般基于光散射原理来测量颗粒尺寸和颗粒数量[20]。基于光学方法的仪器通常无法反映颗粒的某些物理特性，如折射率、密度、形状和吸收。因此，仪器提供的是与散射光相对应的等效颗粒直径，而不是颗粒的实时几何直径。

5.3.3 电迁移率分析仪

传统的称重方法无法提供有关给定体积燃气中颗粒物的数量浓度和尺寸分布的详细信息。由于颗粒物非常小，因此开发了这种特殊的方法来弥补传统测量方法的不足。电迁移率分析仪（Electric Mobility Analyzer，EMA）是根据颗粒检测器或颗粒计数器中使用的颗粒大小进行分类的。如图 5-7 所示，电迁移率分析仪由两个同心圆筒组成，经过滤的空气从顶部携带颗粒进入同心圆区域[20]。经过电荷中和器，获得给定电荷和极性的粒子。通过外筒壁槽进入分类器的粒子在外加电场的作用下向内筒壁偏转。颗粒的运动轨迹取决于所施加的电压，因此，通过在内圆柱上施加吸引电场，可以实现颗粒大小的分离。具备特定范围迁移率的粒子会进入中心圆柱体的环形入口，并由凝结核粒子计数器进行计数[20]。

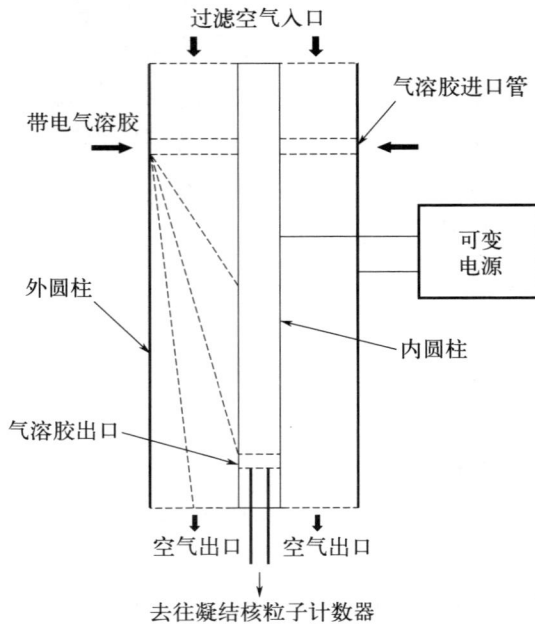

图5-7　差分电迁移率分析仪的工作原理[20]

5.4　减少颗粒物排放的方法

5.4.1　燃烧室设计

一般来说，传统的燃烧室可分为：主燃区、中间区和掺混区三个区。通常情况下，主燃区位于燃料喷嘴之后，这意味着燃料喷射会显著提高局部的油气比。在高当量比区域，尤其是主燃区，受其他因素的影响（如燃料与空气的混合、燃料的分解和蒸发、喷雾液滴直径、喷嘴设计以及其他各种因素），颗粒物开始形成。与2000年相比，欧洲航空研究咨询委员会（Advisory Council for Aeronautics Research in Europe，ACARE）飞行路径计划2050的目标为减少75%的CO_2排放、90%的NO_x排放和65%的噪声产生[22]。此外，随着目前材料和增材制造技术的进步，现代燃烧室有望在压比大于 45 和出口温度高达 2100K 的条件下运行。在这些工况要求下，现代燃烧室中 NO_x 的形成率将急剧增加。航空发动机领域的主要企业重新设计了传统的燃烧室以满足现代化需求，这些企业采用的方案包括 GE 公司的 TAPS（双环预混）、Rolls-Royce 公司的贫油预混预蒸发构型、CFM 国际公司（GE 和 SAFRAN 集团的联合体）的双环腔燃烧室以及 Pratt & Whitney 公司的 TALON[23]。这些技术大多在减少排放和满足当前工业需求方面取得了可喜的成果，但仍需进行技术改进以满足未来需求。随着对颗粒物形成机理的了解和实验研究的深入，人们发现颗粒物最初是在富油区域形成的，通常是主燃区。在传统的燃气轮机设计中，燃料喷射区会导致高油气比和高温，从而增加了颗粒物的生成。空气被引入二次燃烧区和掺混区，以完成燃烧过程。部分颗粒物将在这些区域被消耗掉。简而言之，主燃区决定了颗粒物的形成速度，而掺混区则决定了颗粒物的消耗速度[24]。一般来说，整个燃烧过程受多个因素的影响，包括当量比、温度、压力、速度、燃料液滴尺寸、雾化、蒸发、最小点火能量、点火系统类型和位置以及点火时间延迟，这些在第 3 章中已详细阐述。在所有参数中，当量比是决定用于燃烧的空气中燃料含量的重要参数，因此，如前所述，所有现代航空发动机制造商都采用贫油式燃烧室设计。

5.4.2　机场排放控制

机场排放分为两类：一类是机场自身排放；另一类是飞机排放。机场附近的飞机排放是基于所谓的着陆 - 起飞（Landing-takeoff，LTO）周期描述的。LTO 周期定义了飞机的运行模式和这些模式的大致持续时间，如表 5-2 所示。颗粒物的排放与燃料消耗率和不完全燃烧有关。需要大量燃料供给和高推力的运行模式仅出现在某些特定飞行阶段中（如起飞）。除此以外，其他飞行阶段（如滑行）不需要发动机以最大推力水平运行。因此，这些运行模式下很容易出现燃烧不完全的情况，因为在这些运行模式中，发动机工作于非设计点上。维珍航空等一些航空公司建议在滑行时关闭一个或两个发动机，以减少排放，同时节省燃料[16]。此外，减小起飞推力也能显著减少颗粒物的排放。汤姆森航空公司建议在其 737-800 机队中减少至多 33% 的起飞推力，具体取决于起飞条件，包括跑道长度和飞机重量[16]。此外，还可引入合适的放飞管理系统，避免在滑行过程中不必要的停留，以减少燃油消耗和颗粒物排放。

表 5-2　LTO 周期定义（由国际民航组织发布）[16]

运行模式	推力设置 /%	运行时长 /min
起飞	100	0.7
爬升	85	2.2
进近	30	4
滑行	7	26

5.4.3　航空燃料成分

根据对使用不同航空燃料进行的颗粒物排放测试工作的分析，得出的结论是，燃料中较高的硫组分含量和芳香烃含量对颗粒物的形成起着至关重要的作用。芳香烃能提高燃料的能量密度，增强燃料系统的密封性能。因此，在相关利益方不改变燃气轮机设计以解决不兼容问题的情况下，燃料行业要开发不含芳香烃的航空燃料以减少颗粒物排放并非易事。与传统航空燃料相比，通常被称为航空替代燃料的现代燃料完全由不同的原料（如植物油、生物质等）通过费托（FT）工艺生产而成。如果这些燃料或其混合物符合相应的 ASTM 标准，则被称为"即用型燃料"。发动机测试表明，这些替代燃料可以在不含任何芳香烃的情况下在发动机中燃烧，然而测试还发现，这些芳香烃含量较低的航空燃料存在燃料泄漏问题[5, 25]。因此，航空燃料标准 ASTM D1655 明确指出，Jet-A1 中的芳香烃含量应低于 25%，以减少颗粒物的排放，但需要高于 8%（根据标准 ASTM D1319），以预防燃料泄漏问题。

5.5　替代燃料对颗粒物排放的影响

开发航空替代燃料的主要动机是减少航空业的二氧化碳排放。不过，对于减少颗粒物的排放也有积极的额外作用。因此，与传统燃料相比，替代燃料也被寄望能够减少颗粒物的排放。然而事实并非如此，因为大多数污染物都取决于一种或多种燃料特性，这些特性可能是物理或化学的。例如，CO_2 排放取决于燃料的氢碳比，随着氢碳比的增加，CO_2 排放将显著减少。但这是以降低能量密度为代价的。许多研究认为，随着燃料中芳香烃含量的减少，颗粒物的排放量也会减少。因此，随着替代燃料的使用，由于替代燃料中芳香烃含量的减少，颗粒物的排放量也会减少。但这引发了其他问题，如橡胶材料的兼容性问题，第 6 章将对此进行了详细讨论。颗粒物的排放也与不完全燃烧有关，这与燃烧室在雾化、蒸发和充分反应方面的能力不足直接相关，而这些能力又与燃料的表面张力、密度和化学成分的性质有关。这就引出了一些问题，例如哪种替代燃料更好，或是需要关注哪些燃料特性才能减少颗粒物的排放。因此，在本节中，我们将讨论不同替代燃料、燃料特性、芳香烃含量和芳香烃种类对颗粒物排放的影响等问题。

5.5.1　不同替代燃料对颗粒物排放的影响

替代燃料领域最近才兴起，目前仍处于发展阶段，新的即用型燃料正在获得认证。此外，替代燃料的性能也没有坚实的理论基础可以应用。关于替代燃料排放评估的综合研究很少，而且仍处于起步阶段。在替代燃料的成分、原料和生产途径多种多样的情况下，预测其燃烧行为和排放就更加困难了。想要预测替代燃料与传统燃料混合后排放量更是难上加难。

如图 5-8 所示，考虑到燃料的化学成分及其对碳烟形成的影响，根据 Zheng 等[26] 和其他研究人员的研究，对碳烟形成的贡献顺序如下：萘＞烷基苯＞炔烃（或二烯烃）＞环烷烃≈异构烷烃＞正构烷烃。这一顺序表明，燃料中的芳香烃（如萘和烷基苯）会产生更大的影响。

Won 等[11]进一步证实了这一点，即碳烟生成的倾向按照芳香烃＞环烯烃＞支链烯烃＞直链烯烃的顺序递减。由于航空替代燃料中芳香烃含量的缺乏，这对航空燃料的种类如何影响碳烟生成的研究又提出了更多问题。Xue 等[27]的研究案例尤其证明了这一点，他们注意到芳香烃含量更低的醇喷合成工艺（AtJ）燃料，相比于基于费托工艺的合成石蜡煤油（SPK）反而展现出更强的碳烟生成倾向，因此他们建议在理解航空燃料中的碳烟生成时将烷烃含量与分子大小也纳入考虑之中。

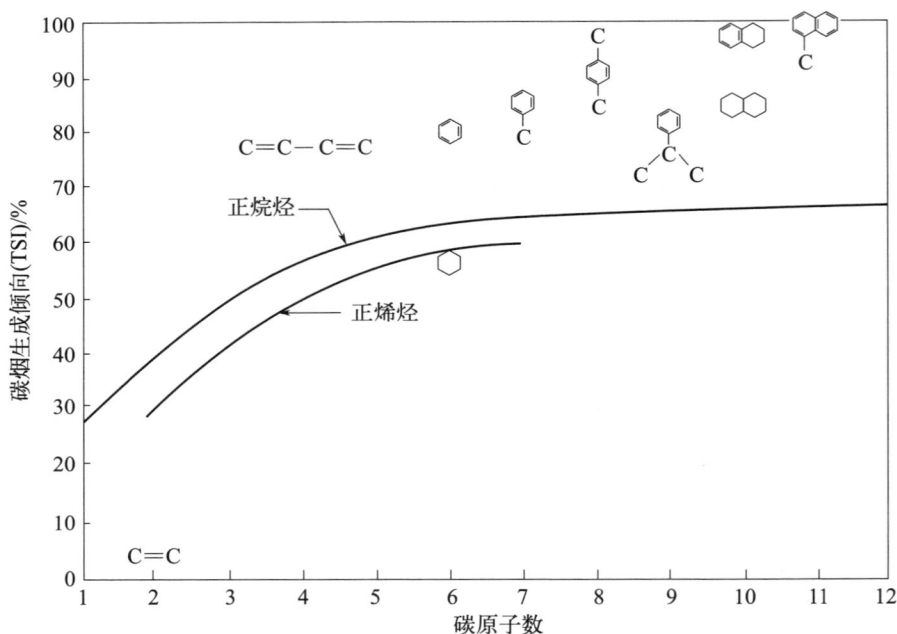

图 5-8 碳氢化合物的碳烟生成倾向[9]

Lobo 等[28]对商用航空发动机 CFM-56 的替代燃料进行了比较研究。在他们的研究中，对基于费托工艺转化和从生物质中提炼的不同类型替代燃料与原油提炼的 Jet-A1 燃料进行了比较。此外，他们研究了不同比例的混合燃料，如 50% 费托燃料与 Jet-A1、100% 费托燃料或是 Jet-A1 与饱和脂肪酸甲酯（Fatty Acid Methyl Esters，FAME，即生物柴油）以 20% 和 40% 的比例混合[19]。发动机运行在不同推力水平上，获得了目标混合燃料的完整 LTO 循环数据。研究结果清楚地表明，采用混合或纯替代燃料可减少颗粒物排放，其中 100% 纯费托燃料的减排量最大，如表 5-3 中所示。然而，实际上这种燃料并不适合航空发动机使用，因为其芳香烃含量远远低于一些研究人员建议的用于保证橡胶材料兼容性的芳香烃含量，即至少 8%[29, 25]。颗粒物排放量的减少可能与燃料的芳香烃含量低、氢/碳比增加以及氧的存在有关。甲酯（生物柴油燃料）中的氧含量可减少碳烟排放，从而减少颗粒物排放[30]。另一方面，生物柴油燃料容易携带原料中的金属污染物，造成与燃料管道的兼容性问题。这是因为生物柴油的生产方法和工艺尚未标准化，无法满足航空规格要求。

表 5-3　颗粒物质量和数量减排量对比[19]

燃料混合比例	相对密度（15°C）	运动黏度（20°C）/（mm²/s）	热值/（kJ/kg）	氢/碳比	芳香烃含量（体积分数)/%	氧含量（质量分数)/%	颗粒物数量降低（对比Jet-A1）	颗粒物质量降低（对比Jet-A1）
Jet-A1	0.797	4.27	43300	1.92	18.5	0	—	—
20%生物柴油+80%Jet-A1	0.808	4.74	42000	1.94	14.8	3.4	22%±7%	20%±8%
40%生物柴油+60%Jet-A1	0.825	5.62	40300	1.94	11.1	6.6	35%±6%	52%±5%
50%费托燃料+50%Jet-A1	0.776	4.4	43600	2.04	9.25	0	34%±7%	39%±7%
100%费托燃料	0.755	4.65	44100	2.17	< 0.2	0	52%±4%	62%±4%

从煤制油（CtL）和天然气制油（GtL）工艺中提取的其他替代燃料也显示出类似的减少颗粒物排放的特性。Williams 等[31] 在研究中对基于 GtL、CtL、GtL/Jet-A1 的混合燃料，以及生物柴油和柴油（以 Jet-A1 作为参考燃料）等燃料进行了调查，得出了上述结论。Williams 等通过测量有机物浓度解释了减少挥发性颗粒物排放的行为[31]。他们注意到，在不同推力水平下 Jet-A1 的有机物排放量均大于 CtL 和 GtL/Jet-A1 混合燃料的排放量。此外，他们还认为挥发性颗粒物与测量位置有关，如图 5-9 所示，因为随着温度降低，挥发性颗粒物会在排气下游凝结在非挥发性颗粒物上。

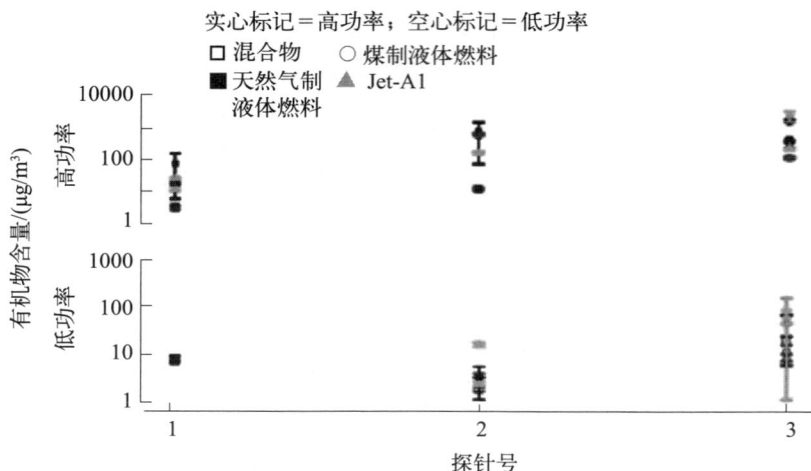

图 5-9　挥发性颗粒物与探针位置的函数关系，研究使用 CtL 和 GtL 与 Jet-A1 的
混合物[31]（另见文后彩图）

Christie 等进行的另一项此类研究[32]调查了不同替代燃料的效果及其对燃气轮机排气中形成的颗粒物的影响，作者评估了 Sasol 公司的全合成航空燃料（FSJF）、Shell 公司的 GtL、煤油和 Jet-A1/GtL 50∶50 混合煤油。结果表明，与 Jet-A1 相比，所有替代燃料形成的多环芳香烃都较少。因此，替代燃料中芳香烃含量低会导致非挥发性颗粒物排放量低的说法得到了支持。在研究的燃料中，天然气制液体燃料生成的多环芳香烃含量最少，而全合成航空燃料生成的多环芳香烃含量最高。因此，这表明使用 GtL 作为 Jet-A1 的混合成分或替代成分，可减少排放并改善当地的空气质量。然而，有观点认为 GtL 和 CtL 等"第一代"燃料属于费托燃料，其生命周期中的温室气体排放显著高于石油衍生的航空燃料。虽然与传统燃料相比，它们的短期排放量较少，但从长期来看，碳足迹和碳生命周期是使用 GtL 的主要问题。

Kumal 等对两种体积分数分别为 30% 和 70% 的亚麻荠制生物燃料混合物进行了研究，结果表明，随着芳香烃含量的减少，颗粒物的排放量也会减少[10]。生物燃料的添加会增加烷烃的含量，从而降低颗粒物的聚合物尺寸。随着芳香烃含量的变化，颗粒物的粒径与发动机推力的函数关系如图 5-10 所示，可见 Jet-A 总是有最大的颗粒物粒径，而与推力水平无关。混合燃料生成的颗粒物粒径随着发动机额定功率的增加而增大，但相对于 Jet-A 生成的颗粒物粒径总是较小。这归因于燃料特性在较高温度下的累积效应，例如生物燃料的氢碳比相较于Jet-A1 更高。

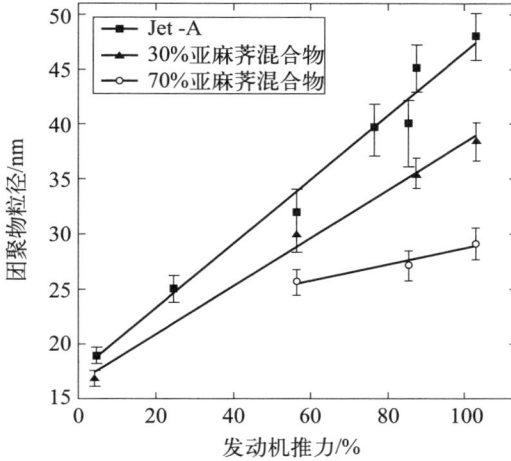

图 5-10 团聚物粒径随着发动机推力和芳香烃含量的变化 [10]

德国航空航天中心的"航空替代燃料的排放和气候影响"（Emission and Climate Impact of Alternative Jet Fuels，ECLIF）项目，进行了两次研究工作，以研究几种航空替代燃料混合物的排放特性 [33]。测试分别在地面和飞行中进行。地面测量有助于深入了解发动机不同功率设置下的排放情况，而飞行测量则揭示了对大气的影响。实验使用安装了 IAE V2527 发动机的 A320 飞机作为资源。在 2015 年的研究活动中研究了六种不同的燃料，所选燃料具有不同的芳香烃含量，但与燃料的氢含量没有严格的相关性。实验表明，燃料中的氢含量比芳香烃含量更能预测颗粒物排放量。符合美国材料与试验协会相应要求的混合燃料最高可将颗粒物排放量整体减少 70%。此外，Braun-Unkhoff 等还得出结论，与 Jet-A 燃料相比，GtL、HEFA 和法呢烷混合燃料的碳烟颗粒排放量在质量和数量浓度上都较少 [34, 35]。

在美国国家航空航天局（National Aeronautics and Space Administration，NASA）航空替代燃料实验（Alternative Aviation Fuel Experiment，AAFEX）项目中，对基于费托工艺的替代燃料与传统航空燃料 JP-8 进行了系统评估比较。在这一项目中，对比了 JP-8 航空燃料、基于费托工艺的替代燃料，以及前述费托燃料与 JP-8 以 50/50 比例混合的燃料。研究人员在安装于美国国家航空航天局 DC-8 飞机上的 CFM56-2C1 发动机上进行地面测试，并通过表 5-2 所述的发动机推力设置模拟了所有 LTO 工作条件。结果表明，在所有工作条件下，颗粒物排放量作为颗粒数密度的关系如下：费托燃料＜ 50∶50 费托燃料 /JP-8 混合燃料＜ JP-8 燃料[36]。

近年来，人们对替代燃料的兴趣与日俱增，航空业和原始设备制造商开展的终端用户燃料测试项目显著增加。这些项目包括欧盟在"持续降低能源、排放和噪声（Continuous Lower Energy，Emissions，and Noise，CLEEN）"计划中的喷气燃料筛选与优化（Jet Fuel Screening and Optimization，JETScree）项目、美国联邦航空管理局的"航空替代燃料与环境（Alternative Jet Fuels and Environment，ASCENT）"项目以及其与美国空军研究实验室和美国国家航空航天局共同领导的另一个项目"美国国家航空燃料燃烧项目（National Jet Fuels Combustion Program，NJFCP）"。所有这些研究都认为，可持续航空燃料是未来的趋势，有助于实现减排目标。

5.5.2　燃料特性对颗粒物排放的影响

影响颗粒物排放的燃料特性有很多，如密度、黏度、氢碳比、十六烷值、沸点、烟点、表面张力、点火延迟以及芳香烃种类、含量和分子量。这些燃料特性有的直接影响燃烧时的雾化、蒸发和氧化过程，有的则间接影响燃烧过程，但总的来说，所有这些特性都会通过影响燃烧性能来影响颗粒物的形成。虽然趋势随当量比的变化而变化，但平均液滴直径的增加不仅会导致颗粒物排放量的增加，还会导致氮氧化物（如 NO）、一氧化碳（CO）和未燃碳氢化合物（UHC）等其他气体排放量的增加。颗粒物排放的形成受到颗粒粒径、颗粒粒径增长和颗粒数量的显著影响。根据 Braun-Unkhoff 等的研究，除燃料特性外，绝热火焰温度、压力、当量比和动力学 / 点火时间延迟也会通过燃料热解效应影响颗粒物的形成[35, 37-39]。此外，发动机的额定推力也会在很大程度上影响初级颗粒和团聚颗粒物的尺寸，因为随着发动机额定推力的增加，局部会出现高温，这会导致颗粒尺寸的增加。

关于绝热火焰温度和当量比，Riebl 等[38]的一项研究测量了四种不同费托燃料与两种 Jet-A1 和 Jet-A 燃料相比的颗粒物排放量。该研究在当量比为 0.25 ～ 1.8 范围内测量了火焰温度为 1800K 和 2200K 时苯和乙炔的含量，因为这些物质是多环芳香烃形成的主要原因。研究得出的结论是，随着火焰温度和当量比的增加，苯和乙炔的含量都会增加，这与燃料种类无关。而与 Jet-A1 和 Jet-A 相比，GtL 和 CtL 在 1800K 的较低火焰温度下乙炔含量更高，而在 2200K 的火焰温度下，Jet-A1 和 Jet-A 的乙炔含量更高。另一方面，在两种火焰温度下，Jet-A1 和 Jet-A 燃料火焰中的苯含量都高于 GtL 和 CtL[38]。因此，很明显，芳香烃也是颗粒物形成的一个重要影响因素，这将在本章后面的章节中讨论。

沸点较低的燃料蒸发速度快，点火延迟时间短，燃料不会参与成核过程，因此颗粒物的排放量会随着燃料沸点的降低而减少。较长的点火延迟时间也意味着更均匀的燃料混合，从而最大程度地释放热量，致使燃烧区的温度升高，而燃烧室主燃区的氧气供应有限，最终导致燃料热解，限制了燃料的完全氧化从而促进颗粒物的形成[40]，这将在后面关于颗粒物形成的章节中解释。如前所述，根据 Roquemore 等的研究[41]，沸点高的燃料会导致颗粒物数量增加。Calcote 等[9]给出了阈值碳烟指数（Threshold Soot Index，TSI）与燃料烟点和分子量的函数关系式，而 Qian 等[42]则认为阈值碳烟指数与燃料烟点和分子量成正比。Christie 等[32]的实验研究进一步证实了这一点，他们声称非挥发性颗粒物的形成与烟度值成正比。

芳香烃含量是对颗粒物排放有很大影响的燃料特性之一。大量研究已经得出结论，芳香烃含量的增加会导致颗粒物排放量的增加。DeWitt 等的研究结果证实，颗粒物排放量与燃料芳香烃含量成正比[25]。DeWitt 等的研究数据显示，与 JP-8 燃料相比，费托燃料排放的颗粒物尺寸更小。

Brem 等进行的另一项此类研究[43]使用了正在生产的高涵道比涡扇发动机。在这项研究中，混合了两种石油衍生芳香烃溶剂，以改变燃料中的芳香烃含量。一种芳香烃溶剂由 6%（体积分数）的萘组成，另一种则是贫萘的 Solvesso 150 ND。图 5-11 显示，芳香烃浓度的增加会导致颗粒物排放指数的增加。与业界认为的碳烟的形成是不完全燃烧的结果不同，Brem 等强烈地提出了一个概念，即大多数现代航空发动机的燃烧效率都在＞99% 的层级。Zheng 等[44] 进行的另一项此类实验得出结论，芳香烃含量的增加会导致颗粒物排放量的增加，如图 5-12 所示，显示了碳烟的形成和消耗与芳香烃含量的关系。如图 5-12 最左列所示，在贫油熄火（LBO）前 0.04s（-4/100）时，随着萘的含量从 8% 增加到 18%，碳烟形成量急剧增加。在 0s（0/100）时，即在极度贫油燃烧状态下，火焰向贫油熄火边界移动时，碳烟的形成也不均匀。这清楚地表明，即使在贫油燃烧状态下，火焰也会出现不同程度的碳烟，其强度取决于芳香烃含量和芳香烃种类，我们将在本章后面的章节中详细讨论。

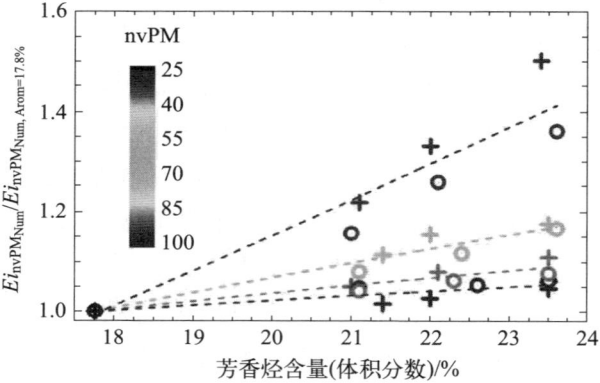

图 5-11　非挥发性颗粒物排放指数随着芳香烃含量的变化（另见文后彩图）

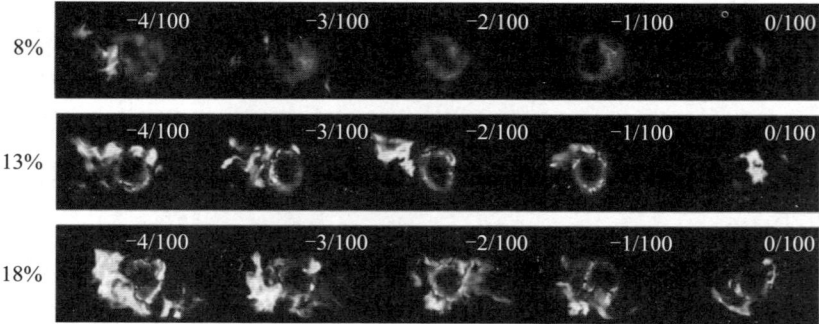

图 5-12　贫油熄火前 0.05s 内混合萘燃料在不同芳香烃含量下碳烟的形成和消耗 [44]（另见文后彩图）

Zheng 等基于 Rolls-Royce 公司的 Tay 发动机燃烧室，使用 13 种不同的替代燃料和 3 种参考燃料评估了燃料特性和成分对颗粒物排放的影响，如表 5-4 所示[26]。使用的 3 种参考燃料是 JP-8、Jet-A1 和 JP-5，分别标记为 F1、F2 和 F3（图 5-13）。13 种不同的燃料被标记为 F4 至 F16（图 5-13）。根据 Zheng 等的研究[26]，影响排放的物理和化学性质多种多样。通过分析表 5-4 中提到的燃料的燃烧性能，他们以浓缩的方式呈现了颗粒物和碳烟排放对相关特性的敏感性，如图 5-14 所示。芳香烃含量始终影响着排放，而且具有正向效应，因此随着芳香烃含量的增加，排放量也会增加。氢含量的增加会提高氢碳比，从而降低排放水平，对排放有反向影响。结果表明，芳香烃含量和氢含量对碳烟生成倾向的影响最大。增加燃料中的芳香烃含量会促进碳烟排放。反之，氢含量越高，燃料越能抑制碳烟的形成。此外，除芳香烃含量外，较高的密度和表面张力也会在一定程度上对碳烟生成有促进作用，而净燃烧热值、烟点和异构烷烃含量较高的燃料燃烧更清洁[26]。

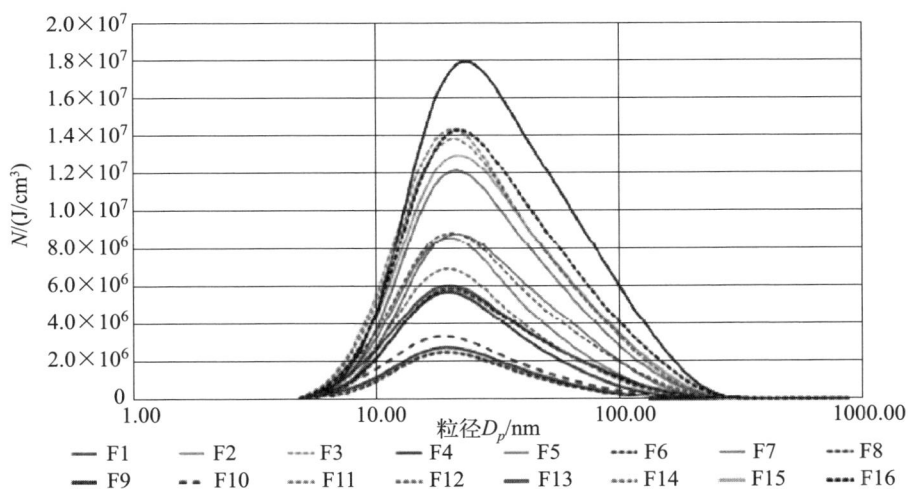

图 5-13 不同燃料的颗粒物尺寸 - 数量分布[26]（另见文后彩图）

根据 Kumal 等的研究[10]，聚合颗粒尺寸是发动机推力水平和燃料芳香烃含量的函数。无论使用何种燃料，聚合颗粒尺寸都会随着发动机推力的增加而增大；另一方面，聚合颗粒尺寸会随着燃料芳香烃含量的降低而减小。这可能是因为芳香烃含量越低，为使颗粒的生成和生长达到足够的水平，要求燃料热解形成的多环芳香烃就越多。因此芳香烃含量越低，初级颗粒浓度就越低，这会导致整体颗粒数量浓度和颗粒尺寸较小。因此，在发动机循环中，较小的初级颗粒会导致较小的团聚物尺寸。如图 5-15 所示，随着聚合颗粒尺寸的增加，初级颗粒尺寸也随之增加。根据 Kumal 等的研究，初级颗粒尺寸和聚合颗粒尺寸表现出的这一趋势反映了与燃料成分和局部当量比的函数关系。对商用发动机进行的其他研究表明，在 CFM56 涡扇发动机上，静态推力水平为 7%、65% 和 100% 时，初级颗粒尺寸依次为 13nm、20nm 和 24nm[45]。Delhaye 等同样在一台 SaM146 商用涡扇发动机上观察到，推力水平从 7% 上推到 100% 时，粒径从 14.2nm 增加到 16.1nm[46]。

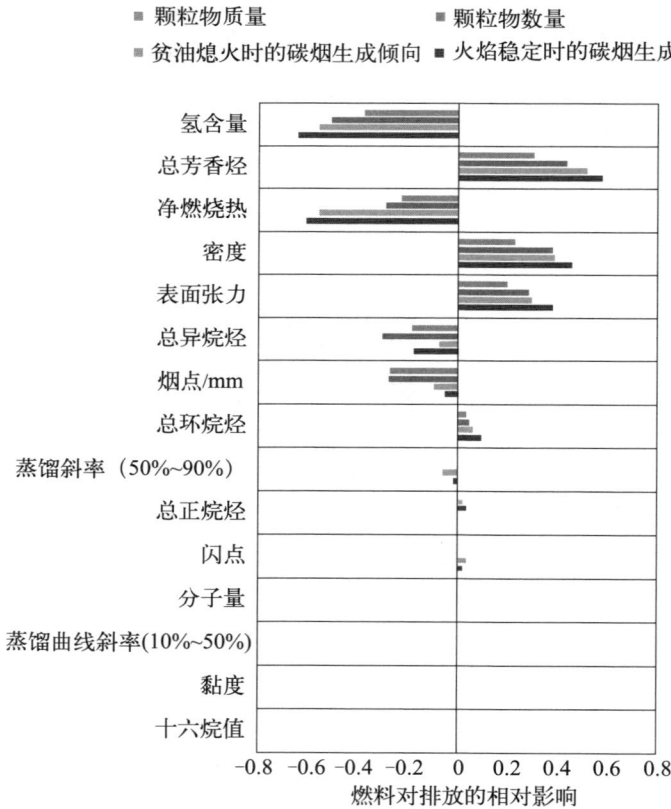

图 5-14　燃料特性对排放的影响[26]（另见文后彩图）

表 5-4 关于燃料与其特性的研究[26]

燃料代号	燃料	化学式	密度 /(kg/m³)	黏度 /(mm²/s)	表面张力 /(mN/m)	闪点 /°C	烟点 /°C	十六烷值	芳香烃(质量分数) /%	正构烷烃(质量分数) /%	异构烷烃(质量分数) /%	环烷烃(质量分数) /%	热值 /(MJ/kg)
F1	JP-8	$C_{10.8}H_{21.8}$	780	3.5	25.8	42	28.5	48.8	13.41	26.82	39.69	20.08	43.24
F2	Jet-A1	$C_{11.4}H_{22.1}$	803	4.5	28	48	22	48.3	18.66	20.03	29.45	31.86	43.06
F3	JP-5	$C_{11.9}H_{22.6}$	827	6.5	28.4	60	20	39.2	20.59	13.89	18.14	47.93	42.88
F4	异丁醇衍生燃料（异构烷烃含量99%以上）	$C_{12.6}H_{27.2}$	761	4.9	24.7	50	29.5	17.1	0.009	0.009	99.62	0.05	43.82
F5	64% JP-5+36%法呢烷	$C_{12.8}H_{25.3}$	808	8.3	27.7	66	26	47	13.61	9.17	45.19	31.72	43.29
F6	60% CtL+40%醇醚合成燃料	$C_{11.4}H_{24.8}$	760	3.9	25	46	26	28	0.39	0.23	98.94	0.43	43.81
F7	73%窄沸点 C10 异构烷烃燃料+27%三甲苯	$C_{9.7}H_{18.7}$	770	1.9	26.1	44	25	39.2	30.68	17.66	51.58	0.07	43.01
F8	75% RP-2+23% A3	$C_{12.1}H_{23.9}$	817	6.53	28.7	64	25	42.6	4.88	3.3	29.51	62.31	43.3

燃料代号	燃料	化学式	密度/(kg/m³)	黏度/(mm²/s)	表面张力/(mN/m)	闪点/℃	烟点/℃	十六烷值	芳香烃(质量分数)/%	正构烷烃(质量分数)/%	异构烷烃(质量分数)/%	环烷烃(质量分数)/%	热值/(MJ/kg)
F9	Jet-A1 掺混芳香烃	$C_{11.6}H_{21.4}$	823	4.84	28.9	56	25	43.5	27.31	13.72	20.99	37.97	42.9
F10	80%酯类和脂肪酸类加氢工艺+20%正十二烷	$C_{12.6}H_{23.2}$	759	5.5	26.2	48	25	63.3	0.21	1.41	85.79	1.5	44
F11	Jet-A1 添加十六烷使十六烷值=31	$C_{11.7}H_{23.6}$	777	4.33	—	50	23	31	7.3	69.23	10.45	10.8	43.67
F12	Jet-A1 添加十六烷使十六烷值=45	$C_{11.4}H_{23}$	786	4.6	—	49	22.4	44	6.4	42.17	46.37	32.55	43.6
F13	Jet-A1 添加十六烷使十六烷值=55	$C_{11.7}H_{24.1}$	786	5	—	56	21.4	54	3.9	37.56	26.33	30.82	43.7
F14	生物燃料-1	无法给出	791	5.75	—	50.5	28	40.9	9.4	53.6	1.4	33.5	43.6
F15	生物燃料-2	无法给出	782.5	3.98	—	45	26.5	45.3	19.7	67.1	7.2	7.1	43.4
F16	生物燃料-3	无法给出	804.4	4.12	—	48	23	50	15.8	9	31.6	34.6	43.3

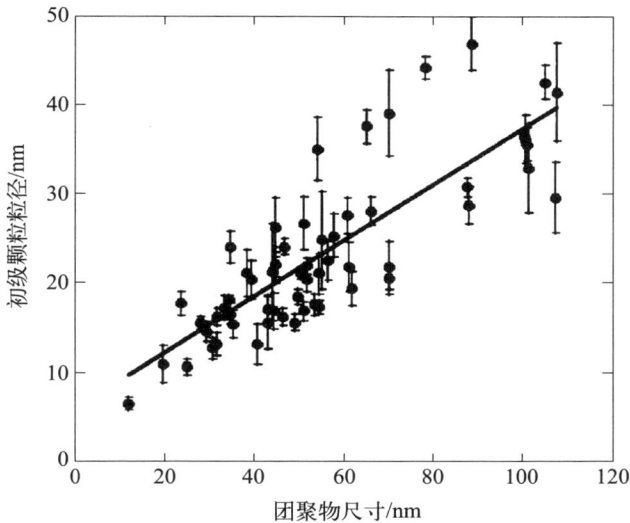

图 5-15 典型的初级颗粒粒径与团聚物粒径的关系[10]

关于非挥发性颗粒物的尺寸和分布，Liati 等[17] 的研究发现，在发动机的最大额定推力下，颗粒尺寸的分布更宽，尺寸值也更大，随着额定推力降低到较低的推力水平，非挥发性颗粒物的尺寸和分布也随之减少。据文献所述，与大颗粒相比，小颗粒更易氧化和反应。因此，有多条可行的路径用于设计低排放燃烧室以减少颗粒物排放，包括限制燃烧区的当量比，或是减少在燃烧室高温区的停留时间[17]。

5.5.3 不同芳香烃种类对颗粒物排放的影响

在深入探讨芳香烃的影响之前，我们需要回答以下基本问题：什么是芳香烃？芳香烃如何促进颗粒物的排放？

芳香烃化合物的定义是由一个或多个平面环（类似苯）组成的化合物，环上的原子通过不同的共价键结合在一起，例如苯和甲苯。芳香烃化合物本质上是不饱和碳氢化合物，是原油成分中质量第二大的组分。在前面的章节中，我们已经讨论过芳香烃含量增加会增加颗粒物排放的影响。在本节中，我们将了解芳香烃种类的作用。根据结构组成，芳香烃可分为单环芳香烃和多环芳香烃[47]。由于替代燃料中的芳香烃含量几乎可以忽略不计，为了满足前文中行业标准提出的审批程序要求和橡胶材料兼容性，传统燃料会与替代燃料混合，以降低燃料中的总体芳香烃含量。因此，与传统燃料相比，混合了芳香烃的燃料在密度、黏度、表面张力、氢碳比和十六烷值等特性方面都会发生显著变化[47]。

芳香烃如何促进颗粒物排放？从本质上讲，芳香烃具有高度不饱和性，它们会形成中间体多环芳香烃化合物。如前文关于颗粒物形成的内容所述，多环芳香烃是颗粒物形成的主要前体物，如图 5-16 所示。多环芳香烃是在芳香烃化合物的热合成（燃烧）过程中形成的，进一步地不完全氧化（热解）会产生乙炔或苯基自由基或首个环形物质，这是苯形成的先决条件。由于成核作用，这些多环芳香烃会随着第一个环形物质的碳化而进一步增长，进而引发凝集。凝集是指大分子或纳米分子碰撞而形成更大结构的过程，因此分子表面积会发生增长。之后，随着聚合过程的发生，最终形成了长链状或簇状的聚合物，这就是所谓的颗粒物。这通常被称为一次颗粒物，此外，氧化还会进一步形成二次颗粒物。因此，要想不形成颗粒物，就必须使多环芳香烃完全氧化，但实际上这是不可能实现的。基于此，出于减少颗粒物形成的权衡考虑，有必要对芳香烃种类和含量进行选择。

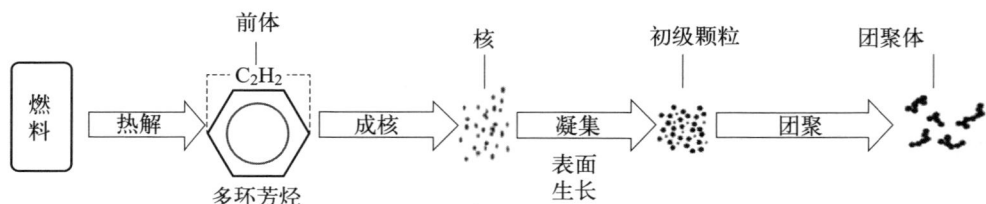

图 5-16　颗粒物形成的各个阶段[12]

如前所述，芳香烃化合物的物理和化学性质各不相同，因此它们形成颗粒物排放的倾向也随这些性质而变化。如图 5-17 所示，芳香烃可根据其结构组成分为单环芳香烃和多环芳香烃。2020 年，Sharma 等[47]对各种芳香烃及其对排放成分的影响进行了研究，包括了 13 种芳香烃，其中有 1 种为双环芳香烃。实验在柴油发动机中进行，并以对应的柴油作为参考燃料对结果进行了研究。研究结果表明，不仅是芳香烃含量，芳香烃组分的性质也会影响颗粒物排放。

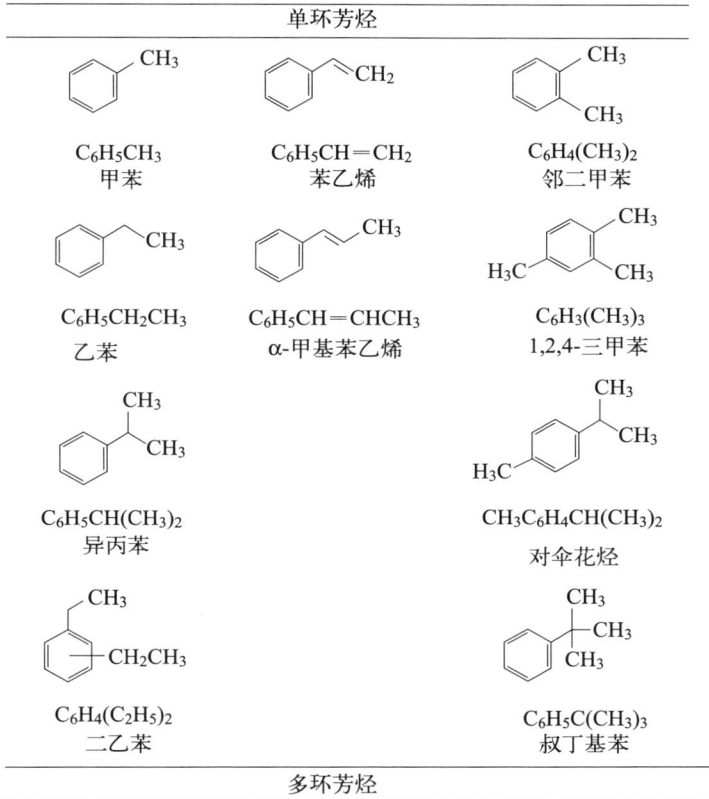

图 5-17 不同的芳香烃物质及其分子结构[47]

　　如图 5-18 所示，与单环芳香烃相比，多环芳香烃在任何芳香烃含量水平和燃烧室功率条件下都会增加颗粒物排放。这是因为与单环芳香烃相比，多环芳香烃较高的沸点会延缓燃料蒸发速率，进而影响燃烧过程。例如，多环芳香烃的沸点：如四氢萘—207℃、茚—185℃等；单环芳香烃沸点：如乙苯—135℃、甲苯—107℃等。此外，一般来说，芳香烃含量高的燃料点火延迟时间更长，更具体来说，多环芳香烃的点火延迟时间比单环芳香烃更长，因此促进了燃烧室主燃区的热解过程，从而限制了燃料的完全氧化[40]。

图例：
- 柴油
- 甲苯(单环)
- 苯乙烯(单环)
- 邻二甲苯(单环)
- 乙苯(单环)
- 1,2,4-三甲苯(单环)
- 叔丁基苯(单环)
- 二乙苯(单环)
- 对伞花烃(单环)
- α-甲基苯乙烯(单环)
- 异丙苯(单环)
- 茚(双环)
- 四氢萘(双环)
- 甲基萘(双环)

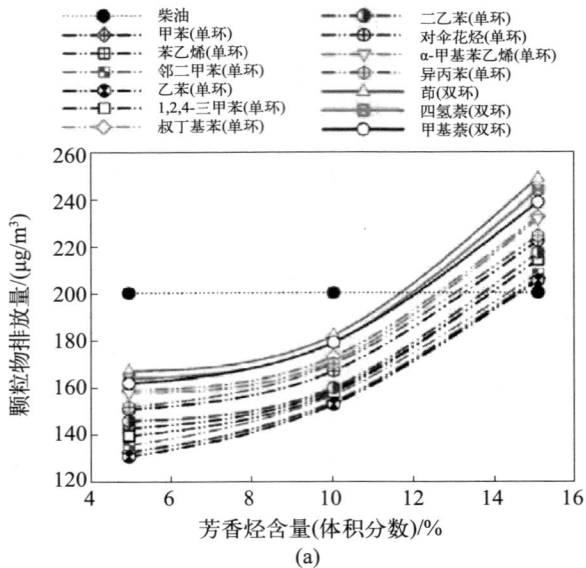

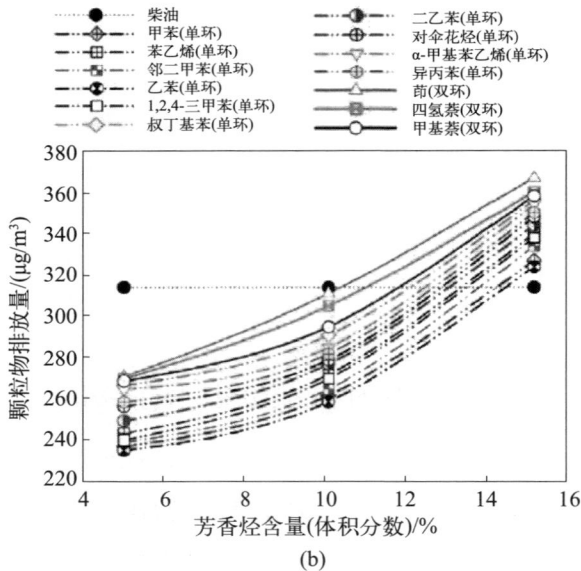

图 5-18 不同功率工况下各种类芳香烃的颗粒物排放（a）低功率，
（b）高功率[47]（另见文后彩图）

Qian 等[42] 在对柴油混合单环芳香烃和多环芳香烃的研究中解释道，在颗粒物排放中，小尺寸区间中的颗粒数量最多。与多环芳香烃相比，单环芳香烃形成的较小颗粒数量最多，这可以用多环芳香烃的成核现象来解释。DeWitt 等[25]的实验也证明了这一点，如在表 5-5 中所列，平均粒径随芳香烃含量的增加而增大，并进一步指出，平均粒径随芳香烃含量的增加呈线性增大。

DeWitt 等[25]在 2008 年进行的另一项研究调查了三种不同分子量的芳香烃溶剂与费托燃料混合后的表现，并与标准的 JP-8 燃料进行了比较。研究在赖特 - 帕特森空军基地的涡轴发动机上测量了颗粒物的排放量，以了解费托燃料在排放量和橡胶材料兼容性方面的表现。实验结果表明，随着分子量的增加，颗粒物的排放量也随之增加。表 5-5 列出了所研究的溶剂，其中芳香烃混合溶剂是溶剂 100、150 和 200（数值代表编号）的混合物，三种溶剂的体积比例分别为 25%、53% 和 22%，以模仿 JP-8 燃料的表现。实验使用这些溶剂作为费托燃料的添加剂，其体积浓度分别为 5%、10%、15%、20% 和 25%。

表 5-5　不同芳香烃分子量与添加量在不同发动机工况下的平均颗粒粒径[25]

分子质量						
芳香烃溶剂及燃料	芳香烃溶剂 -100	芳香烃溶剂 -150	芳香烃溶剂 -200	芳香烃混合溶剂(25：53：22)	JP-8 芳香烃提取物	费托燃料
平均分子量/(g/mol)	121	135	151	135	138	169
萘含量 (体积分数)/%	/	6	82	21	9.3	/

平均颗粒粒径 /nm						
芳香烃添加量 /%	芳香烃溶剂 -100		芳香烃溶剂 -150		芳香烃溶剂 -200	
	慢车	巡航	慢车	巡航	慢车	巡航
0	13	21	15	21	13	21
5	14	23	15	24	16	26
10	16	26	16	26	20	30
15	17	28	18	29	23	34
20	19	32	20	33	16	38
25	21	34	22	35	19	41

纯费托燃料经稀释标定后测得的颗粒物平均值为3.1×10^6个/cm^3，而JP-8燃料的颗粒物平均值为7.1×10^7个/cm^3。如图5-19所示，将结果以纯费托燃料为基准进行归一化处理，则JP-8的排放是纯费托燃料的23倍。结果还表明，随着分子质量的增加，颗粒物数量也随之增加，并在将芳香烃溶剂200以体积比25%的量添加的测试点上观测到最大的颗粒物数量，在任意发动机工况下均如此。该测试点的颗粒物数量在巡航状态下与基准的比例为8:1，慢车状态下为71:1。慢车条件下的这一悬殊的比例增长是由于燃烧不充分以及压力和温度等工作条件较低造成的，随着分子量的增加，这种影响也会随之增加[25]。颗粒质量与颗粒数量的结果一致，但颗粒质量比的绝对值要低得多，因为颗粒质量与颗粒大小有关，较大的颗粒对总的颗粒质量贡献更多[25]。

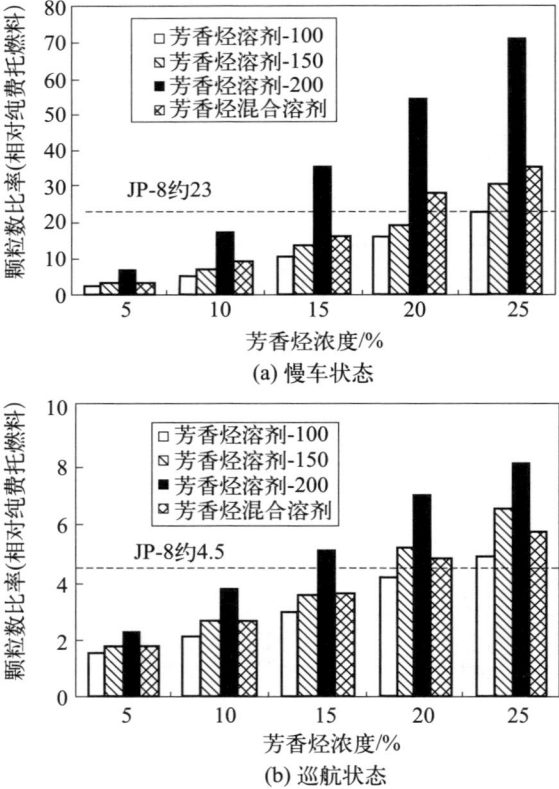

图 5-19　与 JP-8 对比，基于纯费托燃料归一化的
不同芳香烃溶剂的颗粒数比率[25]

根据 Zheng 等的研究 [26]，所有芳香烃种类对排放的影响并不相同，这一点从燃料 F7 中可以看出，该燃料的芳香烃含量是所有受检燃料中最高的（30.68%），但其颗粒物数量仍然相对较低，如图 5-20 所示。该研究中使用的芳香烃可分为烷基苯类、环芳香烃类和双环芳香烃类。根据研究结果，他们得出结论：与其他类型的芳香烃相比，烷基苯的影响较小。这是因为双环芳香烃类和环芳香烃类芳香烃的化学结构相对稳定，不易分解，因此成为碳烟形成的前体。所以，要理解所有现有芳香烃的影响确实是不可能的，对于多种芳香烃的组合更是需要进行更多的研究，以全面理解它们对颗粒物排放的影响。

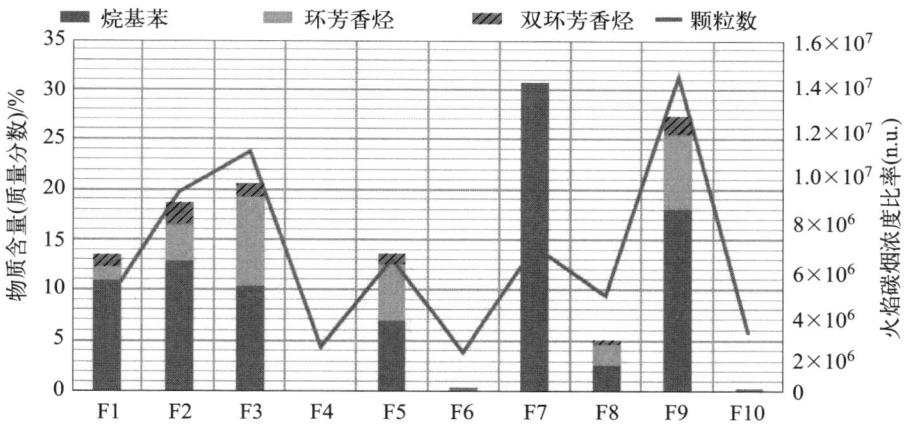

图 5-20 芳香烃种类对颗粒数和碳烟浓度的影响 [26]

因此，在进一步研究每种芳香烃的影响时，Zheng 等 [44] 进行的另一项研究调查了 16 种不同的芳香烃。这 16 种芳香物质可分为烷基苯类、双环芳香烃类和环芳香烃类三个芳香烃化合物组，并在 8%、13% 和 18% 三种比例的混合燃料中进行了研究。如图 5-21 所示，对于所有芳香烃种类，芳香烃所含比例的增加都会增加碳烟辐射强度。与烷基苯类和环芳香烃类等其他两类芳香烃相比，属于双环芳香烃类的甲基萘的碳烟辐射强度增幅明显较高。同样明显的是，尤其是在芳香烃含量较高的情况下，碳烟形成量的顺序依次是双环芳香烃类 > 环芳香烃类 > 烷基苯类。相反，与环芳香烃类的四氢萘相比，属于烷基苯类的 α- 甲基苯乙烯和 1，2，4- 三甲苯的碳烟强度略高。这可能是由于氢/碳比的增加，导致碳烟辐射强度的均方根降低。几乎所有烷基苯类芳香烃产生的碳烟辐射强度都相对较低，而在烷基苯类内部则没有明显差异。由于对伞花烃、叔丁基苯和3-异丙基枯烯等芳香烃具有高焓、低沸点和低自燃温度等理想的物理和化学特性，因此它们形成的颗粒物排放量最少[44]。Zheng 等[26,44]的上述两项研究结果都得出以下结论，芳香烃含量和选择芳香烃种类对减少排放非常重要。

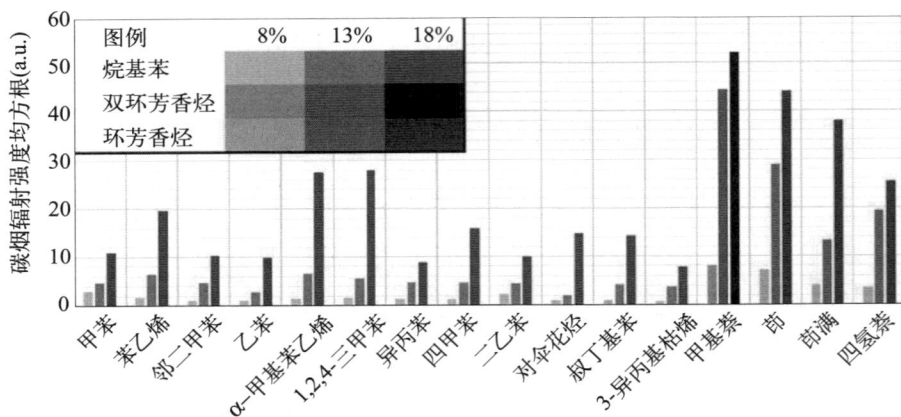

图 5-21 贫油熄火工况下芳香烃种类对碳烟辐射强度的影响[44]（另见文后彩图）

图 5-21 中 Zheng 等[44]的实验结果表明，航空燃烧室的颗粒物排放强度确实随芳香烃含量和种类的变化而变化。但问题随之而来：燃烧环境是否会影响颗粒物的排放？这些差异又是如何根据芳香烃种类而发生的？一般认为，燃烧环境受燃烧室压力、燃料喷射系统、雾化和燃料蒸发的影响。Zheng 等在 Tay 发动机燃烧室和内燃机（Internal Combustion，IC）两种不同燃烧器上研究了相同的芳香烃种类的影响。他们发现了一个非常有趣的事实：虽然对颗粒物的增幅不相同，但芳香烃化合物在两台燃烧室上的实际表现并没有改变。

图 5-22 中的结果显示，内燃机上形成的颗粒物浓度较高。这是因为燃料在气缸中混合时，处于高气压环境且存在高含量的芳香烃。在两个实验台上，Tay 发动机燃烧室和内燃机都显示出每种芳香烃形成颗粒物的相似趋势，其顺序依次为双环芳香烃类＞环芳香烃类＞烷基苯

类。由此可以得出结论，燃烧环境只会影响颗粒物排放的量级，而不会影响颗粒物的形成趋势。这还需要考虑很多其他因素，如局部当量比，因为两种发动机中燃料和空气的质量流量确实不同。但是，芳香烃与各自形成颗粒物的行为趋势确实是相同的。这一事实非常有趣，因为目前关于芳香烃及其对颗粒物排放影响的研究非常少，而且航空实验台的运行成本非常昂贵，研究人员实际上不太可能总是通过昂贵的实验来研究每种芳香烃的影响。

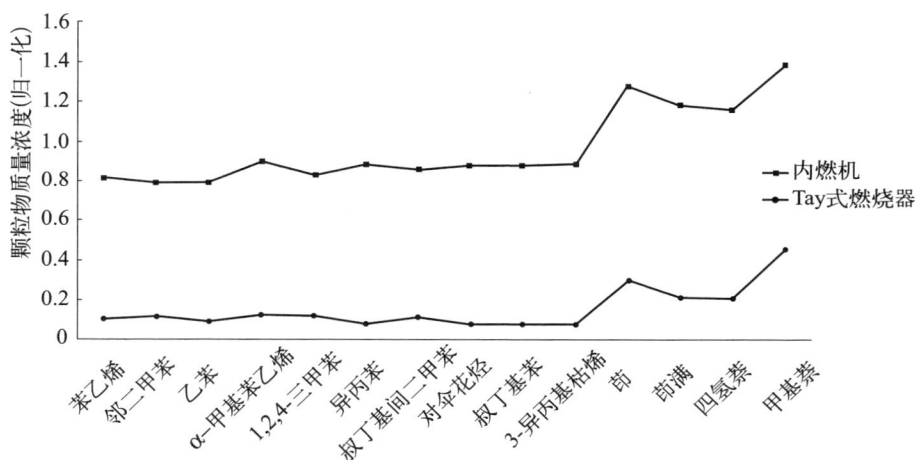

图 5-22 测试环境和芳香烃种类对颗粒物质量浓度的影响 [47]

5.6 小结

总之，颗粒物排放对健康、环境和气候都有不利影响。减少源头的污染排放至关重要。显而易见，颗粒物的形成始于多环芳香烃的前体，其在芳香烃化合物中占主导地位。虽然多环芳香烃可以在没有芳香烃化合物的情况下合成，但一般来说，芳香烃化合物的存在会加速这一过程。减少颗粒物排放需要考虑多种因素：燃烧室设计理念、燃料组分、燃料特性、芳香烃含量到芳香烃种类的选择。燃料成分是其中的主要因素之一，因为燃料中的每种化合物在不断变化的工作条件下都会以独特的路径发生反应。研究人员得出结论，组分对碳烟形成的贡献顺序如下：萘＞烷基苯＞烯烃＞环烷烃≈异构烷烃＞正构烷烃。关于燃料的特性，如密度、黏度、氢／碳比、十六烷值、沸点、烟点、表面张力和点火延迟，这些特性在很大程度上影响着燃料喷射、雾化和混合的物理过程，进而影响着颗粒物的形成。对颗粒物形成影响较大的是芳香烃含量和高度支链化脂肪族芳香烃。随着芳香烃含量的增加，无论其种类如何，颗粒物的形成显然都会增加。特别地，在芳香烃中，对颗粒物形成的贡献顺序为双环芳香烃类＞环芳香烃类＞烷基苯类。

致谢

我们感谢德国斯图加特德国航空航天中心（DLR）燃烧技术研究所的 Marina Braun-Unkhoff 和 Tobias Schripp，他们的宝贵意见帮助我们提高了本章的质量。

参考文献

[1] EPA，US. Environmental Protection Agency.（n.d.）.https：//www.epa.gov/pmpollution/particulate-matter-pm-basics#PM.

[2] Petzold A，Wilson CW. Physical and chemical properties of aircraft engine exhaust particles.（n.d.）.

[3] Alexander K，Frank J，Ralf G. Aircraft particulate matter emission estimation through all phases of flight. 2005. https：//www.eurocontrol.int/sites/default/files/library/034_Aircraft_Particulate_Matter_Emission_Estimation.pdf. Brussels：EEC/SEE/2005/0014.

[4] Fiebig M，Nyeki S，Stein C，Petzold A. Emissions of volatile and non volatile ultrafine particles from a combustion source during part emis. In：European conferrence on aviation，atmosphere and climate（AAC）.2003.

[5] Bhupendra K，Wijesinghe CJ，Sriraman S. Effect of alternative fuels on emissions and engine compatibility. Energy for Propulsion，Green Engergy and Technology，2018：27-50.

[6] Mohankumar S，Senthilkumar P. Particulate matter formation and its control methodologies for diesel engine：a comprehensive review. Renewable and Sustainable Energy Reviews，2017，80：1227-1238.

[7] Chang OMC，England GC. Development of fine particulate emission factors and speciation profiles for oil and gas-fired combustion systems. Update：cri. rev. of source samp. and analysis methodolog. for characterizing organic aerosol and fine particulate source emission profiles. 2004.

[8] Kittelson DB. Engines and nanoparticles：a review. Journal of Aerosol Science，1998，29：575-588.

[9] Calcote HF, Manos DM. Effect of molecular structure on incipient soot formation.Combustion and Flame, 1983, 49: 289-304.

[10] Kumal RR, Liu J, Gharpure A, Wal RLV, Kinsey JS, Giannelli B, Stevens J, Leggett C, Howard R, Forde M, Zelenyuk-Imre A, Suski K, Payne G, Manin J, Bachalo W, Frazee R, Onasch TB, Freedman A, Kittelson DB, Swanson JJ. Impact of biofuel blends on black carbon emissions from a gas turbine engine. Energy and Fuels, 2020: 4958-4966.

[11] Won SH, Santner J, Dryer F, Ju Y. Comparative evaluation of global combustion properties of alternative jet fuels. In: 51st AIAA aerosp. sci. meet. incl. new horizons forum aerosp. expo.2013: 156.

[12] Raman V. Fox RO modeling of fine-particle formation in turbulent flames. Annual Review of Fluid Mechanics, 2016, 48: 159-190.

[13] Nazarenko Y, Pal D, Ariya PA. Air quality standards for the concentration of particulate matter 2.5, global descriptive analysis. WHO Bulletin, 2021, 99: 125-137.

[14] Barwegen S. Various particulate matter effects on glacial melting rates in the Himalayan mountain range. In: American Geophysical Union, Fall Meeting; December 2017.

[15] Dockery DW. Health effects of particulate air pollution. Annals of Epidemiology, 2009, 19: 257-263.

[16] ICAO. Airport air quality manual. 2016. ISBN 978-92-9231-862-8.

[17] Liati A, Brem BT, Durdina L, Vögtli M, Arroyo Rojas Dasilva Y, Dimopoulos, Eggenschwiler P, Wang J. Electron microscopic study of soot particulate matter emissions from aircraft turbine engines. Environmental Science and Technology, 2014: 10975-10983.

[18] Saffaripour M, Thomson KA, Smallwood GJ, Lobo P. A review on the morphological properties of non-volatile particulate matter emissions from aircraft turbine engines. Journal of Aerosol Science, 2019: 105467.

[19] Lobo P, Hagen DE, Whitefield PD. Comparison of PM emissions from a commercial jet engine burning conventional, biomass, and Fischer-Tropsch fuels. Environmental Science and Technology, 2011: 10744-10749.

[20] Roger WW. Chapter 4 - Size analysis and identification of particles. In: Mittal, Kohli R, Kash, editors. Developments in surface contamination and cleaning. Wiiliam Andrew, 2012. p. 180-212.

[21] Ubogu EA. Non-conventional pollutant species measurement and prediction from a gas turbine [Doctoral thesis]. 2016.

[22] ACARE. Report of the high level group on aviation research. Flightpath 2050 Europe's vision for aviation. Belgium: European Union; 2011.

[23] Undavalli VK, Mitrokhov NV. Preliminary design scheme evaluation for low emission turbofan combustors. In: International conference on aviation motors. Moscow: Central Institute of Aviation Motors, 2020: 205-207.

[24] Ballal DR, Lefebvre AH. Gas turbine combustion: alternative fuels and emissions. Taylor & Francis Group; 2010.

[25] DeWitt MJ, Corporan E, Graham J, Minus D. Effects of aromatic type and concentration in Fischer-Tropsch fuel on emissions production and material compatibility. Energy and Fuels, 2008, 9: 2411-2418.

[26] Zheng L, Ling C, Ubogu EA, Cronly J, Ahmed I, Zhang Y, et al. Alternative fuel properties' effects on particulate matter produced in a gas turbine combustor. Energy and Fuels, 2018, 32 (9): 9883-9897. https://doi.org/10.1021/acs.energyfuels.8b01442.

[27] Xue X, Hui X, Singh P, Sung CJ. Soot formation in non-premixed counterflow flames of conventional and alternative jet fuels. Fuel, 2017, 210: 343-351.

[28] Lobo P, Durdina L, Benjamin TB, Andrew PC, Mark PJ, Greg JS, Siegeristf F, Paul IW, Elizabeth AB, Andrea L, Kevin AT, Max BT, Zhenhong Y, Donald EH, Philip DW, Richard C, Rindlisbacher T. Comparison of standardized sampling and measurement reference systems for aircraft engine non-volatile particulate matter emissions. Journal of Aerosol Science, 2020: 105557.

[29] Graham JL, Striebich RC, Myers KJ, Minus DK, Harrison WE. Swelling of nitrile rubber by selected aromatics blended in a synthetic jet fuel. Energy and Fuels, 2006, 20 (2): 759-765.

[30] Llamas A, Lapuerta M, Al-Lal A-M, Canoira L. Oxygen extended sooting index of FAME blends with aviation kerosene. Energy and Fuels, 2013, 27 (11): 6815-6822.

[31] Williams PI, Allan JD, Lobo P, Coe H, Christie S, Wilson C, Hagen D, Whitefield P, Raper D, Rye L. Impact of alternative fuels on emissions characteristics of a gas turbine engine - part 2: volatile and semivolatile particulate matter emissions. Environmental Science and Technology, 2012: 10812-10819.

[32] Christie S, Lobo P, Lee D, Raper D. Gas turbine engine nonvolatile particulate matter mass emissions: correlation with smoke number for conventional and alternative fuel blends. Environmental Science and Technology, 2017, 51: 988-996.

[33] Schripp T, Anderson B, Crosbie EC, Moore RH, Herrmann F, Oßwald P, Wahl C, Kapernaum M, Köhler M, Le Clercq P, Rauch B, Eichler P, Mikoviny T, Wisthaler A. Impact of alternative jet fuels on engine exhaust composition during the 2015 ECLIF ground-based measurements campaign. Environmental Science and Technology, 2018: 4969-4978.

[34] Gierens K, Braun-Unkhoff M, Le Clercq P, Plohr M, Schlager H, Wolters F. Deutsches Zentrum für Luft- und Raumfahrt. Condensation trails from biofuels/kerosene blends scoping study. European Comission, 2016. https://ec.europa.eu/energy/sites/ener/files/documents/Contrails-from-biofuels-scoping-study-finalreport.pdf.

[35] Braun-Unkhoff M, Riedel U, Wahl C. About the emissions of alternative jet fuels. CEAS Aeronautical Journal, 2016. https://doi.org/10.1007/s13272-016-0230-3.

[36] Bulzan D, Anderson B, Wey C, Howard R, Winstead E, Beyersdorf A, Corporan E, DeWitt MJ, Klingshirn C, Herndon S, Miake-Lye R, Timko M, Wood E, Tacina KM, Liscinsky D, Hagen D, Lobo P, Whitefield P. Gaseous and particulate emission emissions results of the NASA alternative aviation fuel experiment (AAFEX). In: Proceedings of the ASME turbo expo

2010: power for land, sea, and air. Volume 2: combustion, fuels and emissions, parts A and B. Glasgow, UK. June 14-18; 2010.

[37] Braun-Unkhoff M, Riedel U. Alternative fuels in aviation. CEAS Aeronautical Journal, 2015, 6: 83-93. https://doi.org/10.1007/s13272-014-0131-2.

[38] Riebl S, Braun-Unkhoff M, Riedel U. A study on the emissions of alternative aviation fuels. Journal of Engineering for Gas Turbines and Power, 2017, 139 (8): 081503 (11 pages).

[39] Liu Y-X, Richter S, Naumann C, Braun-Unkhoff M, Zhen-Yu. Combustion study of a surrogate jet fuel. Combustion and Flame, 2019, 202: 252-261.

[40] Mathes A, Ries J, Caton P, Cowart J, Prak DL, Hamilton L. Binary mixtures of branched and aromatic pure component fuels as surrogates for future diesel fuels. SAE International Journal of Fuels and Lubricants, 2010, 3 (2): 794-809.

[41] Roquemore WM, Litzinger TA. The science of emissions from alternative fuels. 2017.

[42] Qian Y, Qiu Y, Zhang Y, Lu X. Effects of different aromatics blended with diesel on combustion and emission characteristics with a common rail diesel engine. Applied Thermal Engineering, 2017, 125: 1530-1538.

[43] Brem B, Durdina L, Siegerist F, Peter B, Bruderer K, Rindlisbacher T, Rocci Denis S, Gurhan Andac M, Zelina J, Penanhoat O, Wang J. Effects of fuel aromatic content on non-volatile particulate emissions of an in-production aircraft gas turbine. Environmental Science and Technology, 2015, 13149-13157.

[44] Zheng L, Singh P, Cronly J, Ubogu EA, Ahmed I, Ling C, et al. Impact of aromatic structures and content in formulated fuel for jet engine applications on particulate matter emissions. Journal of Energy Resources Technology, 2021, 143 (12). https://doi.org/10.1115/1.4049905.

[45] Liati A, Brem BT, Durdina L, Vögtli M, Dasilva YAR, Eggenschwiler PD, Wang J. Electron microscopic study of soot particulate matter emissions from aircraft turbine engines. Environmental Science and Technology, 2014, 48 (18): 10975-10983.

[46] Delhaye D, Ouf F-X, Ferry D, Ortega IK, Olivier P, Peillon S, Salm F, Vancassel X, Focsa C, Irimiea C, Harivel N, Perez B, Quinton E, Jérôme Y, Gaf D. The MERMOSE project: characterization of particulate matter emissions of a commercial aircraft engine. Journal of Aerosol Science, 2017, 105: 48-63.

[47] Sharma S, Singh P, Almohammadi BA, Khandelwal B, Kumar S. Testing of formulated fuel with variable aromatic type and contents in a compression-ignition engine. Fuel Processing Technology, 2020, 208. https://doi.org/10.1016/j.fuproc.2020.106413.

推荐参考资料

[1] Grantz DA, Garner JHB, Johnson DW. Ecological effects of particulate matter. Environment International, 2003, 29: 213-239.

[2] Maldonado MM, Maricq and H. Directions for combustion engine aerosol measurement in the 21st

century. Journal of the Air & Waste Management Association, 2010, 60: 1165-1176.

[3] Manos HF, Calcote and DM. Effect of molecular structure on incipient soot formation.Combustion and Flame, 1983, 49: 289-304.

[4] Christie S, Raper D, Lee DS, Williams PI, Rye L, Simon B. Polycyclic aromatic hydrocarbon emissions from the combustion of alternative fuels in a gas turbine engine. Environmental Science and Technology, 2012, 46: 6393-6400.

[5] Chong ST, et al. Large eddy simulation of pressure and dilution-jet effects on soot formation in a model aircraft swirl combustor, Combustion and Flame, 2018: 452-472.

第**6**章

替代燃料及其特性对弹性体相容性的影响

本章原著作者：Vamsi Krishna Undavalli，俄罗斯莫斯科，莫斯科航空学院（国立研究大学）；

Chenxing Ling，英国谢菲尔德，谢菲尔德大学机械工程系；

Bhupendra Khandelwal，美国亚拉巴马州塔斯卡卢萨，亚拉巴马大学机械工程系

6.1　引言

弹性体是由橡胶类材料构成的聚合物，具有黏弹性特性，形变时同时表现出黏性和弹性。在飞机燃油供应系统中，弹性体通常用作密封件，因此本章也将弹性体称为密封件。根据 ISO 1382：2020 的规定，弹性体是摩尔质量较高的物质，能够在移除载荷后迅速恢复成原始形状和尺寸。在燃油供应系统中，这些材料通过与燃料接触时的溶胀作用，起到密封效果，防止燃油泄漏。自从航空替代燃料（AJF）和合成航空替代燃料（Synthesized Alternative Fuels，SAFs）问世以来，通过合理控制 AJF 中的芳香烃含量，可以显著减少颗粒物（PM）的排放。

但是根据 NASA 的调查，燃料中芳香烃含量的减少会降低密封件的溶胀率，从而导致燃料泄漏（如图 6-1 所示[1]）。密封件和燃料的兼容性是航空替代燃料最显著的缺点，已引起业界关注。为了防止发动机运行时的燃油泄漏风险，目前的解决方案是建议燃料中的芳香烃含量至少达到 8%[2, 3]。多数商用替代燃料需要与传统航空燃料混合后再应用在飞机上。在航空燃油系统中，最常用的密封材料有氟碳橡胶基、氟硅橡胶基和丁腈橡胶基弹性体。

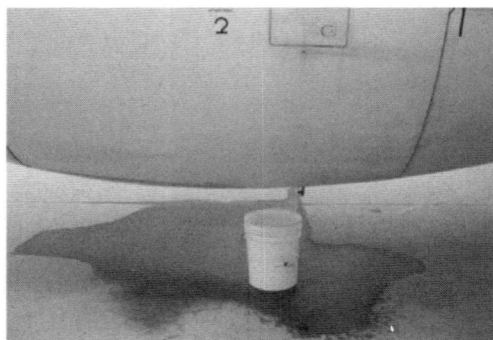

图 6-1　应用航空替代燃料的燃油泄漏现象

最新研究表明，燃料中的每种成分都参与了溶胀过程。其溶胀倾向性取决于以下因素：燃料与弹性体的相互作用强度、燃料的摩尔体积、燃料组分的化学结构和分子大小、燃料极性、燃料作为氢供体与弹性体形成氢键的能力。具体而言，摩尔体积大的燃料会抑制弹性体的溶胀行为，因为摩尔体积越大，其扩散到弹性体内部的能力越弱。替代燃料中的芳香烃含量较低（甚至为零），缺乏形成氢键的能力，其溶胀主要取决于摩尔体积和化学结构。

6.2 密封现象

一般来说，密封件通过吸附与吸收现象在接触面形成介质层以阻止液体泄漏。通过吸附作用，在密封件和接触面之间形成流体动力润滑膜[4]。如图 6-2 所示，润滑膜的厚度取决于接触类型（可旋转还是固定）、载荷特性和润滑剂属性（黏度、温度、密封楔角等）。密封唇和接触面之间的润滑膜类似于密封流体的弯液面，通过毛细作用力防止泄漏。在寿命周期内，密封件会因接触面承受的机械载荷经历多次循环形变，除机械载荷外，密封件还因长期化学与物理吸收作用产生应力损耗，需定期进行更换。在吸收作用下，密封件会出现收缩或膨胀现象，这两种现象都会导致密封件变形，影响其性能和使用寿命，这是确定燃料和密封件相互作用的关键因素，也是确定替代燃料能否使用的决定性因素。

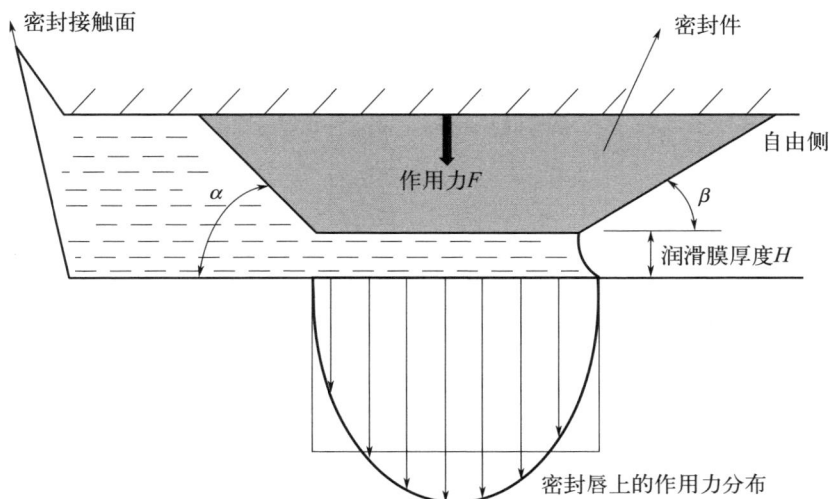

图 6-2 密封过程

科学家们对溶胀现象的理解各不相同：一些学者从化学变化角度进行解释，而另一些则基于热力学视角[5]。在图6-3（a）、（b）和（c）中分别显示了密封件和燃油长期相互作用后产生的膨胀、收缩和降解三种现象。在膨胀过程中，燃油成分被弹性体/密封件吸收，导致密封件体积增大。密封件收缩是由于密封组分溶解进入润滑油/燃油中，导致密封件体积减小。密封件降解是由密封件和油/燃料之间的化学反应引起的，导致密封件硬化、柔韧性丧失并产生裂纹。溶胀现象在

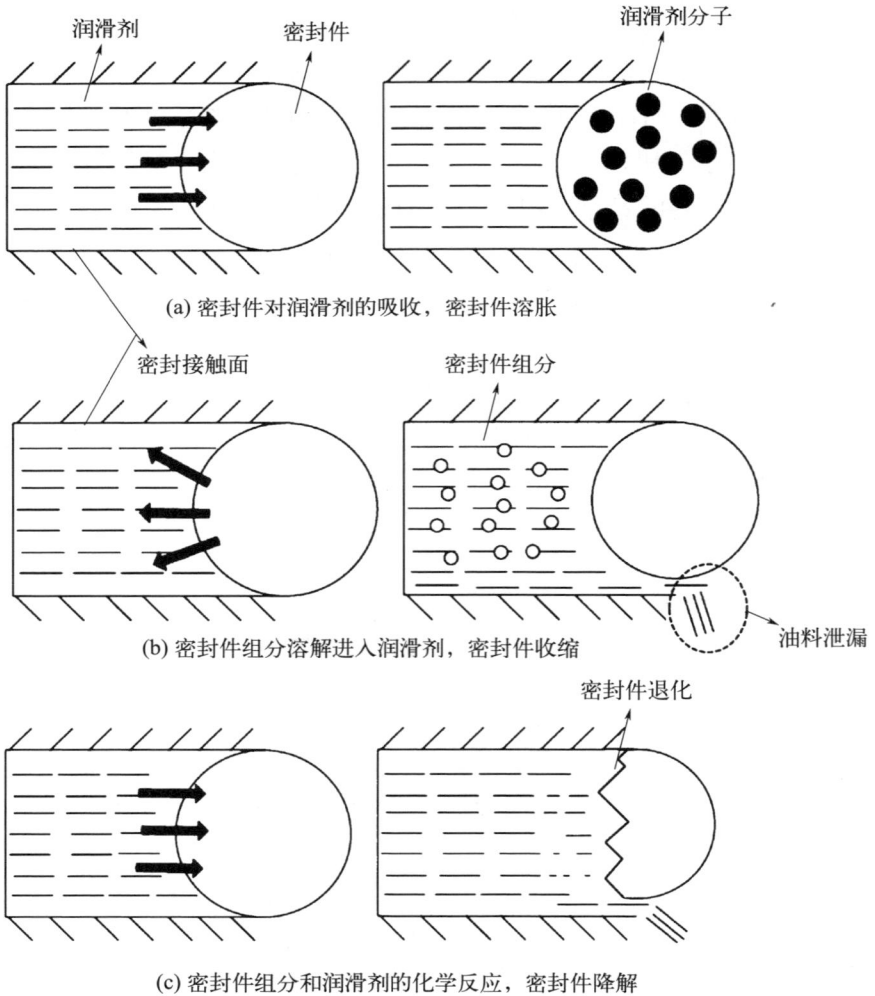

(a) 密封件对润滑剂的吸收，密封件溶胀

(b) 密封件组分溶解进入润滑剂，密封件收缩

(c) 密封件组分和润滑剂的化学反应，密封件降解

图6-3　密封件中的现象

天然和合成弹性体上均会发生。如图 6-3（a）所示，弹性体浸入燃料后，会吸收燃料中的化学成分（如萘、烷烃和烷基烃），从而引发体积膨胀。DeWitt 等认为，与烷烃和烷基苯相比，萘是一种非常好的供氢体，这是因为非极性的烷烃供氢效率较低，而烷基苯的极性变化使其成为弱供氢体。燃料成分的解离度按烷烃＜烷基苯＜萘的顺序递增[3]。汽车工业可接受的溶胀率约为 12%，航空工业可接受的溶胀率为 18%～30%[1,6]。Graham 等从热力学角度解释了溶胀现象，即燃料和聚合物间的分子键断裂释放能量，该能量驱动新的聚合物 - 燃料键的形成，直至达到由燃料和聚合物特性决定的平衡状态。Treloar[7] 则给出另一种解释：当聚合物接触低分子量流体时，液体分子向聚合物内部聚集导致熵增，溶胀现象持续直至达到新的平衡浓度。

根据热力学和化学动力学，可以建立化学反应的平衡浓度及稀释平衡的理论框架。对于一个恒压系统，平衡状态由吉布斯自由能公式表征。稀释过程的总自由能可转化为稀释过程与熵变的方程：

$$\Delta G = \Delta H - T \cdot \Delta S = 0 \qquad (6\text{-}1)$$

式中，H 为混合焓，可表示为 $H = U + pV$，其中 U 代表内能，V 表示体积，p 表示压力。

若需要通过单一变量定义平衡，最合适的变量是蒸气压，则稀释摩尔自由能可表示为：

$$\Delta G = RT\ln\left(p / p_0\right) \qquad (6\text{-}2)$$

Hansen 溶解度参数（HSP）由查尔斯·汉森于 1967 年提出，是基于 Hildebrand 总溶解度参数发展而来，用于评估弹性体和溶剂的相容性。HSP 的基本原理是将液体的总蒸发热能 E 分解为三个独立分量：色散内聚能 E_D、极性内聚能 E_p 和氢键内聚能 E_H，由 $E = E_D + E_p + E_H$ 表示。Hansen 三维溶解度 δ 构建了 Hildebrand 总溶解度参数和总内聚能 E 之间的关联，则 HSP 可以由以下公式表示：

$$\delta^2 = \delta_D^2 + \delta_p^2 + \delta_H^2 \qquad (6\text{-}3)$$

式中，δ_D 为色散力，δ_p 为极性力，δ_H 为氢键力。每种弹性体或燃料分子在 Hansen 空间中均具有独特的坐标位置。在 Hansen 空间中，燃料分子和弹性体分子的距离越近，两种物质就更容易互相溶解。距离参数可以用以下公式表示：

$$(R_a)^2 = 4(\delta_{D2} - \delta_{D1})^2 + (\delta_{p2} - \delta_{p1})^2 + (\delta_{H2} - \delta_{H1})^2 \qquad (6\text{-}4)$$

式中，常数"4"代表将溶解度数据以球体形式表示，这是表示 Hansen 溶解度参数的一种简便方式。为了使方程更具有实用性，需要定义两种材料之间的相互作用半径，即球体半径 R_0，通过球体半径来判断两种材料是否在可溶解范围内。HSP 位于球体中心，同时定义新的参数 RED（相对能量差）。RED 由公式 RED=R_a/R_0 进行计算：如果 RED ＜ 1，两种材料可完全溶解；RED=1，两种材料部分溶解；RED ＞ 1，两种材料不溶解。Smith 等 [7] 对溶解度参数在材料选择上的应用进行了详细综述。

6.3 密封件材料

在航空航天工业中，密封件材料（如 O 形密封圈和其他重要部件），在其寿命期限内应正常工作。因此对密封件材料有耐燃料腐蚀、耐高温、耐热等要求。各类航空密封件按材料成分可大致分为三类：丁腈橡胶（早期飞机密封件常用）、氟碳橡胶（现役飞机常用）、氟硅橡胶（现在及未来应用趋势）。丁腈橡胶具有良好的耐磨性和经济性，曾是密封行业的主流材料，但其性能已经无法满足现代航空工业的需求。这是因为丁腈橡胶的耐热性和耐候性较差。另一方面，氟基橡胶能够满足航空工业的耐高温需求，根据 ASTM D1418 标准，氟基橡胶体根据化学成分不同可以分为 FKM、FFKM 和 FEPM。FKM 以偏氟乙烯为共聚单体，主链含氟、烷基、全氟烷基或全氟烷氧基等取代基，可选择性添加硫化位点单体 [8]。FFKM 完全氟化，其主链所有取代基均为氟、全氟烷基或全氟烷氧基。FEPM 的主链仅包含一个或多个单体烷基、全氟烷基或全氟烷氧基，可选择性添加硫化位点单体（具有活性侧基）[8]。这些材料耐热、不易燃、对脂肪烃和芳香烃呈现化学惰性，但耐醚类、酮类、酯类、胺类、液压油及磷酸酯基液压油的性能较差。氟碳橡胶耐受温度可达204℃，且耐化学腐蚀性优于其他橡胶，但它在低温条件下的密封性差。氟硅橡胶集合了硅橡胶的优异低温性能（可耐受−73℃）和耐石油基燃料的优点，但物理特性和耐磨性较差，只能在静态密封中使用。目前航空工业常用的O形密封圈材料有氟硅橡胶、丁腈橡胶和氟碳橡胶三种，性能见表6-1。

表6-1　常见 O 形密封圈材料物理特性

规格 / 物理特性	氟硅橡胶	丁腈橡胶	氟碳橡胶
颜色标识	蓝色	黑色	黑色
密度 /（kg/m³）	1650	1000	1850
断裂伸长率 /%	250	300	350
拉伸强度 /MPa	9	18	12
杨氏模量 /MPa	5.6	4	7.8
邵氏硬度	55	70	80
热导率 /[W/(m·K)]	0.3	0.25	0.5
玻璃化温度 /℃	−56	−40	−25

6.4　测试方法

通常，密封件测试方法分静态测试和动态测试。静态测试程序旨在观察密封件在燃料中浸泡一段时间后的物理特性变化，但静态测试的优势局限于评估密封件的体积变化方面，无法评估密封件的实时性能变化，因此需要引入动态测试。动态测试可以模拟密封件在真实工作环境中的压力和温度。此外，还需要分析燃料与密封材料之间通过扩散过程发生的分子相互作用，以准确评估新燃料的兼容性和芳香烃含量。表6-2列出了当前行业常用的测试方法。密封件的物理特性变化（体积、质量、硬度）可通过表6-2第一列的方法进行研究。化学变化，如燃料从弹性体中提取的化学成分及分子层面的相互作用可通过表6-2第二列的方式进行研究。

表 6-2　常见测试方法

物理特性变化	化学变化
应力松弛（压力和温度）	傅里叶变换红外光谱仪
光学方法（高速摄影）	气相色谱 - 质谱联用
	热重分析法

6.4.1　应力松弛

应力松弛通过将密封件维持在特定的温度和压力下来模拟密封件的真实工作环境。现代应力松弛测量设备都是通过等温调节或温度循环来完成拉伸和压缩实验。了解弹性体的应力松弛有助于我们更好地了解密封件和新燃料的兼容性。该方式是密封测试行业的常用测试方法之一，用于预测密封件的使用寿命。

应力松弛原理基于材料的形变：当弹性体因压缩或拉伸发生形变时，会因形变产生反向应变，这种应变会在弹性体内产生反向力，该反向力会随着时间推移逐渐衰减，并非保持不变。因此，在反向力衰减过程中，应变保持不变，应力逐渐降低，这一现象称为应力松弛。在标准条件下，弹性体的应力松弛可能由物理变化、化学变化或者两者共同作用引起。在低温环境或短时间作用下，应力过程主要由物理过程主导；高温环境和长时间作用下，应力过程主要由化学过程主导。物理过程主导时，弹性体链段在应变作用下发生物理变化，例如链段解缠结、链段缠结重组以及链段运动。这一过程还涉及聚合物与填充材料之间通过次级价键作用力引发的化学键断裂与重组。化学变化由热或热氧化反应引起，链断裂会降低聚合物网络中链段的密度，同时形成新的游离末端，这些末端因应力释放而形成。应力释放通常由化学键断裂引起，造成链段延长和分子链无序化。化学变化导致了弹性体的化学松弛[9]。在弹性体中，应力松弛受多方面影响，如溶剂类型、聚合物材料及其密度、填充材料及其密度、交联类型和密度、硫化工艺、链段网络结构和热氧化过程。

仪器设备包括压缩装置和老化炉，试样放置在两个压缩板之间

（图6-4），随后对浸入燃料的试样施加压力，使其达到一定的变形量。为了维持在特定的温度下，压缩装置放在老化炉内，从而确保在密封测试过程中保持特定的温度条件。

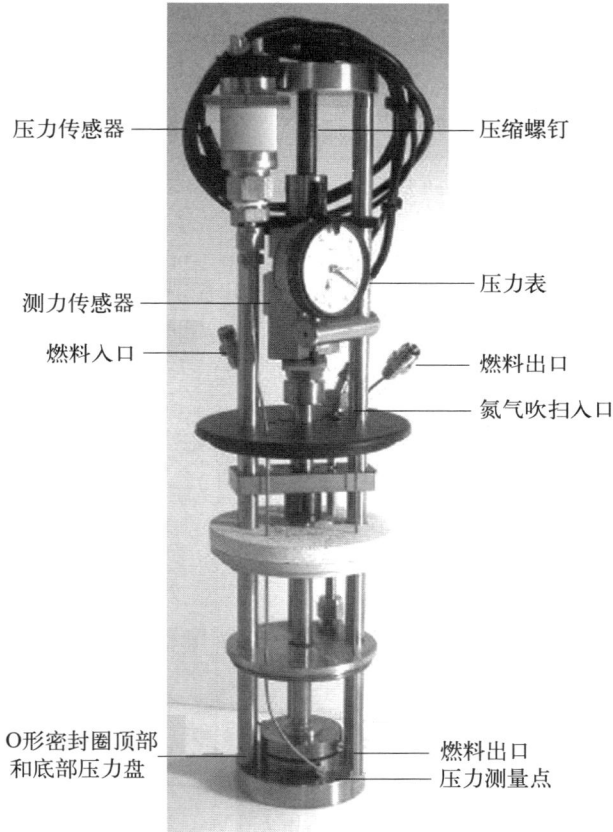

压力传感器
压缩螺钉
测力传感器
压力表
燃料入口
燃料出口
氮气吹扫入口
O形密封圈顶部和底部压力盘
燃料出口
压力测量点

图6-4 应力松弛检测设备

丁腈橡胶的应力松弛行为如图6-5所示，其与燃料的相互作用可分为三个阶段：初始阶段，在施加力的前30min至60min内，反向力显著下降，这是由于橡胶密封件同时表现出了弹性和黏性行为，因此产生了阻尼力用以抵消外部施加的力；第二阶段发生在密封件浸入燃料的2h之后，密封件的松弛率开始上升，这是由于燃料和密封件之间的物理相互作用起主导作用，燃料中的芳香烃物质渗入密封件内，导致密封件体积增大；第三阶段发生在反向力达到峰值之后，此时松弛率持续降低，外部压力持续作用于密封件，导致分子链段发生运动，最终聚合物结构改变，密封件硬化。

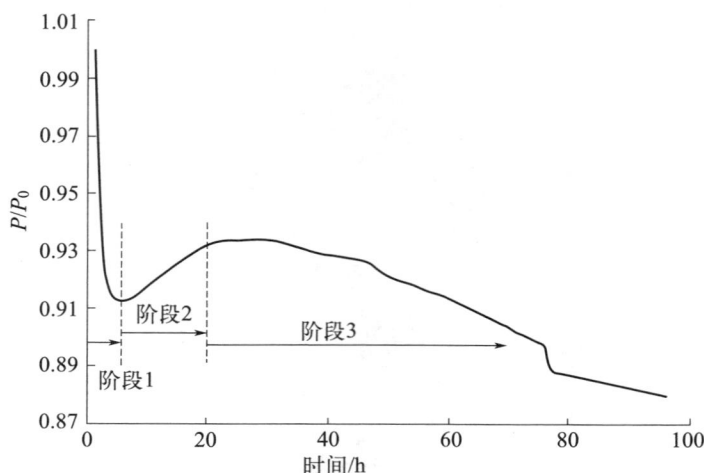

图 6-5　丁腈橡胶应力松弛行为

6.4.2　光学方法

　　光学方法是通过测量弹性体厚度来测量体积溶胀变化的最简单的方法之一。弹性体溶胀测量方法基于溶剂（如航空燃料）吸收导致的弹性体质量或体积增加。相较于直接体积法或重力法，光学方法在测量弹性体薄膜厚度变化方面具有显著优势，其灵敏度可达 $1 \sim 2\mu m$。力学、液压或气动装置可以记录与体积变化相关的某些性能变化，但无法精准测量平衡溶胀状态。为了测量弹性体薄膜膨胀，测量方法和仪器不应干扰样品形状或结构，因此基于干涉测量法或显微镜技术的光学方法适用于记录高精度的弹性体变化[10]。随着光学仪器的不断发展，其分辨率和灵敏度都有显著提高，可以记录弹性体的微小变化。光学测量设备通常包括 LED 面板、容器和数码相机。试样放置在容器底部，容器中装满燃料或溶剂。摄像机安装在光学板底部，借助 LED 灯记录实验过程中的形状变化。现代数码相机可以每 6min 完成一次取样，2min 的燃料浸泡和持续 3min 的以 20s 为间隔拍摄照片，整个过程可以持续 40h。

6.4.3 气相色谱 – 质谱联用

气相色谱 - 质谱联用（GC-MS）技术是一种用于确定密封件在测试过程中吸收燃料成分的分析方法，该技术结合了气相色谱和质谱两种技术。气相色谱首先分离复杂混合物中的各组分，使其能够进一步进行定性分析，然后质谱仪提供各组分的质谱信息，用于混合物样品中的成分分析和结构鉴定。两种技术联用为成分测定提供了更大的优势。该技术的局限性在于无法分析挥发性化合物，在高温条件下可能分解的化合物也无法准确检测。

GC-MS 的原理基于气相色谱（GC）和质谱（MS）两个核心部分。气相色谱部分包括将样品混合物与惰性气体一起注入系统中，通过由烘箱调节的毛细管在保留时间内完成分子分离。单个分子类型的保留时间取决于毛细管的尺寸和薄膜厚度。分子分离后会在不同的时间段内扩散，该时间通常被称为保留时间。分离出的分子进入质谱仪后离子化，形成带电离子，在电场中加速、偏转，最终根据电荷和质量比进行检测。

6.4.4 热重分析法

热重分析法（Thermogravimetric Analysis，TGA）是一种在聚合物工业广泛应用的分析技术，主要用于测定弹性体的燃料吸收能力、热安定性、有机成分含量和挥发性成分含量。该技术通过热重分析仪，在程序控温下连续测量样品质量，分析其随温度 / 时间的变化，TGA的核心原理是检测样品在恒定升温速率下的质量变化。其测量结果可用于分析样品的物理现象（如相变、吸收、吸附、脱附）和化学现象（如化学吸附、热分解、氧化还原等固气相互作用）。[14]

6.4.5 傅里叶变换红外光谱仪

傅里叶变换红外光谱仪（FTIR）是一种基于红外光谱技术的仪器，与其他色散光谱仪相比，FTIR 以其精度高、准确度高、速度快、灵敏度高、操作简便且不会破坏样品的特点，成为现代实验室的首选仪器。

红外光谱技术的原理是分子中原子的振动仅吸收特定频率和能量的红外辐射,形成独特的吸收光谱,FTIR 根据光谱的不同可以辨别出不同的分子。图 6-6 给出了 FTIR 的工作过程框图。FTIR 本质上是通过干涉仪测量传输到样品的能量。黑体辐射源发射出的红外辐射首先到达干涉仪,在此处完成信号的光谱编码,形成的干涉图信号在透过样品或经样品反射的过程中,特定波长的红外光会被样品吸收。最终光束由探测器接收并传递给计算机,计算机对能量信号进行傅里叶变换处理。

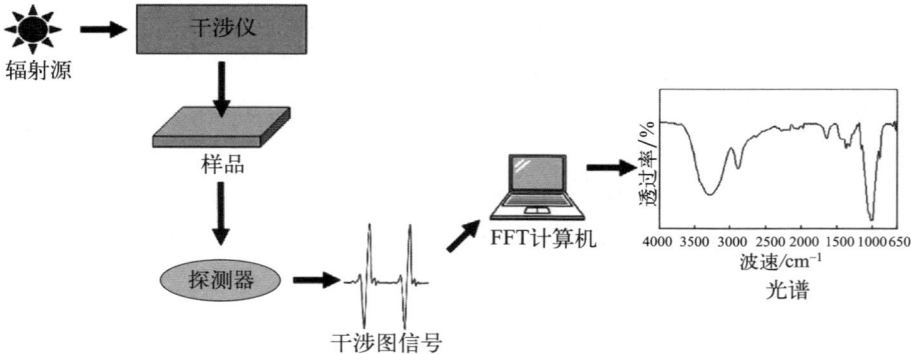

图 6-6 FTIR 工作过程 [15]

6.5 弹性体燃料兼容性的最新进展

研究发现,燃料泄漏的主要原因是芳香烃含量不足。Jeyashekar 等 [11] 认为,弹性体在 R-8 燃料中性能不佳,可能原因包括缺乏芳香烃以及热效应和/或燃料润滑性的综合作用。Alves 等 [6] 指出,丁腈橡胶(NBR)的重量变化和质量损失随着生物柴油浓度的增加而增大。燃料基础成分的微小差异和与其相应生物柴油的组分变化不会影响弹性体的溶胀能力。Corporan 等 [3] 同样发现替代燃料会导致丁腈橡胶的 O 形密封圈发生明显的溶胀现象,但其程度远低于含芳香烃的 JP-8 燃料,这种差异可能会导致航空系统中的燃油泄漏。Link [12] 通过丁腈橡胶单体与多种化学物质可能产生双重作用计算模型发现,某些化学物质可能具有双重相互作用：既能和极性丁腈发生作用，又能和丁二烯结构中的电子发生作用。

摩尔体积对 O 形密封圈溶胀行为的影响已经在实验室测试中得到了广泛验证。Saleem 等[13]提出，扩散系数通常随摩尔体积增大而降低，这一结论与 Mathai 等[14]及 Sombatsompop 等[15]的发现一致：溶胀速率随着摩尔体积增大而显著下降。DeWitt 等[3]进一步指出，体积溶胀趋势的差异可归因于摩尔体积减小、极性增强及氢键形成潜力的提升。

综合研究结果表明，弹性体的溶胀行为由化学作用与物理作用共同驱动。化学作用层面，极性、氢键及色散力是影响溶胀程度的核心因素；物理作用层面，摩尔质量和摩尔体积起主导作用（详见表 6-3）。

表 6-3　溶胀行为的影响因素

特性	对密封溶胀的影响
化学因素	
极性	促进作用
氢键	促进作用
色散力	促进作用
物理因素	
摩尔质量	阻碍作用
摩尔体积	阻碍作用

燃料密封件的性能优势基于其较高的极性和较强的氢键特性。基于 Hansen 溶解度参数，化学组分的极性和氢键值越高，燃料和弹性体的相容性越强，从而加速溶胀过程。传统燃料和替代燃料的关键差异在于芳香烃的含量。由于替代燃料中的芳香烃缺失，化学因素对溶胀行为的影响较小，因此对于替代燃料来说，溶胀过程可以看作纯物理机制，核心影响因素为摩尔体积（见表 6-4）。

表 6-4　燃料对溶胀的影响因素

燃料类型	核心影响因素
传统燃料	极性、氢键、色散力、摩尔体积
替代燃料（缺芳香烃）	摩尔体积

　　O 形密封圈的溶胀行为取决于燃料的芳香烃含量，其作用机制仍需深入研究。如之前所述，基于 Hansen 溶解度参数理论，摩尔体积、极性和氢键作用是调控溶解度的三大核心参数。因此不同结构的芳香烃化合物对溶胀的促进效果存在显著差异。Boeing 公司在 CLEEN 项目[16]中系统研究了烷烃、单环芳香烃和双环芳香烃对密封件溶胀行为的影响。

　　实验中芳香烃化合物的筛选基于对独立溶解度参数的逐项评估。丙苯、丁苯和戊苯用于摩尔体积的定量分析；1, 3, 5- 三甲基苯、1, 2, 4- 三甲基苯和 1, 2, 3- 三甲基苯用于极性分析；四氢萘和萘用于氢键分析。由于茚满和亚甲基化合物是航空燃料中的常见成分，并且与四氢萘的结构相似，因此将这两种物质作为添加剂。除了萘和亚甲基化合物按体积分数 3%(航空燃料的允许上限) 进行添加外，其他的化合物均按 8% 的体积分数与合成石蜡煤油（SPK）混合。具体数据见表 6-5，其中包含了 HSP、摩尔体积等参数。

表 6-5　燃料成分[16]

化合物	燃料成分	Hansen 溶解度参数			摩尔体积 / （mL/mol）
		色散力	极性	氢键	
烷烃	壬烷	15.7	0	0	180
	癸烷	15.7	0	0	196
	十二烷	16	0	0	229
	十六烷	16.3	0	0	294
芳香烃	苯	18.4	0	2	89
	甲苯	18	1.4	2	107

化合物	燃料成分	Hansen 溶解度参数			摩尔体积 / (mL/mol)
		色散力	极性	氢键	
芳香烃	邻二甲苯	17.8	1	3.1	121
	乙基苯	17.8	0.6	1.4	123
	1, 2, 3- 三甲基苯	17.8	0.4	1	134
	1, 3, 5- 三甲基苯	18	0	0.6	140
	邻二乙苯	17.7	0.1	1	154
	对二乙苯	18	0	0.6	157
	正丁苯	17.4	0.1	1.1	157
	邻正丁基甲苯	17.6	0.1	1	171
	对正丁基甲苯	17.4	0.1	1	174
双环芳香烃	萘	19.2	2	5.9	112
	1- 甲基萘	20.6	0.8	4.7	139

由表 6-6 可得，对丁腈橡胶而言，含以下四种物质（1, 2, 3- 三甲基苯、四氢萘、萘和亚甲基）的替代燃料的溶胀能力与 Jet-A 燃料相同或更高。对氟硅橡胶而言，只有含 1, 2, 4- 三甲基苯的替代燃料溶胀能力低于 Jet-A 燃料。同样，只有 1, 2, 4- 三甲基苯的体积膨胀率较低。总之，该结果表明了 HSP 理论的准确性。对于摩尔体积较大的燃料，燃料分子难以渗透进弹性体内部，导致其比体积溶胀率显著降低。选择低摩尔体积的燃料时，燃料的比体积溶胀率增加，也就是说燃料的比体积溶胀率随着摩尔体积的减少而增加。燃料的溶胀率受极性和氢键的影响，极性和氢键增强，溶胀率增大，这表明极性和氢键同样会增强燃料的溶胀能力。相较于氟碳橡胶和氟硅橡胶，丁腈橡胶对燃料中的芳香烃含量更敏感。如表 6-6 可以看出，在相同芳香烃含量的燃料中，丁腈橡胶的溶胀率明显高于其他弹性体材料。

表 6-6　溶胀结果

特性	芳香烃	O 形密封圈			
		丁腈橡胶 N0602	丁腈橡胶 N0602e	氟橡胶 L1120	硅橡胶 V0835
常规燃料 Jet-A 平均值		0.55	0.69	0.06	0.020
摩尔体积影响	丙苯	0.34	0.57	0.26	0.08
	丁苯	0.29	0.41	0.19	0.04
	戊苯	0.21	0.28	0.06	0.03
极性影响	1, 3, 5- 三甲基苯	0.33	0.53	0.08	0.07
	1, 2, 4- 三甲基苯	0.45	0.66	0.04	0.1
	1, 2, 3- 三甲基苯	0.57	0.82	0.16	0.1
氢键影响	四氢萘	0.61	0.61	0.12	0.01
	萘（3%）	1.22	1.92	0.29	0.15
其他	茚满	0.55	0.66	0.06	0.09
	亚甲基化合物（3%）	0.81	1.07	0.61	0.18

关于燃料分子结构的影响研究结果表明：燃料摩尔体积越小以及极性、氢键作用越强，弹性体的比体积溶胀率越高。在三大关键因素（摩尔体积、极性和氢键）中，摩尔体积的影响最弱，其次为极性，氢键作用的影响最明显。具体来说，氢键作用对溶胀的促进效应远超极性作用。这表明当沸程向低温区转移时（分子量更低）燃料的溶胀率增加，整体极性和氢键作用增强时，比体积溶胀率增加，反之则溶胀受限。需要特别指出的是，Jet-A 和其他典型 SPK 的主体成分是石蜡烃，本质上呈现非极性特征，其极性和氢键特性完全由芳香烃主导。然而，当燃料中的芳香烃减少时，就必须考虑燃料分子量对溶胀行为的影响。

为深入了解燃料中石蜡烃对溶胀行为的影响，Liu 和 Wilson 等对三种石蜡化合物：环烷烃或十氢萘、正构烷烃或正癸烷、异构烷烃进行了实验研究[8]。研究表明，与芳香烃类似，石蜡化合物的摩尔体积、分子结构、环尺寸及链长同样会影响燃料分子向密封件的渗透能力。由表 6-7 可知，燃料中的十氢萘含量越高，密封性能越好，反之亦然，但这一规律并不适用于所有的环烷烃。对于正癸烷，含量越高，密封性能越差。异构烷烃不参与溶胀过程。这三类组分都会引发聚合物相互作用或者材料萃取，其作用强度排序为：正癸烷＞异构烷烃＞环烷烃。总而言之，环烷烃的溶胀效应要大于正癸烷和异构烷烃。这明确证实了分子结构和摩尔体积是影响溶胀行为的主要因素。

表 6-7　石蜡烃的影响

石蜡化合物	对密封件的溶胀作用	聚合物相互作用
十氢萘（环烷烃）	促进作用	大
正癸烷（正构烷烃）	阻碍作用	最大
异构烷烃	不参与	较大

如前所述，燃料中的芳香烃确实会影响燃料系统中弹性体或其他橡胶材料的溶胀行为，石蜡烃则不同。这表明评估燃料和非金属材料的相互作用时，必须将燃料看作整体体系进行考量，而不是只分析单一组分。Anuar 等[17] 的另一项研究中介绍了不同种类的芳香烃化合物与密封件预处理方式对密封件溶胀性能的影响，结果表明芳香烃的种类和密封件的预处理方式均对其有影响。

6.6　小结

新型替代燃料中缺少芳香烃，密封材料的溶胀行为变差，最终导致了密封件密封性能衰减。这就限制了新型燃料在飞机和飞机发动机中的应用，因此需要规定燃料中芳香烃的最低含量。Graham 等[2] 和 DeWitt 等[3] 研究建议芳香烃含量最低为 8%，SPK 混合物含量最高为 50%。根据 ASTM D7566-20b 和 JIG 组织发布的文件《航空燃料联合操作系统质量要求》，业内同样采用了该含量标准。当前研究表明，溶胀行为并非仅由芳香烃含量决定，因此需要进一步深化对燃料 - 材料作用机制的理解。商用替代燃料在使用前需要和传统燃料进行混合。目前航空燃油系统中，氟碳橡胶、氟硅橡胶和丁腈橡胶密封件的应用最为广泛。

参考文献

[1] Del Rosario R, Koudelka J, Wahls R, Madavan N, Bulzan D. Alternative aviation fuel experiment Ⅱ (AAFEX Ⅱ) overview. NASA technical reports document. id 20150010381. 2012.

[2] Graham JL, Striebich RC, Myers KJ, Minus DK, Harrison WE. Swelling of nitrile rubber by selected aromatics blended in a synthetic jet fuel. Energy & Fuels, 2006, 20 (2): 759-765.

[3] DeWitt MJ, Corporan E, Graham J, Minus D. Effects of aromatic type and concentration in Fischer-Tropsch fuel on emissions production and material compatibility. Energy Fuels, 2008, (9): 2411-2418.

[4] Exxon Mobil Corporation. Seal compatibility in hydraulic systems. https: //www. mobil. ru/ industrial/-/media/Files/global/us/industrial/tech-topics/seal-compatibility-hydraulic-system.pdf. (Accessed 16 October 2020).

[5] Rahmes TF, Kay MC, Belières J-P, Kinder JD, Millett SA, Ray J, Vannice WL. Impact of alternative jet fuel and fuel blends on non-metallic materials used in commercial aircraft fuel systems. report by Boeing company and University of Dayton Research Institute, July 29, 2011.

[6] Alves SM, Mello VS, Medeiros JS. Palm and soybean biodiesel compatibility with fuel system elastomers. Tribology International, 2013, 65: 74-80.

[7] Treloar LRG. The elasticity and related properties of rubbers. Reports on Progress in Physics, July 1, 1973, 36 (7): 755-826.

[8] Liu Y, Wilson CW. Investigation into the impact of n-decane, decalin, and isoparaffinic solvent on lastomeric sealing materials. Advances in Mechanical Engineering January 2012. https: //doi. org/10.1155/2012/127430.

[9] Coats AW, Redfern JP. Thermogravimetric analysis. A review. The Analysts, 1963, 88: 906-924.

[10] Chiklis CK, Grasshoff JM. An optical microscope technique for measuring the swelling of thin films. Journal of Polymer Science Part A-2, 1969, (7): 1619-1621.

[11] Link DD, Gormley RJ, Baltrus JP, Anderson RR, Zandhuis PH. Potential additives to promote seal swell in synthetic fuels and their effect on thermal stability. Energy & Fuels, 2008, 22 (2): 1115-1120.

[12] Buckley Smith M. K., Fee C. J. The use of hansen solubility parameters for the selection of materials for organic/organic separations by pervaporation. Proceedings of the 9th APCChE congress and CHEMECA. September 29-October 3, 2002.

[13] Saleem M, Asfour AFA, De Kee D, Harrison B. Diffusion of organic penetrants through low density polyethylene (LDPE) films: effect of size and shape of penetrant molecules. Journal of Applied Polymer Sciences, 1989, 37 (3): 617-625.

[14] Mathai AE, Thomas S. Transport of aromatic hydrocarbons through crosslinked nitrile rubber membranes. Journal of Macromolecular Science, 1966, B35 (2): 229-253.

[15] Sombatsompop N, Lertkamolsin P. Effects of chemical blowing agents on swelling properties of expanded elastomers. Journal of Elastomers and Plastics, 2000, 32 (4): 311-328.

［16］ ASTM international. ASTM D1418-17 standard practice for rubber and rubber lattices-nomenclature. January 1，2017.

［17］ Anuar A，Undavalli VK，Khandelwal B，Blakey S. Effect of fuels，aromatics and preparation methods on seal swell. The Aeronautical Journal 2021. https：//doi.org/10.1017/aer.2021.25.

推荐参考资料

［1］ Risher J，Bittner PM，Rhodes S. Toxicological profile for jet fuels JP-5 & JP-8. Atlanta，GA：Agency for Toxic Substances and Disease Registry，U.S. Department of Health and Human Services，Public Health Service，1998.

［2］ Winchester N，McConnachie D，Wollersheim C，Waitz IA. Economic and emissions impacts of renewable fuel goals for aviation in the US. Transport Research Part A，2013，58：116-128.

［3］ Kass MD，Janke CJ，Connatser RM，Lewis SA，Keiser JR，Gaston K. Compatibility assessment of fuel system infrastructure plastics with bio-oil and diesel fuel. Energy & Fuels，2018，32（1）：542-553.

［4］ Arias Quintero SA，Ricklick M，Kapat J. Synthetic jet fuels and their impact in aircraft performance and elastomer materials. AIAA，3965，2012.

［5］ Carrell J，Lewis R，Slatter T. Elastomer solubility and stress relaxation in bio-lubricants. Tribology International，2020，141：105947.

［6］ Chen K，Liu H，Xia Z. The impacts of aromatic contents in aviation jet fuel on the volume swell of the aircraft fuel tank sealants. SAE International. Journal for Aerospace，2013，6（1）.

第 **7** 章

燃料特性对贫油熄火极限的影响

本章原著作者：Bhupendra Khandelwal，美国亚拉巴马州塔斯卡卢萨，亚拉巴马大学机械工程系；

L. Zheng，中国江苏省南京市，南京工业大学；

Charith J. Wijesinghe，英国谢菲尔德，谢菲尔德大学机械工程系。

7.1 引言

贫油熄火（Lean Blow Off，LBO）是指燃烧室在极高气油比条件下工作时，发动机中火焰熄灭的现象。因为现代发动机需要在更贫油的条件下运行以保持低排放水平，所以随着低排放技术的不断发展，发动机的贫油熄火性能变得尤为重要。贫油熄火性能对发电系统燃气轮机和航空发动机燃烧室来说是一个重要指标。当贫油熄火性能影响到军用飞机的下降速度、机动性和其他基本性能时，便成为一个实际问题。在地面燃气轮机中，贫油熄火也是个问题。由于在贫油熄火工况下运行时，地面燃气轮机需频繁点火，非常耗时且影响效益[1]。燃料特性和燃烧室的几何形状对火焰稳定性起着重要作用。随着对更清洁、更高效的航空发动机的需求以及对功率要求的不断提高，要求发动机在越来越接近贫油极限的工况下工作，这就需要改变燃烧室的设计，使其能够在贫油熄火极限和接近贫油熄火极限的工况下稳定运行。

即使近来燃气轮机行业取得了突飞猛进的发展，但贫油运行时的火焰稳定性也仍然存在一些问题，例如全局熄火现象，甚至是贫油熄火。贫油熄火会对飞机造成灾难性的推力损失，在高空这种情况更容易发生。火焰稳定是一个复杂的热流体伴随化学反应的过程，受反应速率、流体湍流和反应物扩散的影响，这些因素可能导致局部点火和熄火的发生[2]。本章介绍了不同的贫油熄火机理、检测方法、预测方法以及替代燃料及其特性对贫油熄火性能的影响。

7.2 贫油熄火机理

一般情况下，火焰在不利条件，特别是在燃气轮机中的高速反应流中能保持稳定。吹熄点也被称为燃烧室的"静态稳定"极限。

近来，为减少排放和提高效率而采用贫油燃烧技术，使贫油熄火点成为安全和性能方面的关注焦点。Esclapez 等[3]总结了贫油熄火的3个主要原理：

① 沿着火焰面，回流区和大尺度的尾流破碎区的熄灭，相当于一个充分搅拌的反应器；

② 无法在回流区的剪切层中点燃进入的反应物；

③ 包括尾流冷却和收缩在内的空气动力学影响造成的局部火焰熄灭。

Sigfrid 等[4]从火焰抬升理论角度解释贫油熄火是吹熄的前兆[5]：

① 相对来流局部火焰速度降低[6,7]；

② 局部应变率超过熄火应变率[8]；

③ 大尺度结构的混合时间比反应时间短，因此新鲜混合物无法被热混合物点燃[9]。

与主燃级火焰相比，相对富油的值班级火焰可以有效降低贫油熄火的风险。这种方法的缺点是值班级火焰的燃烧温度较高，会导致 NO_x 排放量增加。因此，谨慎的做法是充分了解特定燃烧室在其运行条件下的真正贫油熄火极限并加以规避，仅将值班级火焰作为最后手段使用[10]。

7.3 贫油熄火检测方法

鉴于贫油熄火本质上是一个瞬态过程，深入了解贫油熄火现象尤为重要。现已建立了多种复杂分析方案，可实时获取这些可测动态参数的瞬时数据。早期的贫油熄火检测和预测方法包括识别燃烧室环境中的压力振荡或下降，如 Snyder 等和 Lucenko 等的研究[11,12]。Lee 和 Santavicca[13] 使用压电传感器测量热释放率。Li 等利用可变二极管激光温度装置测量了温度振荡[14]。最普遍的方法是采用噪声和光学方法观测贫油熄火[15-18]。Nair 和 Lieuwen 利用高速检测方法展示了声学测量确定贫油熄火特性的可行性[19]。具有红外功能的高频率照相机也被用于检测贫油熄火现象[20]。平面激光诱导荧光（Planar Laser-Induced Fluorescence，PLIF）被用于检测当量比波动[21]。Stöhr 等采用同步立体粒子图像测速仪（Particle Image Velocimetry，PIV）和 OH-PLIF 方法来检测贫油熄火条件下的非稳态涡旋和气体混合[22]。通过 OH* 化学发光实现的紫外成像技术也被用于开发控制系统[23-25]。Muruganandam

和 Seitzman[26] 利用高速 OH* 化学发光方法检测了接近贫油熄火极限的旋流预混燃烧室的性能[26]。

7.4 燃烧系统硬件和燃料特性对贫油熄火极限的影响

燃料特性、工作环境和燃烧室本身的设计都会对贫油熄火极限产生影响[27]。还应关注当量比、进口气流速度、钝体几何形状、燃料与空气分层分布和进口气流温度，对贫油熄火性能的影响[28]。根据 Lefebvre 的理论，贫油熄火当量比主要受燃料特性、燃烧室设计和热力学参数的影响，如式（7-1）所示[29]。

$$
\text{LBO油气比} \propto \underbrace{\left[\frac{f_{pz}}{V_{pz}^{(1+x)}} \right]}_{\text{几何参数项}} \underbrace{\left[\frac{\dot{m}_A^{(1+x)}}{P_3^{(1+nx)} \exp(xT_3/300)} \right]}_{\text{热流参数项}} \underbrace{\left[\frac{D_o^2}{\lambda_{eff} LVC} \right]}_{\text{燃油属性项}}
$$

（7-1）

式中，f_{pz} 为主燃区进气比例；V_{pz} 为主燃区容积，m^3；$\dot{m}_A$ 为燃烧室进口空气流量，kg/s；P_3 为燃烧室进口空气压力，kPa；T_3 为燃烧室进口空气温度，K；D_o 为燃油雾化的初始平均液滴尺寸，m；λ_{eff} 为有效蒸发常数，m^2/s；LVC 为燃料低热值，J/kg；n 为反应级数；x 是由实验确定的经验常数。

7.4.1 燃烧系统设计的影响

火焰吹熄现象包括了回流区的自燃与连续熄灭相伴现象以及再燃现象。因此，主燃烧区的设计对贫油熄火极限有着深刻的影响。Shanbhogue 等[8] 重新验证了火焰稳定的动态模型，并描述了吹熄过程现象的机理。该研究发现，Damköhleró 数和贫油熄火极限密切相关。在现代航空燃烧室中，旋流喷射对加强混合和提高火焰稳定性有显著效果[26, 30]。Ateshkadi 等[30] 发现，对贫油熄火性能而言，最佳匹配设计是 45°一级旋流器和 55°二级旋流器并且旋向相反。通过同时进行立体 PIV 和化学发光成像研究，Stöhró 等[22] 描述了焰根的重要性。他认为，通过有针对性地修改火焰根部区域的混合物组分或流场，可以实现更宽的贫油熄火极限。随后，Xiao 和 Huang[31] 使用带帽罩的矩形燃烧室模型测试了三种不同类型的旋流杯对贫油熄火性能的影响。结果表明，旋流强度是影响贫油熄火极限的主要因素。他们还观察到，不同类型的旋流杯对贫油熄火极限的影响也不同，并且发现雾化不是影响贫油熄火极限的重要因素。

Strakey[32] 发现总燃烧压力并不重要。在他的实验工作中，将压力从 1bar 增加到 8bar，将喷嘴速度从 40m/s 增加到 80m/s，熄火极限值只增加了 0.05。Daniele 等 [33] 也声称，贫油熄火极限与进口速度和压力没有明显的关系。此外，他们还认为喷雾特性不是影响贫油熄火性能的主要因素。

7.4.2 燃料特性和成分的影响

已有多项研究评估了不同燃烧环境下燃料特性对贫油熄火极限的影响。Ateshkadi 等 [30] 考虑了喷雾燃烧室的火焰稳定性，认为在低气体温度条件下，液体蒸发率是火焰稳定的主要因素。然而，在较高温度下，氧化剂和燃料的混合是火焰稳定的主要因素。低闪点和低黏度对贫油熄火性能有益 [34]。

燃料中的氢含量对贫油熄火极限有显著影响。研究发现，氢含量高的燃料有助于拓宽燃烧室贫油工作的极限，而不会出现回火或火焰不稳定现象 [35, 36]。Starkey 等 [32] 通过实验研究了高浓度氢对旋流稳焰燃烧室燃烧性能的影响。氢含量增加会影响羟基自由基的含量，从而影响反应速率，进而导致火焰速度提升和贫油熄火极限降低。

Burger 等 [37, 38] 展示了在压力雾化燃烧室中对 16 种不同燃料配比进行贫油熄火性能研究的结果。他认为，十六烷值（DCN）对延长熄火极限有积极影响。Burger 还发现，贫油熄火特性与点火延迟有很强的负相关性。Colket 等 [39] 也指出，十六烷值越高、碳氢比（C/H）值越大的燃料越不容易吹熄。图 7-1 展示了在测试多组分燃料时十六烷值对贫油熄火当量比的影响，其中显示了十六烷值（根据 ASTM 6890）是衡量液态燃料自燃倾向的指标 [40]。Won 等的研究也证实了这

一说法[41]。这促使了十六烷值和贫油熄火相关的概念被提出。Ahmed
等[42]论述了燃气轮机燃烧室中不同进口质量流量条件下十六烷值对贫
油熄火性能的影响。这一点可以从图 7-1 中可以看出，随着十六烷值
的增加，火焰稳定极限会提高，而贫油熄火当量比会降低。

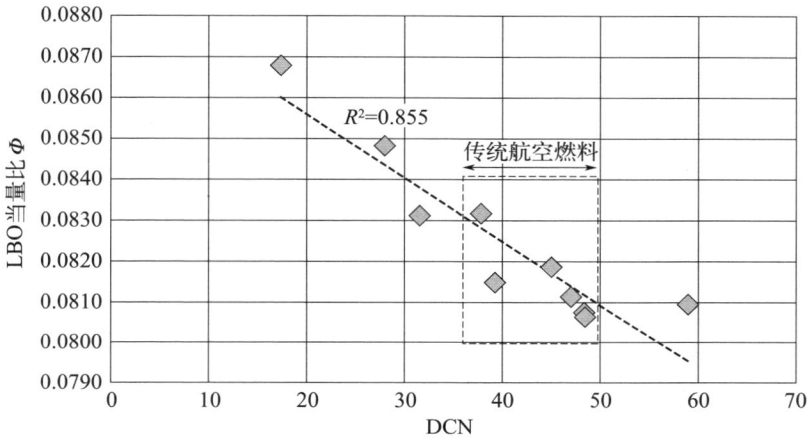

图 7-1 十六烷值（DCN）对 LBO 当量比的影响[43]

　　研究发现，将不同燃料混合在一起能改变燃料十六烷值[44, 45]，
这是由于化学成分以及高十六烷值化合物含量发生了变化。Braun-
Unkhoff 指出，正构烷烃的十六烷值大于异链烷烃。

　　美国国家航空燃料燃烧研究项目（NJFCP）的最新研究中对
十六烷值和其他燃料特性对贫油熄火极限的影响进行了实验和数值
评估[45-50]。此研究项目的主要目标之一是测试贫油熄火性能，该测试
完成了 10 种不同的燃烧室和几何结构、不同工况和燃油雾化装置以及
不同燃料的实验。测试结果确定了两种不同类型的贫油熄火极限，即
化学反应性极限和物理挥发性极限。此外，还发现贫油熄火极限主要
依赖于燃料的十六烷值，这是柴油测试的常见属性，但迄今为止航空
燃料尚未要求。据观察，十六烷值低于 30 的燃料贫油熄火性能较差；
传统航空燃料的十六烷值一般在 35 ～ 55 范围内。十六烷值高于 55
会改善贫油熄火性能，但会对高压缩比和贫油直接喷射（Lean Direct
Injection，LDI）发动机产生负面影响[46]。

　　美国国家航空燃料燃烧研究项目的研究首次发现十六烷值对贫
油熄火极限有影响，十六烷值高的燃料贫油熄火极限更宽，十六烷值

低的燃料贫油熄火极限更窄，从而导致更早的熄火。还有其他一些燃料特性也会影响发动机的贫油熄火性能。在 Stachler 等最近发表的一篇文章[47]中，讨论了燃料氢碳比（H/C）、热安定性指数（Thermal Stability Index，TSI）和平均分子量的影响。使用统计回归法确定了特定燃料的特性对于特定燃烧装置的影响，这种现象可表示为特定燃烧装置对特定的热力学条件有偏向性。例如，Honeywell 公司的辅助动力装置（Auxiliary Power Unit，APU）偏向于贫油熄火的物理挥发极限，对十六烷值的依赖性可忽略不计，这意味着蒸发时间（含一次蒸发和二次蒸发）尺度大于混合和化学时间尺度。然而，充分搅拌反应器，即一种预蒸发和预混合研究反应器，贫油熄火只受化学燃料特性的影响。此外，由 ASTM D2887 和 D86 确定的蒸馏曲线所代表的挥发性，因对蒸发时间有影响，已被证明与贫油熄火性能相关。基本上，燃料的挥发性越强，蒸发时间就越短，贫油熄火极限就越高[48]。

替代燃料的馏程曲线与测试的传统燃料相似（图 7-2 中线 1），其性能特征也与传统燃料相似。与传统燃料相比，馏分温度较高的燃料（图 7-2 中线 3）的贫油熄火极限值较差。馏分温度较高的燃料可能需要进行冷态点火和贫油熄火性能测试。图 7-2 中的右下浅灰区域表示馏分温度低于 Jet-A1 的燃料，这些燃料可能达不到燃料的闪点要求[48]。

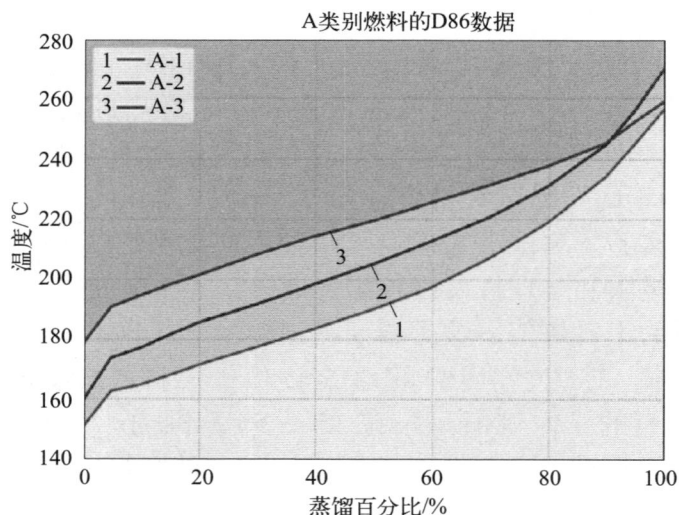

图 7-2　NJFCP 燃料蒸馏曲线[48]

Ahmed 等最近的一项研究[42]介绍了点火延迟对贫油熄火极限和燃烧不稳定性的影响。研究发现，点火延迟对燃气轮机燃烧室中的燃烧不稳定性和贫油熄火极限也有很大影响。另一项研究对Honeywell 公司的辅助动力装置的贫油熄火性能进行了测量[49]。图 7-3 显示了不同燃料特性和燃烧室参数对贫油熄火性能影响的重要性。在辅助动力装置的贫油熄火测试中，燃料特性中的馏程曲线对贫油熄火性能的影响最大，而燃烧室参数中的参考速度对贫油熄火性能的影响最大。

霍尼韦尔(Honeywell)各因素影响的平均特性的重要程度

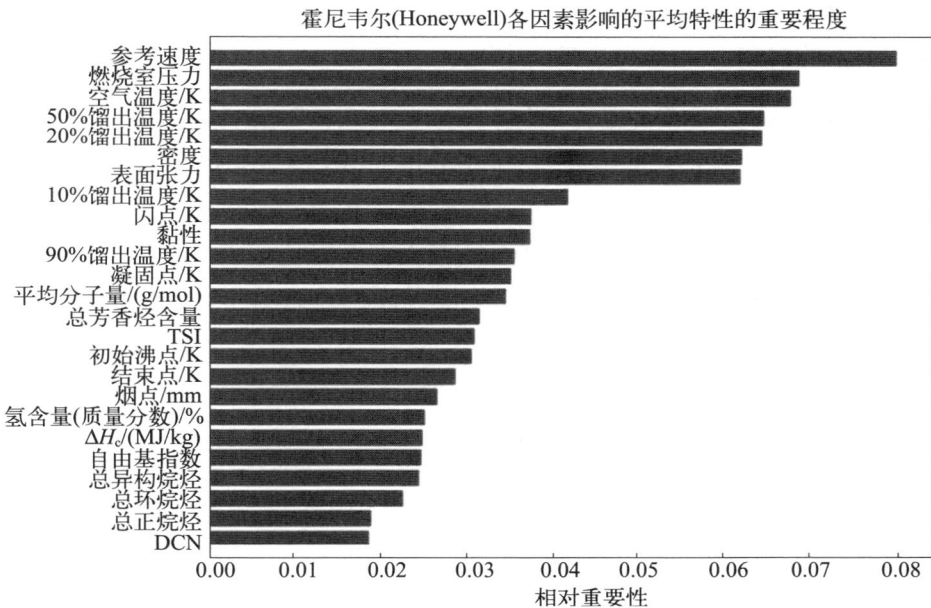

图 7-3 各个因素贫油熄火性能影响的平均特性的重要程度[49]

近年来，替代燃料的贫油熄火性能计算预测取得了重大进展。Hasti 等最近的一项研究[50]介绍了分步模型及其验证。研究[51]展示了 T63 涡轮轴发动机上燃料特性变化对贫油熄火性能的影响。在 T63 发动机上观察到，燃料蒸发和雾化过程对贫油熄火性能的影响最大。50% 馏出温度与贫油熄火性能的相关性最高[51]。这与Honeywell 公司的测试结果一致[49]。在 Zheng 等的另一项研究中[52]，高速成像技术被用作评估燃料对贫油熄火过程的一种手段。这项研究是在 Rolls-Royce 公司 Tay 单管燃烧室上进行的，该研究对贫油熄火过程给出了不同的见解。图 7-4 展示了不同类型燃料在发生贫油熄火前的图像。

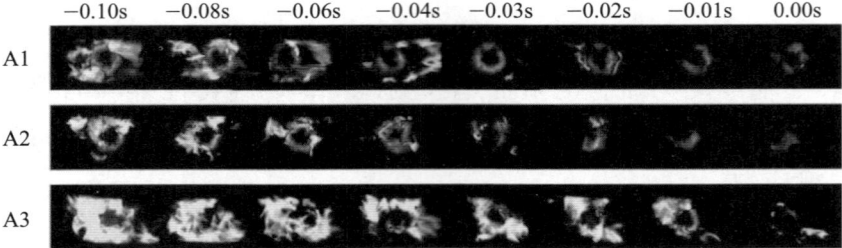

图7-4 不同类型燃油在发生贫油熄火前的最后 0.1s 图片[52]（另见文后彩图）

在 Corporan 等最近的一项研究中，使用了 Allision T63 涡轮轴发动机来评估燃料特性对熄火（Lean Out，LO）性能的影响[51]。在该研究中，熄火以压气机停转或火焰熄灭为标志。图 7-5 显示了不同燃料对熄火过程的影响。可以看出，10% 馏出温度（燃料特性）对熄火过程有显著影响，当燃料发生变化时，在熄火阶段的热输入也会发生显著变化。可以看出，燃料黏度和 10% 馏出温度相关性最强，分别为 $R^2=0.66$ 和 $R^2=0.85$。

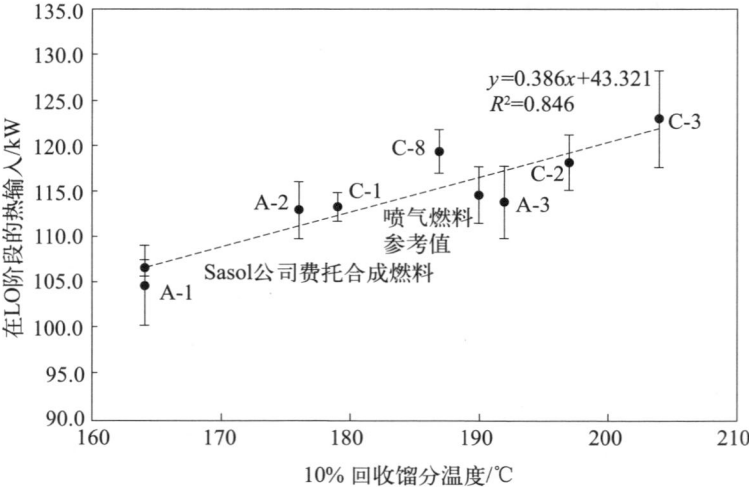

图7-5 T63 发动机热输入率与馏出温度的比较[51]

7.5 贫油熄火预测

燃气轮机燃烧室中的贫油熄火性能预测可为燃烧室和燃料在初步设计阶段的开发提供技术支持。早期的大量研究侧重于在贫油熄火油气比 q_{LBO} 与运行工况相关的参数、燃烧室的结构之间建立半经验模型。

Lefebvre[29] 根据充分搅拌反应器的概念提出了一个广泛使用的贫油熄火预测模型，该模型描述了贫油熄火时的整体油气比，它是燃烧室结构、运行工况、燃料特性和雾化质量的函数，如式（7-2）所示。但计算结果与实际值之间的差异率大约在 30% 以内。

$$q_{LBO} = \frac{A'f_{PZ}}{V_c} \times \frac{m_a}{P_3^{1.3}\exp(T_3/300)} \times \frac{D_r^2}{\lambda_r LCV_r}\left(\frac{D_{0,T_f}}{D_{0,277.5K}}\right)^2 \qquad （7\text{-}2）$$

式中，A' 为由燃烧室的几何形状和混合特性决定的常数；V_c 为掺混孔前的燃烧区容积，m^3；D_r 为相对于 JP4 燃料的平均液滴尺寸；λ_r 为相对于 JP4 燃料的有效蒸发常数；LCV_r 为相对于 JP4 燃料的低热值；D_{0,T_f} 为在 T_f 油温下燃油雾化的初始平均液滴尺寸，m；$D_{0,277.5K}$ 为在 277.5K 油温下燃油雾化的初始平均液滴尺寸，m。

关于这个模型，有一种观点认为它忽略了上游掺混的影响。因此，Xie 等[53] 提出了一种改进的半经验贫油熄火模型，其被写为公式（7-3），其中 K 为由燃烧室实验确定的通用常数，取 43；α 为燃烧室火焰筒参与燃烧的空气比例；β 为无量纲火焰体积，$\beta = V_f/V_c$，其中 V_f 是火焰体积，m^3。该模型涉及实验中观察到的火焰体积概念，并考虑了头部和主燃区设计的影响。Xiao 和 Huang 在 15 种具有不同流动状态的燃烧室上对该模型进行了测试，以验证贫油熄火预测与实际燃烧室之间的关联性。该方法预测贫油熄火极限值的不确定度在 ±20% 以内。但火焰体积是通过实验结果获取的，因此对燃烧室初始设计缺乏指导意义。

$$q_{LBO} = \frac{K}{V_c}\left[\frac{\alpha}{\sqrt{\beta}} + (1-\alpha)\sqrt{\beta}\right]^2 \left(\frac{m_a}{P_3^{1.3}\exp(T_3/300)}\right)\left(\frac{D_o^2}{\lambda_{eff} LCV}\right)$$

$$（7\text{-}3）$$

数值计算和动力学求解器（CFD 和化学动力学）的进步使研究人员对贫油熄火的动态过程有了新的认识。Hu 等[54,55] 开发了一种燃料迭代方法来近似模拟火焰体积，并将不确定性缩小到 10% ～ 16%。Wang 等[56] 开发了一种基于 Damköhler 数和羟基自由基浓度反应区的新方法。雷诺平均 Navier-Stokes 法已广泛应用于贫油熄火预测。但 Angelberger 等[57] 认为，这种方法不适用于贫油熄火预测，因为贫油熄火是一种非稳态现象。Black 等对低排放燃气轮机喷嘴应用了非稳态雷诺平均 Navier-Stokes 和大涡模拟（Large Eddy Simulation, LES）方法，以评估其捕捉贫油熄火极限的能力[58]。随后，大涡模拟与其他方法相结合，包括拉格朗日法、组分运输法[59]、涡破碎模型[60]、层流化学模型、涡耗散概念模型[61]、概率密度函数模型[62,63] 和特征参数准则[64]，被用于探索贫油熄火边界处流动和火焰的瞬态动态特性。

Casselberry 等[43] 利用超临界热解产物建立了一个预测贫油熄火极限的模型。图 7-6 展示了 Casselberry 等开发的模型计算的贫油熄火性能与实测贫油熄火性能的比较。Won 等指出，对于各种燃料替代品而言，其化学和物理性质对于更广泛的传统燃料工业而言都是全新的[41,65]，这意味着新型替代燃料的性能不能直接从过去的商品燃料进行的研究

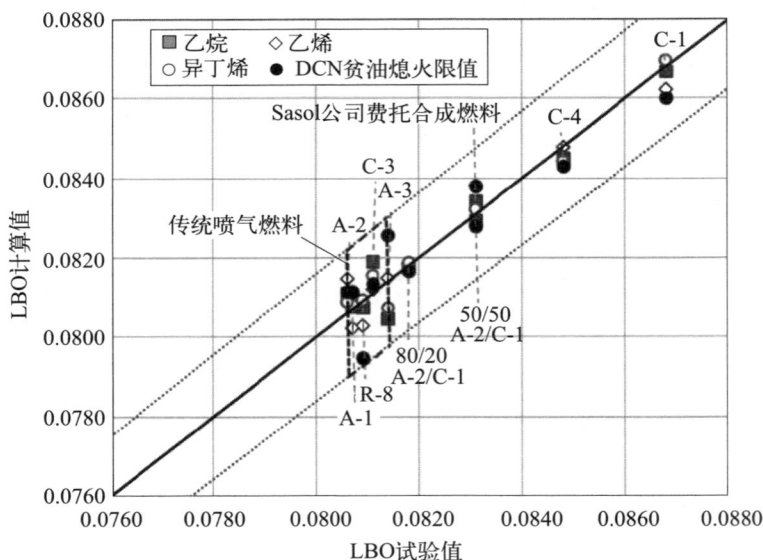

图 7-6 贫油熄火当量比计算值与测量值对比[43]

中推断出来。目前，还没有模型可以确定航空燃料的化学和物理特性及其燃烧性能[41]。为了拓宽有关替代燃料对发动机及其部件的运行寿命、性能和环境影响的知识，必须进行中试规模的实验研究。

7.6 小结

研究发现燃料对燃烧室贫油熄火性能有显著影响，并可能最终影响发动机的可操作性。多项研究表明，十六烷值对贫油熄火性能有显著影响[42, 48-51]：随着十六烷值的增加，贫油熄火性能越好。还有一些研究展示了馏程曲线、黏度和其他燃料特性对贫油熄火性能的影响[49]。燃烧室特性在贫油熄火性能中也起着至关重要的作用。本章的结论概括为一句话：需要慎重考虑未来燃料对贫油熄火性能的影响。

参考文献

[1] Kaluri A.Kaluri A. Real-time prediction of lean blowout using chemical reactor network.2018.https：// digital.lib.washington.edu/researchworks/handle/1773/41710.[Accessed 12 July 2019].

[2] Piehl J，Bravo L，Acosta W，Kumar G，Drennan S，Samimi-Abianeh O.On predictions of fuel effects on lean blow off limits in a realistic gas turbine combustor using finite rate chemistry. In：Combustion，Fuels，and Emissions，vol. 4B. ASME，2018. https：//doi.org/10.1115/gt2018-77070. p. V04BT04A049.

[3] Esclapez L，Ma PC，Mayhew E，Xu R，Stouffer S，Lee T，Wang H，Ihme M. Fuel effects on lean blow-out in a realistic gas turbine combustor. Combustion and Flame，2017，181：82-99. https：//doi.org/10.1016/j.combustflame.2017.02.035.

[4] Sigfrid IR，Whiddon R，Collin R，Klingmann J.Influence of reactive species on the lean blowout limit of an industrial DLE gas turbine burner. Combustion and Flame 2014；161：1365-1373. https：//doi.org/10.1016/j.combustflame.2013.10.030.

[5] Lawn CJ. Lifted flames on fuel jets in co-flowing air. Progress in Energy and Combustion Science，2009，35：1-30. https：//doi.org/10.1016/j.pecs.2008.06.003.

[6] Damare D，Baillot F. The role of secondary instabilities in the stabilization of a nonpremixed lifted jet flame. Physics of Fluids，2001；13：2662-2670. https：//doi.org/10.1063/1.1386935.

[7] Kiran DY，Mishra DP. Experimental studies of flame stability and emission characteristics of simple LPG jet diffusion flame. Fuel，2007，86：1545-1551. https：//doi.org/ 10.1016/j.fuel.2006.10.027.

[8] Shanbhogue SJ，Husain S，Lieuwen T. Lean blowoff of bluff body stabilized flames：scaling

and dynamics. Progress in Energy and Combustion Science, 2009, 35: 98-120. https: //doi.org/10.1016/j.pecs.2008.07.003.

[9] Pitts WM. Assessment of theories for the behavior and blowout of lifted turbulent jet diffusion flames. Symposium（International）on Combustion, 1989, 22: 809-816. https: // doi.org/10.1016/S0082-0784（89）80090-6.

[10] Sayad P, Schönborn A, Klingmann J. Experimental investigations of the lean blowout limit of different syngas mixtures in an atmospheric, premixed, variable-swirl burner. Energy & Fuels, 2013, 27: 2783-2793. https: //doi.org/10.1021/ef301825t.

[11] Snyder TS, Rosfjord TJ. Active gas turbine combustion control to minimize nitrous oxide emissions. 1998.

[12] Lucenko M, Vanderleest RE, Onge KJS. Method and apparatus for detecting burner blowout. 1996. Patent # 5581995.

[13] Lee J G, Santavicca D a. Experimental diagnostics of combustion instabilities. Progress in Astronautics and Aeronautics, 2005, 210: 481-529.

[14] Li H, Zhou X, Jeffries JB, Hanson RK. Active control of lean blowout in a swirl stabilized combustor using a tunable diode laser. Proceedings of the Combustion Institute, 2007, 31 Ⅱ: 3215-3223. https: //doi.org/10.1016/j.proci.2006.07.006.

[15] De Giorgi MG, Sciolti A, Campilongo S, Ficarella A. Image processing for the characterization of flame stability in a non-premixed liquid fuel burner near lean blowout. Aerospace Science and Technology, 2016, 49: 41-51. https: //doi.org/10.1016/ j.ast.2015.11.030.

[16] Muruganandam T, Nair S, Neumeier Y, Lieuwen T, Seitzman J. Optical and acoustic sensing of lean blowout precursors. In: 38th AIAA/ASME/SAE/ASEE Joint Propulsion Conference & Exhibit. American Institute of Aeronautics and Astronautics, 2002. https: //doi.org/10.2514/6.2002-3732.

[17] Prakash S, Nair S, Muruganandam TM, Neumeier Y, Lieuwen T, Seitzman JM, Zinn BT. Acoustic based rapid blowout mitigation in a swirl stabilized combustor. 2005. p. 443-451.

[18] Singh A, Zhou J, Yang Y, Wu P, Shah M, Taware A. Acoustics based prognostics for DLE combustor lean blowout detection. 2006. p. 493-496.

[19] Nair S, Lieuwen T. Acoustic detection of blowout in premixed flames. Journal of Propulsion and Power, 2005, 21: 32-39. https: //doi.org/10.2514/1.5658.

[20] Allgood D, Murugappan S, Acharya S, Gutmark E. Infrared measurements of thermoacoustic instabilities in a swirl-stabilized combustor. Combustion Science and Technology, 2003, 175: 333-355. https: //doi.org/10.1080/00102200302398.

[21] Chaudhuri S, Kostka S, Renfro MW, Cetegen BM. Blowoff dynamics of bluff body stabilized turbulent premixed flames. Combustion and Flame, 2010, 157: 790-802. https: //doi.org/10.1016/j.combustflame.2009.10.020.

[22] Stöhr M, Boxx I, Carter C, Meier W. Dynamics of lean blowout of a swirl-stabilized flame in a gas turbine model combustor. Proceedings of the Combustion Institute, 2011, 33: 2953-2960. https: //doi.org/10.1016/j.proci.2010.06.103.

[23] Zhu S, Acharya S. An experimental study of lean blowout with hydrogen-enriched fuels. Journal of Engineering for Gas Turbines and Power, 2012, 134: 41507-41510.

[24] Yi T, Gutmark EJ. Real-time prediction of incipient lean blowout in gas turbine combustors. AIAA Journal, 2007, 45: 1734-1739. https: //doi.org/10.2514/1.25847.

[25] Muruganandam TM, Nair S, Scarborough D, Neumeier Y, Jagoda J, Lieuwen T, Seitzman J, Zinn B. Active control of lean blowout for turbine engine combustors. Journal of Propulsion and Power, 2005, 21: 807-814. https: //doi.org/10.2514/1.7254.

[26] Muruganandam TM, Seitzman JM. Fluid mechanics of lean blowout precursors in gas turbine combustors. International Journal of Spray and Combustion Dynamics, 2012, 4: 29-60. https: // doi.org/10.1260/1756-8277.4.1.29.

[27] Mukhopadhyay A, Chaudhari RR, Paul T, Sen S, Ray A. Lean blow-out prediction in gas turbine combustors using symbolic time series analysis. Journal of Propulsion and Power, 2013, 29: 950-960. https: //doi.org/10.2514/1.B34711.

[28] Chakravarthy SR, Sampath R, Ramanan V. Dynamics and diagnostics of flame acoustic interactions. Combustion Science and Technology, 2015, 189: 1-20. https: //doi.org/10.1080/001 02202.2016.1202938.

[29] Lefebvre AH. Fuel effects on gas turbine combustion-ignition, stability, and combustion efficiency. Journal of Engineering for Gas Turbines and Power, 1985, 107: 24-37. https: //doi. org/10.1115/1.3239693.

[30] Ateshkadi A, McDonell VG, Samuelsen GS. Lean blowout model for a spray-fired swirl-stabilized combustor. Proceedings of the Combustion Institute, 2000, 28: 1281-1288. https: //doi. org/10.1016/S0082-0784（00）80341-0.

[31] Xiao W, Huang Y. Lean blowout limits of a gas turbine combustor operated with aviation fuel and methane. Heat and Mass Transfer, 2016, 52: 1015-1024. https: //doi.org/ 10.1007/s00231-015-1622-3.

[32] Strakey P, Sidwell T, Ontko J. Investigation of the effects of hydrogen addition on lean extinction in a swirl stabilized combustor. Proceedings of the Combustion Institute, 2007, 31 II: 3173-3180. https: //doi.org/10.1016/j.proci.2006.07.077.

[33] Daniele S, Jansohn P, Boulouchos K. Experimental investigation of lean premixed syngas combustion at gas turbine relevant conditions: lean blow out limits, emissions and turbulent flame speed. Italian Section of the Combustion Institute Combustion Colloquia, 2009. IIe4: 1-11.

[34] Lieuwen T, McDonell V, Petersen E, Santavicca D. Fuel flexibility influences on premixed combustor blowout, flashback, autoignition, and stability. Journal of Engineering for Gas Turbines and Power, 2008, 130: 011506. https: //doi.org/10.1115/1.2771243.

[35] Sigfrid IR, Whiddon R, Aldén M. Experimental investigations of lean stability limits of a prototype syngas burner for low calorific value gases. In: ASME 2011 turbo expoturbine technical conference and exposition, British Columbia, Canada. 2011: 1-8.https: //doi.org/10.1115/GT2011-45694.

[36] Khalil AEE, Gupta AK. Hydrogen addition effects on high intensity distributed combustion.

Applied Energy 2013, 104: 71-78. https://doi.org/10.1016/j.apenergy.2012.11.004. Burger V. The influence of fuel properties on threshold combustion in aviation gas turbine engines. 2017.

[37] Burger V. The influence of fuel properties on threshold combustion in aviation gas turbine engines. 2017.

[38] Burger V, Yates A, Viljoen C. Influence of fuel physical properties and reaction rate on threshold heterogeneous gas turbine combustion. 2012: 63-71.

[39] Colket M, Zeppieri S, Dai Z, Hautman D. Fuel research at UTRC. In: Multi-agency coordinate council for combustion research 5th annual fuel research meeting Liver more, California. 2012: 17-20.

[40] Standard test method for determination of ignition delay and derived cetane number (DCN) of diesel fuel oils by combustion in a constant volume chamber, (18AD).

[41] Won SH, Veloo PS, Dooley S, Santner J, Haas FM, Ju Y, Dryer FL. Predicting the global combustion behaviors of petroleum-derived and alternative jet fuels by simple fuel property measurements. Fuel, 2016, 168: 34-46. https://doi.org/10.1016/j.fuel.2015.11.026.

[42] Ahmed I, Zheng L, Ubogu EA, Khandelwal B. Evaluation of impact on lean blowout limit and ignition delay while using alternative fuels on gas turbine combustor. In: Combustion, Fuels, and Emissions, vol. 4A. American Society of Mechanical Engineers, 2018. https://doi.org/10.1115/GT2018-75245. p. V04AT04A011.

[43] Casselberry RQ, Corporan E, DeWitt MJ. Correlation of combustor lean blowout performance to supercritical pyrolysis products. Fuel, 2019, 252: 504-511. https://doi.org/10.1016/j.fuel.2019.04.128.

[44] Hui X, Kumar K, Sung CJ, Edwards T, Gardner D. Experimental studies on the combustion characteristics of alternative jet fuels. Fuel, 2012, 98: 176-182. https://doi.org/10.1016/j.fuel.2012.03.040.

[45] N. Jeyashekar, D. Ph, P. Muzzell, E. Sattler, N. Hubble, S. Antonio. Lubricity and derived cetane number measurements of jet fuels, alternative fuels and fuel blends: interim report by force projection technologies. (n.d.). p. 053.

[46] Stouffer S, Hendershott T, Monfort JR, Diemer J, Corporan E, Wrzesinski P, Caswell AW. Lean blowout and ignition characteristics of conventional and surrogate fuels measured in a swirl stabilized combustor. In: 55th AIAA aerospace science meeting. Reston, Virginia: American Institute of Aeronautics and Astronautics, 2017. https://doi.org/10.2514/6.2017-1954.

[47] Stachler RD, Heyne JS, Stouffer SD, Miller JD, Roquemore WM. Investigation of combustion emissions from conventional and alternative aviation fuels in a well-stirred reactor. In: AIAA SciTech Forum - 55th AIAA aerospace science meeting. American Institute of Aeronautics and Astronautics Inc., 2017. https://doi.org/10.2514/6.2017-0382.

[48] Edwards JT. Reference jet fuels for combustion testing. In: 55th AIAA aerospace science meeting. Reston, Virginia: American Institute of Aeronautics and Astronautics, 2017. https://doi.org/10.2514/6.2017-0146.

[49] Peiffer EE, Heyne JS, Colket M. Sustainable aviation fuels approval streamlining: auxiliary power unit lean blowout testing. AIAA Journal, 2019, 57: 4854-4862. https: // doi.org/10.2514/1. J058348.

[50] Hasti VR, Kundu P, Kumar G, Drennan SA, Som S, Won SH, Dryer FL, Gore JP. Correction: lean blow-out (LBO) computations in a gas turbine combustor. In: 2018 joint propulsion conference. Reston, Virginia: American Institute of Aeronautics and Astronautics, 2018. https: //doi.org/10.2514/6.2018-4958.c1.

[51] Corporan E, Casselberry RQ, Klingshirn CD, Wagner M, DeWitt M, Edwards JT, Wrzesinski P, Stouffer SD, Hendershott TH. Fuel effects on the lean operational limits of a T63 turboshaft engine. In: AIAA Scitech 2019 Forum. Reston, Virginia: American Institute of Aeronautics and Astronautics, 2019. https: //doi.org/10.2514/6.2019-0991.

[52] Zheng L, Cronly J, Ubogu E, Ahmed I, Zhang Y, Khandelwal B. Experimental investigation on alternative fuel combustion performance using a gas turbine combustor. Applied Energy, 2019, 238: 1530-1542. https: //doi.org/10.1016/j.apenergy.2019.01.175.

[53] Xie F, Huang Y, Hu B, Wang F. Improved semiempirical correlation to predict lean blowout limits for gas turbine combustors. Journal of Propulsion and Power, 2012, 28: 197-203. https: //doi.org/10.2514/1.B34296.

[54] Hu B, Huang Y, Xu J. A hybrid semi-empirical model for lean blow-out limit predictions of aero-engine combustors. Journal of Engineering for Gas Turbines and Power, 2014, 137: 31502-31510.

[55] Hu B, Zhao Q, Xu J. Predicting lean blowout limit of combustors based on semiempirical correlation and simulation. Journal of Propulsion and Power, 2015, 32: 108-120. https: //doi.org/10.2514/1.B35583.

[56] Wang Z, Hu B, Zhao Q, Xu J. Towards predicting Lean Blow-off based on Damköhler number and practical reaction zone. In: Proceedings of ASME turbo expo 2017 turbomachinery technical conference and exposition, 2017: 1-11.

[57] Angelberger C, Veynante D, Egolfopoulos F. LES of chemical and acoustic forcing of a premixed dump combustor. Flow, Turbulence and Combustion, 2000, 65: 205-222. https: //doi.org/10.1023/A: 1011477030619.

[58] Black D, Crocker DS, Smith C. Transient lean blowout modeling of an aero low emission fuel injector. In: 39th AIAA/ASME/SAE/ASEE joint propulsion conference and exhibit. American Institute of Aeronautics and Astronautics, 2003. https: //doi.org/ 10.2514/6.2003-4520.

[59] Erickson RR, Soteriou MC. The influence of reactant temperature on the dynamics of bluff body stabilized premixed flames. Combustion and Flame, 2011, 158: 2441-2457. https: //doi.org/10.1016/j.combustflame.2011.05.006.

[60] Kim W-W, Lienau JJ, Van Slooten PR, Colket MB, Malecki RE, Syed S. Towards modeling lean blow out in gas turbine flameholder applications. Journal of Engineering for Gas Turbines and Power, 2006, 128: 40-48.

[61] Gokulakrishnan P, Bikkani R, Klassen M, Roby R, Kiel B. Influence of turbulence chemistry

interaction in blow-out predictions of bluff-body stabilized flames. In: 47th AIAA aerospace science meeting including the new horizons forum aerospace exposition, 2009: 1179.

[62] Gokulakrishnan P, Foli K, Klassen M, Roby R, Soteriou M, Kiel B, Sekar B. LES PDF modeling of flame instability and blow-out in bluff-body stabilized flames. In: 45th AIAA/ASME/SAE/ASEE joint propulsion conference and exhibit. American Institute of Aeronautics and Astronautics, 2009. https://doi.org/10.2514/6.2009-5409.

[63] Ahmed E, Huang Y. Flame volume prediction and validation for lean blow-out of gas turbine combustor. The Aeronautical Journal, 2017, 121: 237-262. https://doi.org/ 10.1017/aer.2016.125.

[64] Zheng H, Zhang Z, Li Y, Li Z. Feature-parameter-criterion for predicting lean blowout limit of gas turbine combustor and bluff body burner. Mathematical Problems in Engineering, 2013. https://doi.org/10.1155/2013/939234.

[65] Wilson GR, Edwards T, Corporan E, Freerks RL. Certification of alternative aviation fuels and blend components. Energy & Fuels, 2013, 27: 962-966. https://doi.org/ 10.1021/ef301888b.

第 **8** 章

替代燃料的热安定性及影响

本章原著作者：Jerry Hamilton，美国亚拉巴马州塔斯卡卢萨，亚拉巴马大学机械工程系；
Yousef Sadat，Matthew Dwyer，Pierre Ghali，英国谢菲尔德，谢菲尔德大学机械工程系；
Bhupendra Khandelwal，美国亚拉巴马州塔斯卡卢萨，亚拉巴马大学机械工程系。

8.1 引言

20 世纪 30 年代，涡轮（喷气）发动机开始成为传统活塞式发动机的竞争对手，但要使前者成为航空推进领域的主导技术，还需要持续付出巨大努力以提升其工作效率。随着燃气涡轮发动机技术的进步，工程师们通过持续创新的勇气与决心不断提高功重比，以满足快速发展的航空业需求。燃气涡轮发动机必须在压缩空气、燃烧燃料和产生推力方面比活塞发动机更高效。效率的提升，部分得益于更高的发动机压比和燃烧效率。然而随着压比增加，做功过程中产生的热量会相应增加，因此必须从系统中移除这些多余的热能。当新技术推动燃气涡轮发动机在更高温度下运行时，如何在不增加复杂冷却系统的情况下有效散热成为关键。一种解决方案是采用"液 - 液"冷却器，通过将高温发动机滑油与低温燃油进行热交换实现散热，如图 8-1 所示。

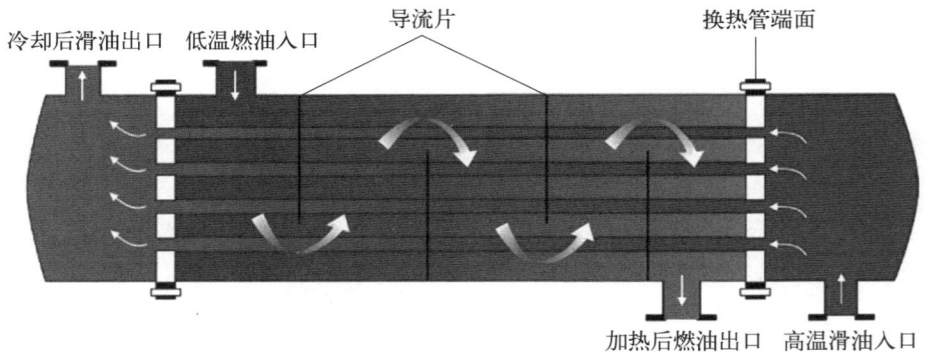

图 8-1 液 - 液热交换器示例（高温滑油通过低温燃油冷却，并同时加热燃油）

燃气涡轮发动机性能的重要突破之一是发动机压气机压比的提升[1]。这一改进提高了压气机效率，从而降低单位功率的燃油消耗。不过，这里燃油消耗的减少仅仅是与旧型号发动机产生相同输出功率情况下对比而言。随着燃油消耗的增加，发动机输出功率、内部温度和产生的多余热量也随之上升。多余的热量可通过各种方法去除，但一般来说，发动机滑油系统会首先吸收大部分热量，随后发动机通过与外界空气和燃油的换热来进行冷却。

能源是 21 世纪塑造现代社会的最关键因素[2]。自工业革命以来，化石燃料的过度使用导致二氧化碳排放量快速增长，进而引起大气整体温度上升[3]。因此，需考虑用替代燃料取代传统化石燃料，这一转变要求研究者深入理解现有燃料系统并掌握替代燃料的特性。而航空作为交通运输的核心领域，一直高度依赖化石燃料。目前，其每年二氧化碳排放量占比为 2% ～ 3%，预计到 2100 年将增至 11%[4]。

要减少二氧化碳排放量并达到最佳性能，对飞机系统，特别是喷气发动机有透彻的了解是非常重要的。与传统活塞发动机相比，燃气涡轮发动机可吸入 70 倍体积的空气并产生 20 倍的能量。它类似于一个两端开放、内部空气自由流动的管道。空气在燃烧室参与燃烧并产生推力前，需先被压缩并与燃料预混合。热力学的基本原理表明，要获得更大的喷射速度，就需要温度更高、温差更大的发动机[5, 6]。然而，在高温下运行会引发一系列需解决的问题。

本章将详细阐述燃料在燃烧前因受热而发生的降解过程。在深入探讨热安定性之前，首先概述航空领域使用的各类燃料以及替代燃料的生产方法，以增强逻辑清晰度。由于热安定性涉及分子层面的变化，文中着重分析了燃料组分及其对热安定性的促进或阻碍作用。此外，本章还涵盖了当前研究进展、前沿概念、数据采集方法和测试装置等内容，以阐明燃料热安定性为何成为亟须深入研究的重要领域。

8.1.1　航空燃料

燃气涡轮发动机发展初期，人们仅通过使用经验认为，航空燃料对燃烧性能影响较小，因此广泛使用宽馏分煤油。但随着燃气涡轮发动机技术的进步和适航管理的专业化，规范服役燃料的特性并控制其化学成分变得至关重要。全球航空监管机构发布的航空燃料规范为此提供了依据。最具影响力的燃料规范包括美国材料与试验协会（ASTM）、美国国防部标准 MIL-STD-3004D、英国国防标准（DEFSTAN）和欧盟相关法规。这些燃料规范规定了航空燃料的特性要求和生产方法。目前，航空燃料需满足蒸气压、闪点、密度、黏度和冰点等多项指标[7]。这些要求间接限制了可用燃料的化学成分，例如，正构烷烃的冰点过高，不适合在低温环境中使用，而高异构烷烃则会导致密度过低。除对化学成分的隐性控制外，规范还对航空燃料中特定物质的浓度进行了明确限制：芳香烃体积分数不得超过 25%，萘含量不得超过 3%，同时限制了铜、硫等杂质的含量。

航空燃料由碳链长度为 12 ～ 14（C_{12} ～ C_{14}）的复杂长链烃类混合物构成，其具体组成取决于原油产地和生产工艺。Liu 等[8] 根据原油来源和加工路径将航空燃料分为四大类：

① 原油传统加工工艺；

② 非常规石油来源（如油砂和油页岩）；

③ 费托工艺；

④ 可再生原料。

大部分航空燃料源自原油，通过常压或减压分馏法生产。该方法基于原油中各组分的沸点差异进行分离，分馏塔中部馏分（主要是煤油）是生产航空燃料的原料来源[8]，如图 8-2 所示。

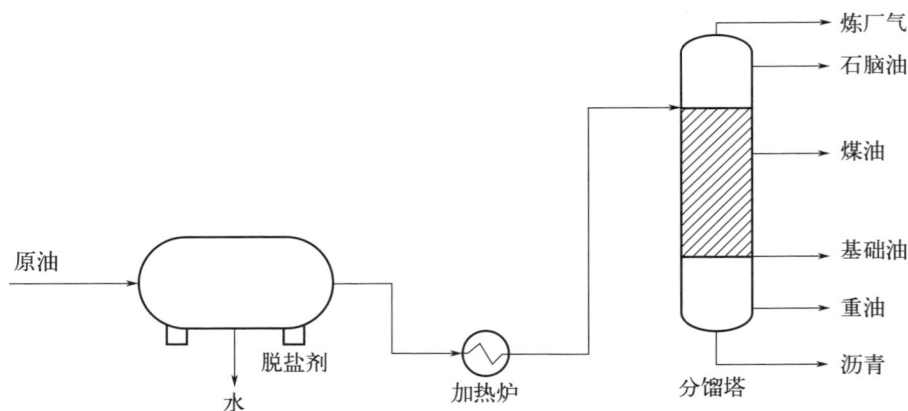

图 8-2　传统原油生产煤油的工艺流程

中部馏分原料随后经过加氢处理转化为煤油，目标是提高氢 / 碳比，并生成正构烷烃、环烷烃和异构烷烃[9]。这些组分由于高氢 / 碳比和极低的冰点而具有合适的能量密度与燃烧特性，可避免燃料在高空 / 高海拔地区结晶。相比之下，芳香烃的氢 / 碳比较低，能量密度与燃烧性能较差，易在火焰筒壁面形成积碳，导致发动机损坏或失效[10]。传统航空燃料含 20% ～ 25% 芳香烃，这可能为发动机及燃油系统带来积碳风险，需密切关注。相反，芳香烃含量过低则可能给燃油系统密封性能带来不利影响。由于航空燃料可能来自不同地理区域的多种油源，其组成差异可能会提高发动机内燃料行为的预测复杂性（见图 8-3）。

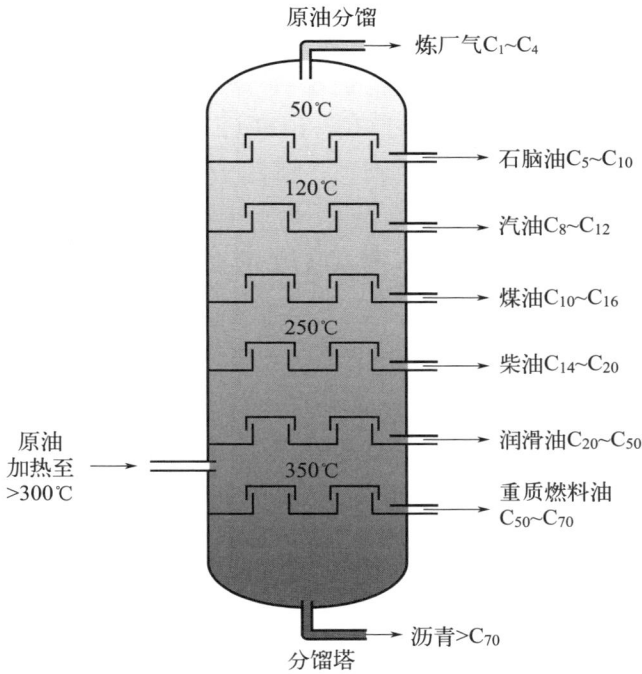

原油分馏
→ 炼厂气C_1~C_4

50℃

→ 石脑油C_5~C_{10}

120℃

→ 汽油C_8~C_{12}

→ 煤油C_{10}~C_{16}

250℃

→ 柴油C_{14}~C_{20}

原油加热至>300℃ →

→ 润滑油C_{20}~C_{50}

350℃

→ 重质燃料油C_{50}~C_{70}

→ 沥青>C_{70}

分馏塔

图 8-3 原油分馏产物的简化示意图

为实现航空业可持续发展并减少二氧化碳排放，有必要考虑如何从更环保的来源制造航空燃料。上述四类燃料工艺中，费托（FT）工艺与可再生航空燃料最具潜力。其中，费托工艺尤其值得关注，因其可以利用碳捕集装置捕获的二氧化碳，从生命周期角度降低大气中的二氧化碳总量。该技术是合成气（氢气与一氧化碳混合物）转化为液体燃料的核心工艺：首先制备氢气和一氧化碳合成气，其次去除二氧化碳等杂质，随后通过费托反应生成直链烃，最后对长链烃进行裂解等处理生成所需要的燃料[11]。费托工艺所涉及的主要反应如下。反应（8-1）和反应（8-2）代表烷烃或烯烃链的合成，反应（8-3）（水煤气变化反应）生成二氧化碳与氢气，副反应（8-4）～反应（8-6）则生成不需要的甲烷和少量醇类[12]。

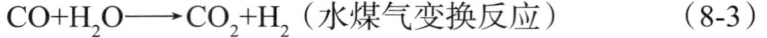

$$nCO+(2n+1)H_2 \longrightarrow C_nH_{2n+2}+nH_2O \text{（烷烃主反应）} \quad (8-1)$$

$$nCO+2nH_2 \longrightarrow C_nH_{2n}+nH_2O \text{（烯烃主反应）} \quad (8-2)$$

$$CO+H_2O \longrightarrow CO_2+H_2 \text{（水煤气变换反应）} \quad (8-3)$$

$$CO+3H_2 \longleftrightarrow CH_4+H_2O \text{（甲烷化反应）} \quad (8-4)$$

$$2CO \longleftrightarrow C+CO_2 \text{（积碳反应）} \quad (8-5)$$

$$nCO+2nH_2 \longrightarrow C_nH_{2n+2}O+(n-1)H_2O \text{（醇类合成反应）} \quad (8-6)$$

费托燃料具备以下多项特性，使其成为合适的航空燃料：高比能量，可提升单位燃料的放热量并增加飞机有效载荷[13]；不含 SO_2、H_2SO_4 等硫化物，热安定性更优；无芳香烃，燃烧更清洁。然而，完全无芳香烃的费托燃料无法满足航空燃料规范规定的最低密度要求，且可能引起如前所述的发动机和燃油系统密封失效[8]。不过，此问题可通过将费托燃料，如合成石蜡煤油（SPK），与传统航空燃油混合解决。图 8-4 展示了一个基于污水污泥捕集二氧化碳的费托燃料生产流程示例。Dimitriou 等[14]评估了四种碳捕集与利用（Carbon Capture and Utilization，CCU）制备液体运输燃料的路径，经过技术经济与敏感性分析指出，CCU 燃料生产经济性仍存在显著的劣势。但 Wilson 与 Styring[15]认为，与电池和其他可再生能源相比，合成燃料因处理、运输和存储成本较低，将在未来能源系统中占据重要地位。

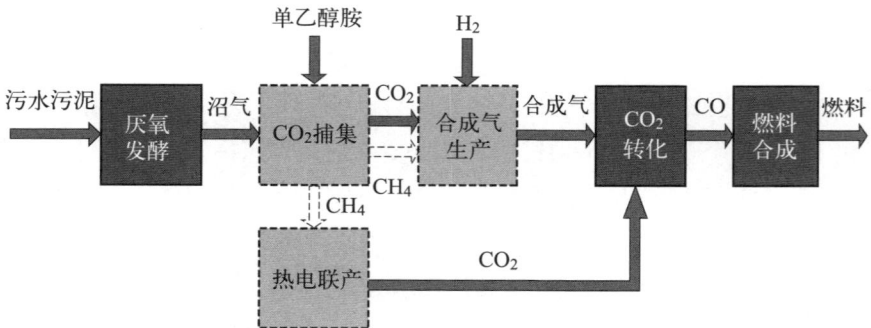

图 8-4 费托工艺生产合成运输燃料的流程示例

单乙醇胺：用于 CO_2 捕集的化学吸收剂

植物油与动物脂肪可通过加氢处理生成长链烃类（$C_9 \sim C_{18}$），是另一种航空替代燃料来源[16]。与费托工艺类似，脂肪酸与甘油酯等生物可再生原料可用来制备 SPK 燃料，如图 8-5 所示。生物质 SPK 主流生产路径之一为 Synfining 工艺，它包含三个主要步骤：首先，去除水与催化剂等杂质；其次，在加氢处理装置中脂肪酸链经过放热加氢与脱氧反应生成正构烷烃；最后，长链烷烃通过加氢裂化以获得需要的燃料[8]。同样，此类可再生原料制备的 SPK 燃料在使用前也需要通过混合来获得最佳芳香烃含量。

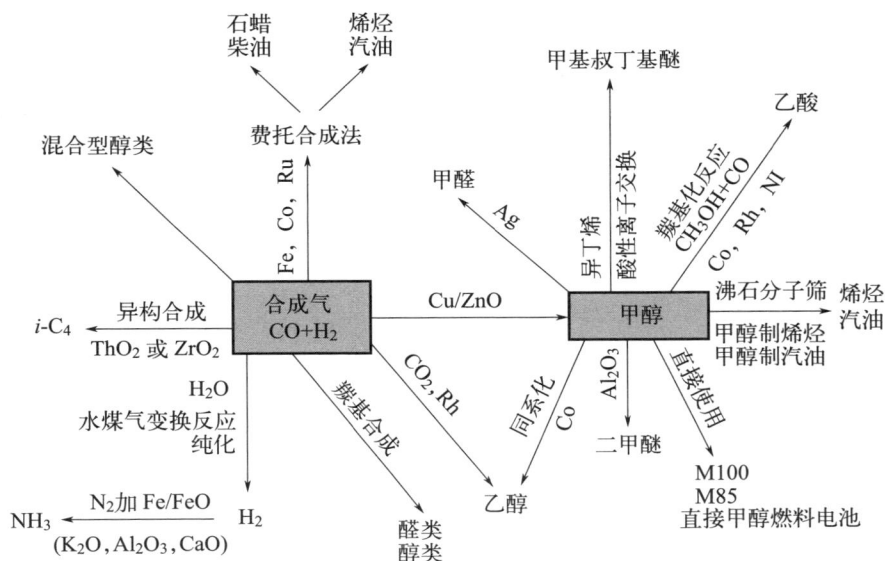

石蜡柴油　烯烃汽油

混合型醇类　费托合成法　Fe, Co, Ru

甲醇　Ag　异丁烯　甲基叔丁基醚

酸性离子交换　羰基化反应 CH_3OH+CO Co, Rh, NI　乙酸

i-C$_4$　异构合成 ThO$_2$ 或 ZrO$_2$　合成气 CO+H$_2$　Cu/ZnO　甲醇　沸石分子筛 甲醇制烯烃 甲醇制汽油　烯烃汽油

H$_2$O 水煤气变换反应 纯化　CO$_2$, Rh　同系化 Co　Al$_2$O$_3$　直接使用

N$_2$加 Fe/FeO (K$_2$O, Al$_2$O$_3$, CaO)　NH$_3$　H$_2$　羰基合成　醛类醇类　乙醇　二甲醚　M100 M85 直接甲醇燃料电池

图 8-5　典型合成气衍生产物示意图

　　尽管这些类型的可再生燃料展现了未来航空燃料的积极前景，但如前所述，其经济性仍待提升。多数可再生燃料需要高昂的投资，因此需要进一步研究如何降低生产成本。

　　文中讨论的各类燃料组成成分差异显著，在使用过程中其热安定性表现迥异。通过分馏制取的直馏煤油是最容易制造的燃料，无需额外的后处理工艺。其原料为原油中段馏分，平均碳链长度为 10 ～ 16。

　　由于直馏燃料不像其他燃料那样经过处理，其碳氢化合物及化学成分完全取决于原油特性和蒸馏装置，进而影响了燃料的理化特性。与其他方法制取的燃料相比，直馏燃料在蒸馏过程中缺乏控制，这可能导致其含有更高比例的异构烷烃、烯烃和芳香烃。由于燃料成分范围广泛，很难预测直馏燃料的高温特性。例如，布伦特（Brent）和西德克萨斯（west Texas）所产原油制取出来的直馏燃料与委内瑞拉或印度尼西亚所产原油制取的同类燃料相比，热安定性更优异。虽然不同产地的原油在碳氢化合物的种类及含量上有较大差异的情况并不常见，但有时候，即使出自同一产地，原油的成分也可能出现显著不同[17]。

　　为提高燃油组分的可控性，进而提升热安定性，直馏燃料需进行加氢后处理。在催化的氢化反应作用下，燃料内的杂原子（如硫化物、酚类）被化学去除，剩余的转化为碳氢化合物。研究表明，加氢程度直接影响了直馏燃料的热安定性[18]：轻度加氢可使燃料分解温度提升至 68 ～ 354℃，表明极性物质对燃料热安定性有着显著的负面影响；若采用特种催化剂进一步加氢[19]，可将烯烃、芳香烃等不饱和碳氢化合物转化为烷烃（图 8-6）。采用这些更严格的加氢工艺能够获得化学

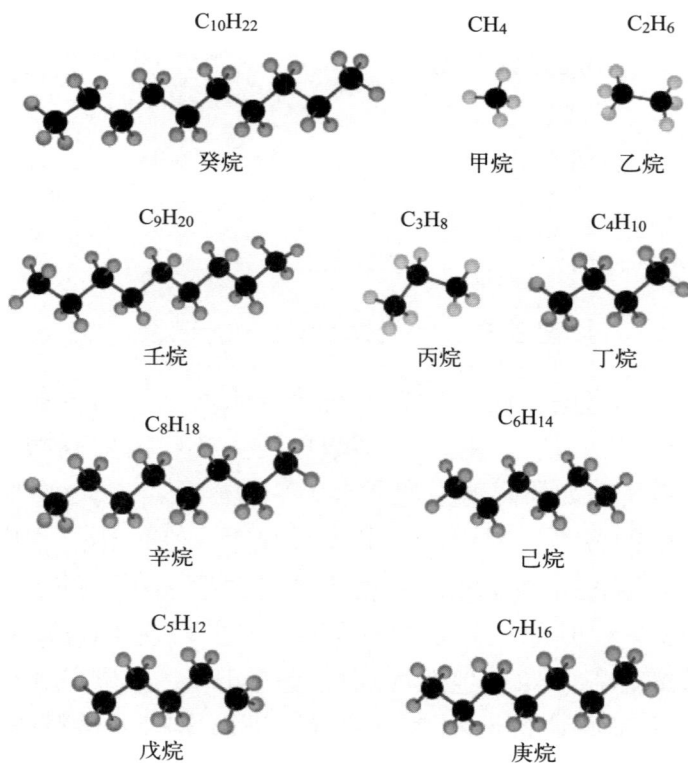

$C_{10}H_{22}$　　　　　　　　CH_4　　　　C_2H_6

癸烷　　　　　　　　　甲烷　　　　乙烷

C_9H_{20}　　　　　　　C_3H_8　　　C_4H_{10}

壬烷　　　　　　　　丙烷　　　　丁烷

C_8H_{18}　　　　　　　　C_6H_{14}

辛烷　　　　　　　　　己烷

C_5H_{12}　　　　　　　C_7H_{16}

戊烷　　　　　　　　　庚烷

图 8-6　烷烃的碳氢分子结构图解

纯度更高的燃料，并提高热安定性，其分解温度达到371℃以上。燃料中的极性物质会明显降低燃料的分解温度，但其碳氢化合物成分也对氧化产物和不溶胶的形成起到重要作用，即使是在单一燃料的同类测试中也是如此。

另一类航空燃料由蒸馏残余的重质油制备。重质蜡油在委内瑞拉、印度尼西亚等难开采的低品质原油中具有更多含量，其在石油经济驱动下每年开采量持续增加[8,20]。未经处理的重质油因金属杂质与极性物质含量高而具有较差的热安定性，需要经过更多的加工（采用金属催化剂加氢裂化），以降低分子量，才能获得符合要求的物理特性，从而作为航空燃料。显然增加的工艺过程会增加燃料生产成本，并对其他物理特性产生影响，比如会降低燃料的润滑性。

总体而言，中东与北海生产的轻质油中段馏分品质优异，但其直馏煤油因含有未经去除的极性物质与不饱和烃，热安定性低于其他工艺燃料。替代燃料通过更好地控制其化学组分，可解决此问题并提升能源安全性。它具有许多目前使用中的传统燃料无法实现的优点。弄清楚这一点，就必须对燃料氧化反应机理有更深入的理解。

8.1.2 "即用型"燃料

近年来，对替代燃料进行了大量研究与测试。"即用型"燃料因其具有几乎无需改造现有设备和推进系统而直接替代Jet-A1或JP-8燃料的特点而备受追捧。理想情况下，替代燃料应具有与当前航空燃料类似的燃烧特性，且其芳香烃含量满足燃油系统密封需求，不致产生泄漏，并同时具有更好的排放特性，符合当前和预期的排放法规要求。

层流火焰速度和点火延迟时间是评估两种不同燃料相似性的关键指标。2018年Richter等将4种"即用型"燃料（符合ASTM D7566标准）的这两个特性与Jet-A1燃料的特性进行了对比[21]。完成测试的燃料包括：两种费托燃料［即煤制油和天然气制油（分别记作CtL和GtL）、法呢烷和醇基航空燃料（AtJ-SPK）。研究表明，在规定的测试当量比与温度范围内，AtJ-SPK反应活性与其他燃料相比较低。该作者指出：总体上，在本研究的实验温度范围内，AtJ-SPK、法呢烷与

Jet-A1 相比在当量比 2.0 时的差异很小。CtL、GtL 与 Jet-A1 相比在当量比 0.5 时的差异也是如此（Richter，2018）。实际上，被测燃料的火焰速度和点火延迟时间与 Jet-A1 的差异极小，以至于可以认为它们的燃烧性能基本一致（Richter，2018）。这表明，替代燃料可实现与传统燃料相当的燃烧性能，为其在燃烧室中的应用提高了可行性。值得注意的是，将替代燃料与传统燃料混合也是一种可行方案，前文已进行了阐述。

如前所述，现有燃料中的芳香烃能够促使燃油系统密封件膨胀，从而防止泄漏。因此，采用的替代燃料必须具备相同的性能，才能避免燃油系统产生额外的改造成本。2008 年 Link 等在研究费托燃料的多种添加剂对密封件溶胀性能及燃料热安定性的影响时发现，"带有极性取代基的芳香环化合物（如酚类、萘酚和苯甲醇）"可产生与传统航空燃料相当的密封件溶胀性能[22]。Corporan 等的另一项研究重点关注了来源于不同原料的六种潜在的航空燃料替代品，并将它们与 JP-8 燃料的密封件溶胀性能、排放性能进行了对比[23]。作者使用 Shell 公司、Sasol 公司和 Rentech 公司的费托燃料、R-8、亚麻荠油和牛油脂加氢处理可再生航空燃料进行测试，发现它们能够使丁腈橡胶 O 形密封圈膨胀 7.0%～9.6%，但与 JP-8（16.6%）相比仍未处于同一水平上。表 8-1 转载了他们的研究结果。

表 8-1　丁腈橡胶溶胀体积

燃料类型	溶胀体积 /%
费托燃料（Shell 公司）	9.6
费托燃料（Sasol公司）	9.5
费托燃料（Rentech 公司）	7.8
R-8	7.0
亚麻荠油加氢处理可再生燃料	9.1
牛油脂加氢处理可再生燃料	8.6
JP-8	16.6
S-8（合成油公司，Syntroleum）	8.1

替代燃料与目前航空燃料相比，虽然确实具备一定的密封件膨胀特性，但仍具提升空间，还需进一步研究以识别出可增强替代燃料密封件膨胀能力的芳香烃或添加剂种类。

除了对燃油系统的影响外，还需考虑新燃料对环境和燃烧性能的影响。在 APU 的测试中，纯替代燃料，如 SPK 和全配方合成航空燃料的颗粒物（PM）排放量相当低[24]。Bulzan 等发现，当采用纯费托燃料（含 0.6% 芳香烃）测试时，燃油系统会出现泄漏，而在其中掺混了 JP-8 燃料后，问题得到缓解[25]。这表明，在评估燃料芳香烃含量时，不仅要考虑排放，也要考虑对密封件溶胀性能的影响。

Corporan 等通过对六种替代燃料的研究发现，与传统航空燃料相比，发动机在低工况时替代燃料降低颗粒物排放量的效果更为显著。在慢车工况和巡航工况下，颗粒物排放指数分别降低 90% ～ 98% 和 60% ～ 80%，CO_2 和 NO_x 排放则变化不明显，CO 和未燃碳氢化合物（UHC）分别降低 10% ～ 25% 和 20% ～ 30%。DeWitt 等发现，芳香烃添加剂会增加碳烟排放。研究者通过将三种市售芳香烃溶剂与费托燃料混合，并在 T63 燃气轮机中进行了排放测试，发现随着芳香烃分子量和芳香烃浓度的增加，密封件溶胀性能有所提高，但同时也会增加颗粒物的排放量[26]，这种影响与芳香烃溶剂种类无关。

减少对现有燃料的依赖并降低其对环境影响的一个办法是将其与新燃料混合使用。这也有助于降低某些替代燃料因芳香烃含量不足而造成的不利影响。Corporan 等在 T63 涡轴发动机和研究用旋流流动燃烧室中测试了 JP-8 和费托工艺航空燃料（synjet）不同混合比例的影响[27]。在巡航和慢车工况下，随着合成燃料比例的增加，颗粒物的数量和质量都出现降低。在 T63 发动机中使用合成燃料对气态污染物排放量的影响较小，只有硫氧化物排放量出现明显降低。

在旋流流动燃烧室当量比 0.6 ～ 1.1 的不同工况下，测试了几种合成燃料与 JP-8 混合燃料的燃烧性能，其主要结论与 T63 发动机中的实验结果一致：SO_2 浓度随着混合物中合成燃料比例的增加而降低。尽管 T63 发动机和研究用燃烧室的测试工况存在一定差异（主要是燃烧压力和当量比），但两项实验结果均表明，将合成燃料与 JP-8 混合可减少颗粒物排放，如图 8-7 所示。另一项研究是在 DC-8 飞机的 CFM56-

2C1 发动机上测试了 4 种替代燃料[25]。这些燃料包括 2 种纯费托燃料、2 种体积比为 50%/50% 的费托燃料与 JP-8 燃料的混合燃料。在这些研究结果中尤其值得注意的是，从燃烧的角度上来看，所有测试燃料在发动机中的表现都差不多。另外，有趣的是其中一种费托燃料在更高的工况下 NO_x 排放量反而更低。在所有燃料流量工况下，纯费托燃料和混合燃料在碳烟质量排放量方面均优于 JP-8。此外，在飞机 APU 上进行了纯费托燃料和 JP-8 燃料的排放性能对比实验发现，在不同工作温度下，相比 JP-8 燃料，纯费托燃料的碳烟质量排放量也明显较小，而 NO_x、CO 和 UHC 排放量有少许优势。另一项研究中，将脂肪甲酯（Fatty Methyl Esters，FAMEs）、费托燃料分别与 Jet-A1 燃料进行混合并测试，其结果与 Jet-A1 燃料基准数据相比，上述混合的替代燃料具有更低的质量和数量排放指数[28]。上述所有替代燃料的排放均显示出良好的结果，尤其是在颗粒物排放方面。因此，有必要对既能提供适当的密封件膨胀特性又不会显著增加排放量的合适芳香烃开展进一步研究。

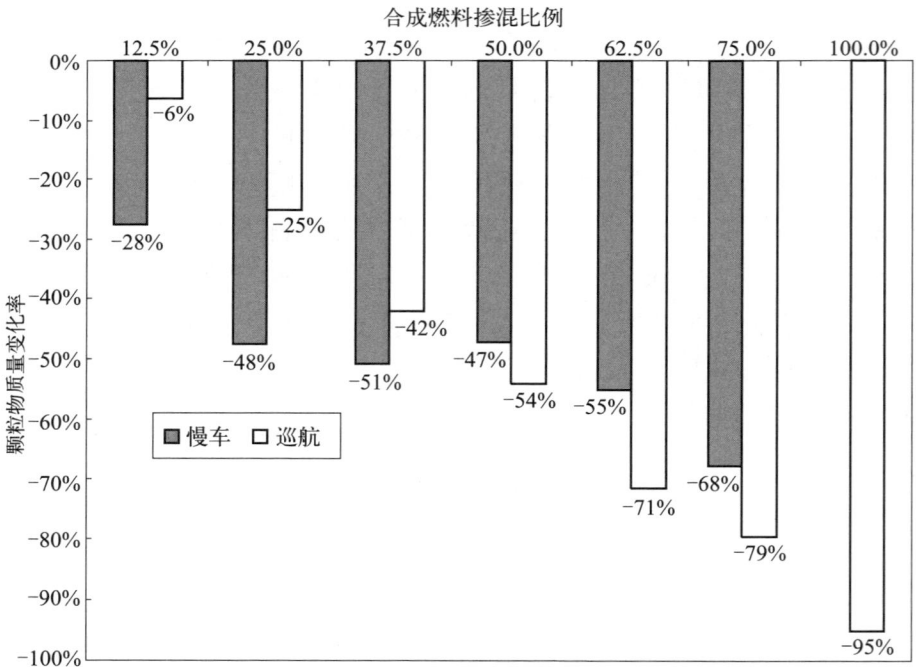

图 8-7 T63 发动机巡航和慢车工况下颗粒物质量排放量随合成燃料比例的变化规律

减少对石油的依赖不仅带来环境优势，还可能带来战略优势。有效应用该技术的国家能减少对国际石油市场的依赖，进而有利于后勤和能源供应。2007年，美国空军将一种费托混合燃料在 Boeing 公司 B-52H 战略轰炸机平台上进行了测试，测试项目包括全混合燃料的常规飞行实验和寒冷天气飞行实验，以测试新燃料的热安定性。基于上述成功的测试结果，美国空军将机队中的其他飞机（如 Boeing 公司 C-17 运输机和 Lockheed Martin 公司的 F-22 隐形空中优势战斗机）也纳入合成燃料测试计划，并于2010年开始进行[23, 29]。

8.1.3　替代燃料的工艺

美国运输部报告（2002年）指出，替代燃料工艺需通过严格的审查才能批准用于商业用途，其标准必须在 ASTM D4054 中公布，获批准的工艺必须在 ASTM D7566 中公布。截至2019年，已有10种工艺获得批准，下面列出了部分工艺及获批日期[30]：

① 费托燃料—SPK（2009年）；

② 酯类和脂肪酸类加氢（HEFAs）—SPK（2011年）；

③ 加氢发酵糖—合成异构烷烃（2014年）；

④ 醇喷合成燃料（AtJ—SPK）（2016年）；

⑤ 催化水热裂解航空燃料（Applied Research Associates' Catalytic Hydrothermolysis Jet，ARACHJ）（2020年）；

⑥ 加氢烃/酯/脂肪酸合成煤油（HC-HEFA）（2020年）。

这些不同路径制备的燃料可以作为"即用型"添加剂。由于不同工艺下制备的燃油组成成分不同，因此被允许添加的比例也不同。其中，高芳香烃和高非环烷烃含量的燃料只允许进行低浓度添加。

8.2　热安定性

在所有航空燃料的标准化规范和要求中，燃料及替代燃料的热安定性因其重要性突出而备受研究者关注。为深入理解热安定性问题，研究者首先必须明确其定义。Hazlett[7] 指出，燃料热安定性的好坏可通过其抵抗降解的能力来评估，而燃料降解会降低发动机性能。燃料热安定性（或称为热氧化稳定性）由航空燃料组分，包括添加剂和微量组分和系统工作环境共同决定。

8.2.1 自氧化

如前所述，航空燃料可作为吸收燃气涡轮发动机热量的介质。因此，燃料会历经热氧化作用，其内的烃链在热氧化作用下与溶解氧发生反应生成氧化产物[31]。这些反应是通过一系列自由基反应路径进行的，被称为自氧化。自氧化路径通常被归类为本体反应和表面反应，两者独立发生，但可能相互影响。不同发动机工况下，自氧化速率会有显著差异。在大工况时，发动机产热增加导致燃料自氧化速率远高于慢车等低工况下的速率。燃料在燃油系统中的流动速度也会影响其自氧化速率。例如，飞机在下降过程中，燃料流量骤减，为氧化反应提供了更长时间。随着反应进行，烃类物质氧化程度加深，并且在非极性燃料中的溶解度降低。氧化产物开始聚集并进一步反应，生成更大规模的极性产物。最终，因氧化产物极性过强，而从液体中析出，生成沉淀物和沉积物。

燃油系统被设计成热沉从而吸收飞机各部件的热量，但如果燃料被加热至 140℃ 左右时，会开始发生自氧化反应并降解。在此温度下，烃类物质与燃料中的溶解氧（约 70×10^{-6}）发生反应，并生成碳质沉积物。尽管已发展出燃料脱氧、降低温度、添加剂和表面涂层等各种方法以缓解该问题，但目前尚未获得普适性的解决方案[32]。

如图 8-8 所示，自氧化反应起始于烃自由基（R·）的形成，其机理尚未完全明确。烃自由基与燃料中的氧发生反应生成过氧自由基（RO_2·），然后与烃基燃料（RH）反应生成氢过氧化物（RO_2H）和又一个烃自由基（R·），从而形成循环链反应。酚类抗氧化剂（AH）和氢过氧化物分解剂（SH，如硫化物和二硫化物）可减缓氧化进程[32]。West 等指出[33]，当温度低于 120℃ 时，链反应的主要产物为氢过氧化物，而当温度继续升高时，分解会出现，并生成自由基，从而加速氧化。值得注意的是，溶解金属物质和有机酸对此类分解有催化作用。正如 Jones 等指出的，氢过氧化物也会与燃料中的活性含硫组分反应，从而加速沉积物的生成[20]。

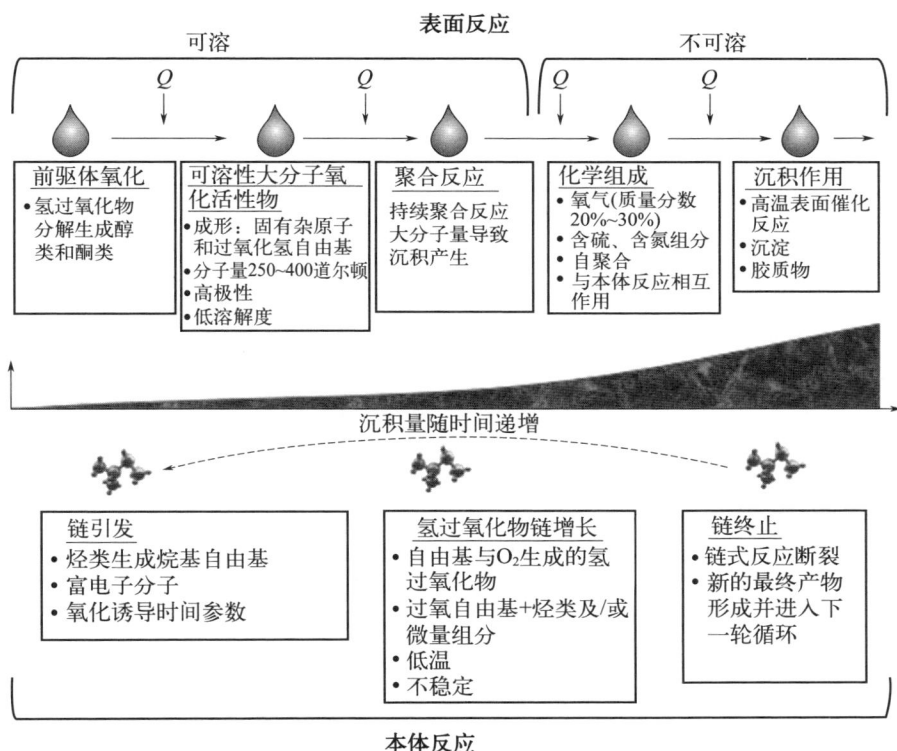

图 8-8 表面反应和本体氧化反应导致的沉积生成

　　航空燃料是包含多种不同组分的复杂系统，即使微量的组分也可能对自氧化和热安定性影响显著。已经有多项研究探讨了微量组分对自氧化反应链的影响，自氧化反应链在燃料热安定性的影响因素中占主导作用，因此设计实验来研究氧消耗速率是非常重要的。为了进一步了解自氧化链反应过程，人们开发了化学动力学模型，模拟自氧化过程中的主要化学反应机理。Zabarnick[34] 在 20 世纪 90 年代初提出了一个模型，表明过氧自由基在与氧和抗氧化剂反应时起到主导链终止的作用，如图 8-9 所示。这一过程在低浓度时会降低氧化速率，但在高浓度时效果相反。论文还指出，氢过氧化物在高温下会发生热分解，并产生更多的自由基，其作用不可忽视。Kuprowicz 等 [32] 进一步提出了包含 18 步反应机理的改进动力学模型，并提供了活化能和指前因子，如表 8-2 所示。

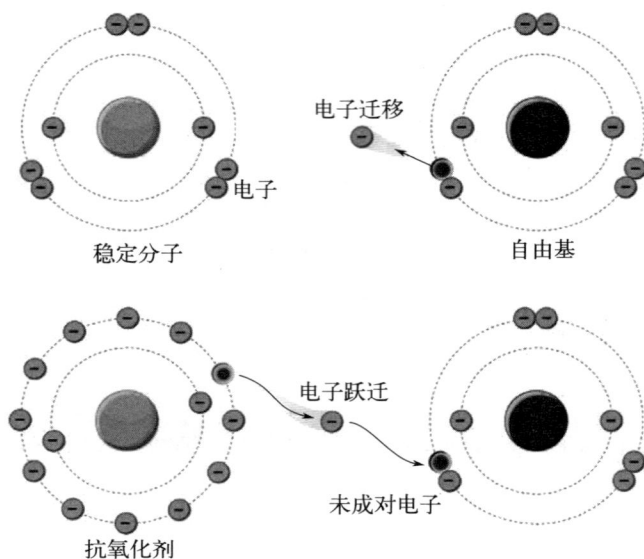

图 8-9 抗氧化剂和自由基的示意图

表 8-2　航空燃料自氧化的 18 步化学动力学机理

序号	反应方程式	指前因子 A /[mol/（L·s）]	E_a/（kcal/mol）
1	I ⟶ R·	1×10^{-3}	0
2	R· +O$_2$ ⟶ RO$_2$·	3×10^{9}	0
3	RO$_2$· +RH ⟶ RO$_2$H+R·	3×10^{9}	12
4	RO$_2$· +RO$_2$· ⟶终止	3×10^{9}	0
5	RO$_2$· +AH ⟶ RO$_2$H+A·	3×10^{9}	5
6	A· +RH ⟶ AH+R·	1×10^{5}	12
7	A· +RO$_2$· ⟶产物 $_{AH}$	3×10^{9}	0
8	R· +R· ⟶ R$_2$	3×10^{9}	0
9	RO$_2$H ⟶ RO· + ·OH	1×10^{15}	39
10	RO· +RH ⟶ ROH+R·	3×10^{9}	10
11	RO· ⟶ R$_{prime}$· + 羰基基团	1×10^{16}	15

序号	反应方程式	指前因子 A /[mol/(L·s)]	E_a/(kcal/mol)
12	•OH+RH $\longrightarrow$ H$_2$O+R•	3×10^9	10
13	RO• +RO• $\longrightarrow$ RO$_{term}$ •	3×10^9	0
14	R$_{prime}$ • +RH $\longrightarrow$ 烷烃 +R•	3×10^9	10
15	RO$_2$H+SH $\longrightarrow$ 产物 $_{SH}$	3×10^9	18
16	RO$_2$• $\longrightarrow$ R• +O$_2$	1×10^{16}	19
17	RO$_2$• +R• $\longrightarrow$ 终止	3×10^9	0
18	RO$_2$H+M $\longrightarrow$ RO• + •OH+M	3×10^9	15

如前所述，航空燃料是一种复杂的混合物，含有多种烃类链结构和微量组分，如硫、氮、金属和氧化物等。虽然燃料的大部分宏观特性在储存或工作过程中能够保持稳定，但其内部发生的化学反应可能形成如氢过氧化物等不良产物，进一步生成不溶性物质或胶质，并最终导致某些特性恶化[7]。尽管这些微量组分浓度极低（×10^{-9} 一级），却对燃料的热安定性具有显著影响。该过程始于燃料中烃类与溶解氧的反应，进而引发自氧化链式反应，如图 8-10 所示，这将在下一节中进一步讨论。碳质沉积物的形成不仅会带来安全风险，还可能导致发动机故障并增加航空公司的运营成本，因此需要通过添加适当的添加剂来予以抑制[35]。

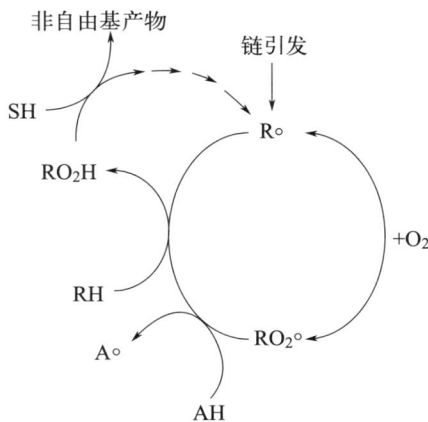

图 8-10 自氧化反应过程示意图

[显示了过氧自由基抑制剂（AH）与氢过氧化物分解剂（SH）的作用]

8.2.2　沉积形成机理

沉积物能够减少燃料吸收的热量、降低换热器效率，也能够造成燃油系统的压损额外增加，因此理解其形成的底层机理非常重要。Moses[36] 指出，燃料吸收热量并由此引发的化学反应中会形成不溶性胶质，随后该胶质向内壁附着并形成碳质沉积物。

几十年来，极性芳香烃化合物一直被怀疑是燃料存储和高温条件下形成沉积物的初始原因[37]。这能够被自氧化机制的最终产物具有极性并包含了高浓度的氧和硫的现象所解释[38]。这些氧化最终产物的极性会导致它们聚集、反应，并最终生成不溶于燃料的大分子。尽管 Hardy 和 Wechter 在 20 世纪 90 年代的研究主要针对柴油馏分燃料[39]，但他们仍揭示了可溶性大分子氧化活性反应物（Soluble Macromolecular Oxidatively Reactive Species，SMORS）的机理，这也可用于解释航空燃料中的沉积物形成机理。在存储超过 6 个月的燃料中发现，萃取诱导沉淀（Extraction-Induced Precipitate，EIP）的质量与稳定性实验中观察到的不溶物（SMORS）的质量呈现比例关系。后来，Aksoy 等[40] 将 SMORS 的启动机制概念化为以下反应流程：当燃料中的自带苯酚自氧化形成醌时，它会与富电子芳香烃（如咔唑）发生反应，并最终形成轻质量的 SMORS，如图 8-11 所示。

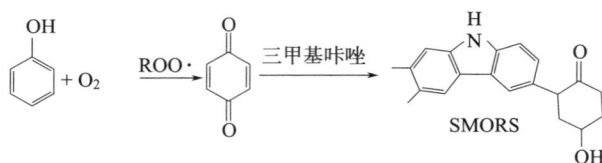

图 8-11　SMORS 机制示意图

Beaver 等认为[41]，沉积物形成的主要步骤是自氧化链的产物（亲电体）与富电子芳香烃偶联，从而生成 SMORS。此外，具有亲电能力和亲核能力的 SMORS 还会通过进一步反应增加沉积物的生成量。

在后续研究中，Kabana 等提出了一种更为详细的反应机理[38]，也基本遵循了图 8-11 所示原理：首先，酚类化合物通过过氧自由基链机制氧化，形成共振稳定自由基；随后，这些自由基与第二个过氧自由基反应生成苯醌（如图 8-12 的步骤 3）；在步骤 4 中，醌类化合物作为强亲电体有能力攻击其他分子，与富电子芳香烃发生亲电芳香烃取代反应（EAS）；在步骤 5 中生成醌二聚体；最终，在步骤 6 中，通过 EAS 和氧化反应，形成化合物 [3]，这恰好与之前研究的沉积物[38-40]精确吻合。图 8-12 给出了该机理的视觉化图示。

沉积物的形成，会在发动机燃油系统内壁与航空燃料之间形成一个隔热层。该隔热层会阻碍热量向燃料传递，迫使发动机以更高的温度运行，以确保燃料在燃烧过程中释放足够的热量供发动机正常工作。这会导致发动机整体效率降低、排放增加，给环境带来不利影响等后果。另外，沉积物形成后，需要定期检查并清除过滤器的堵塞物，从而提高航空公司的运营和维护成本。因此，燃料热安定性研究仍需积极推进，最大限度地抑制沉积物的形成。

8.2.3　氧化化学

尽管现有标准对燃料进行了规范，但其化学成分和特性仍存在显著差异。因此，探讨燃料中的组分以及这些组分如何影响燃料的特性及其对燃料化学性质的影响是非常重要的。烃类是航空燃料的主要成分，每个烃类家族或基团对燃料特性的影响都各有差别。航空燃料中的烃类包括直链正构烷烃、支链异构烷烃、不同大小的环烷烃、芳香烃和潜在的不饱和烯烃，如图 8-13 所示。

很明显，航空燃料是一种复杂的化学成分混合物，反应后会生成不溶性沉淀物和沉积物，进而在使用过程中出现问题。这是因为燃料中的烃类与溶解氧发生了反应。这些反应通过自由基化学机制进行，形成了过氧化物和其他烃自由基。氧化反应首先是从燃料烃化合物中夺氢反应开始的。金属表面、溶解金属或燃料中的过氧化物都可能导致夺氢反应的出现。然后，烃自由基与溶解的氧发生反应，形成过氧化物自由基，从而引发氧化反应[33]。烃类之所以不能直接与燃料中的氧气发生反应，是因为它们是闭壳层单线态物质，而

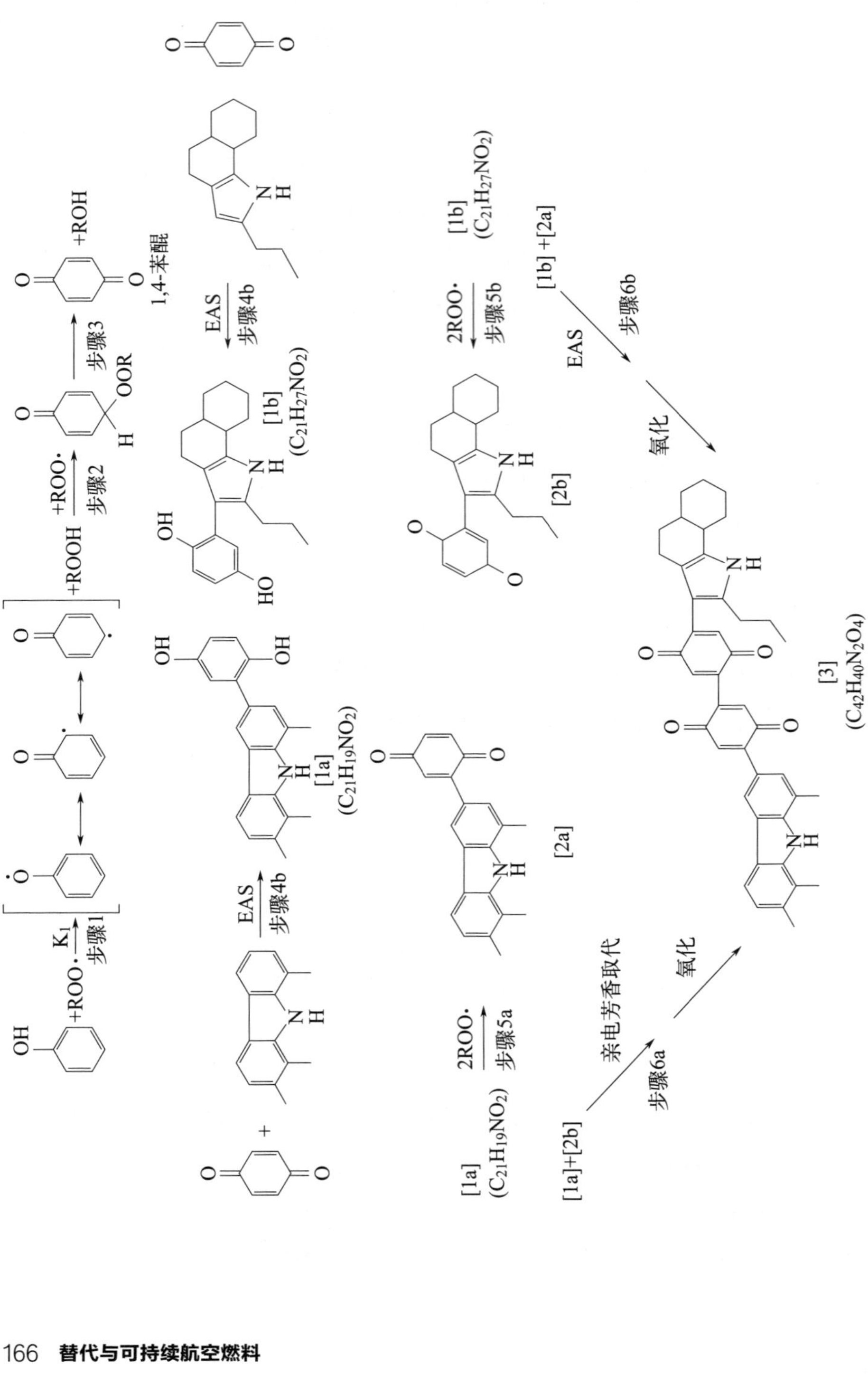

图 8-12 航空燃料沉积形成的 SMORS 机制

氧气处于三重自旋态，有两个未成对电子。处于不同自旋态的两种物质之间的反应速率较低，反应必须遵守角动量守恒定律（包括电子的角动量）。同时，反应涉及两个电子解除配对时，也会影响过氧化氢的裂解速度。

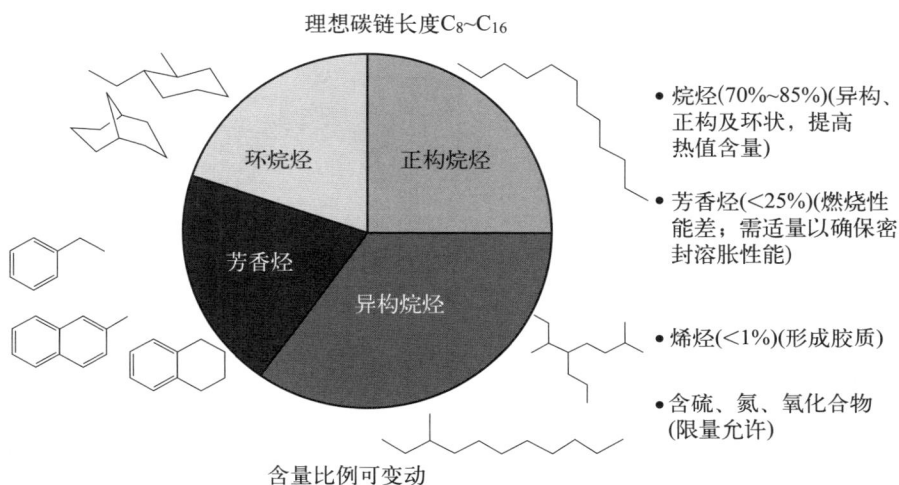

图 8-13　航空燃料中的烃类别

　　烃自由基和过氧化物可通过夺氢反应和自由基终止反应进一步生成初级氧化产物[34]。目前，研究者已建立多种机理来描述此类产物的形成过程。其中部分机理是由 Zabarnick 等提出的，包括金属和硫在燃料氧化过程中的作用。上述反应的产物包括醇类、醛类、酮类（图 8-14）和醚类。这些物质的极性高于大多数烃类燃料，因此会聚集在一起，以降低其与非极性烃类之间的负焓相互作用。

　　此类聚集作用使初级氧化产物相互靠近。随后，含氧化合物与燃料中的杂原子化合物发生反应，生成更大分子的部分可溶性物质。这些反应继续形成分子量更大、极性更强的物质，直到它们不再溶于航空燃料。此类反应被认为通过一系列自由基反应机制和包含芳香烃氧化产物及杂原子化合物的亲电子芳香烃取代反应协同进行。这就是前文所述的 SMORS 机制，由 Hardy 等提出，并经过 Beaver 等发展完善[38,39]。

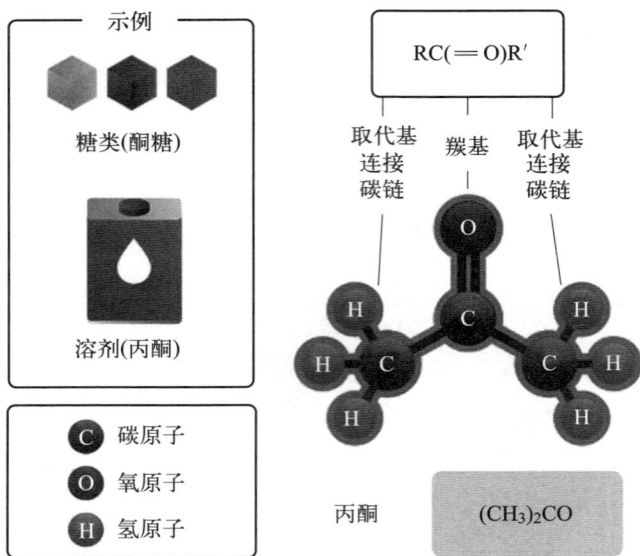

图 8-14 酮类化合物示例 - 丙酮分子结构

此类高分子量的极性物质具有较高的杂原子和芳香烃含量。在储存温度下，它们聚集在一起形成不溶性沉淀物。当工作温度升高时，这些反应不仅会加快，其产物还会与燃料系统部件的表面结合，生成不溶性沉积物。这表明，其与燃油系统表面物质生成化合键进而黏合并不是无障碍的，需要在燃油系统中输入更多能量，这通常是由于温度升高、动能增加所带来的。文献指出，表面的初始沉积物含有高浓度的硫。因此，在高温条件下，不溶性沉积物中的硫必须能够通过化学吸附作用与表面结合，形成强共价键。然后，吸附的初始沉积物浸润在液相中，能够通过相同的机制发生反应，随着时间推移，不断增加沉积物的质量。以上所有过程构成了全局氧化机制的完整图像，描述了沉淀物在储存温度下的形成，阐述了在更高温度下沉积物生成与燃料热安定性的关联[42]。

烃类化学结构对其氧化速率影响的早期研究工作始于聚合物工业领域，主要研究其作为单体的应用（图 8-15）以及作为燃料的热安定性之间的关系。Mayo 等与 Taylor 等研究了包括芳香烃在内的多种饱和烃和不饱和烃的氧化速率[43,44]。研究发现，烯烃（尤其是苯乙烯）对自由基组分具有极高的反应活性，易形成大分子产物。在氧化条件下，这些产物中也会含有大量的氧。目前还不清楚苯乙烯是在聚合前呈单体时被氧化,还是形成带有高芳香烃稳定性氧化物的延伸低聚物体系后被氧化。由于苯乙烯单体的聚合速度很快,一旦开始反应,通常被认为是先形成低聚物体系再被氧化的。

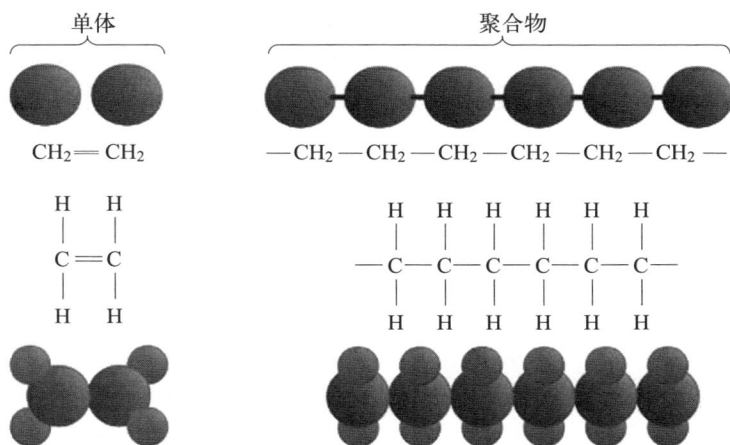

图 8-15 单体分子与聚合物分子的示意图

　　文献研究表明,所有烯烃对热安定性均具有负面影响。此类化合物会通过与初始自由基发生反应并蔓延,在燃料中形成低聚物。此外,烯烃很容易被氧化,其不饱和双键旁边的氢原子很容易被夺取,生成的自由基通过与双键共轭而稳定。烯烃还容易与燃料中的含氧产物发生加成反应,生成结构复杂的含氧化合物。因此,烯烃对燃料特性没有任何好处,被视为不良组分并需要被剔除在外。

　　烷烃分为环烷烃和非环烷烃两类,后者可以是直链结构,也可以是支链结构[45]。通过研究支链对夺氢反应的影响时发现,三级碳原子反应活性更高,容易形成自由基产物。其机理为,相邻的碳原子向电子稀缺的自由基中心提供了电子(呈电子密度云形式),通过诱导效应稳定了自由基。法国石油研究院(IFPEN)通过实验发现,碳链长度的增加会缩短燃料的诱导期,但碳数达到 12 及以上时趋于稳定。即使不同碳链长度的烃类混合物也显示出了线性响应特征,这表明该现象与烃类碳链末端碳原子数与链碳总原子数的比例有关。该结论支持了夺氢速率通过诱导效应与自由基稳定性的理论。

环烷烃对热安定性的影响尚有争议。与异构烷烃相比，它们的密度更大。这就意味着，如果环烷烃表现出比芳香烃更好的热安定性，那么就可以在不降低燃料热安定性的前提下提高飞机的航程（燃料密度更大）。已有研究表明，环烷烃不会延长诱导期，因此不会在燃料中起到抗氧化剂的作用。与芳香烃相比，环烷烃也不会显著增加沉积物生成量。不过，文献显示，并非所有芳香烃和环烷烃的行为模式都一致，因此在开发燃料之前，需要明确这些机制的本质特征。

8.3　燃料组分与热安定性

由于燃料在设计飞机时习惯被用来作为热沉或冷却剂使用，因此其必须能够承受热氧化作用。此外，当燃料通过燃料系统进入发动机燃烧室时，其温度开始升高，并逐渐发生一系列化学反应。这些反应可能导致燃料中生成可溶的或不可溶的微粒[7,46]。

这些颗粒会对燃料系统中的过滤器和阀门产生明显的不利影响，并可能导致燃料流动中出现堵塞和破坏等问题[47]。进入21世纪以来，燃气涡轮发动机压比的不断提高对燃料的热安定性带来了一些新的问题，高压比会增加润滑系统的热负荷，从而增加对燃料吸热量的需求[48]。由于压比提升，发动机循环热效率不断提高，也相应减小了燃料流量。虽然在仅考虑发动机工作效率时，热效率的提高是非常理想的，这迫使更小体积流量的燃料吸收更多的热量，对燃料的热特性提出了更高要求。发动机热量的增加还会增大旋流器和喷嘴杆等机械组件的对流换热量[51]。所有以上这些因素，不论单独出现或结合在一起都会引发燃料降解，并可能导致与燃料接触区域形成碳质沉积物，就像人体血管中的动脉粥样硬化一样。造成这些沉积物的原因是多方面的，其中一些列举如：燃料组分、燃料温度、热暴露时间、流动特性、油道润湿表面的粗糙度等[7]。

必须考虑燃料组分对发动机部件及环境的负面影响。尽管航空业污染排放占全球总量的占比很小（约占全球化石燃料消耗量的6%[49]），但业界仍致力于开发出能够最大限度降低化石燃料负面影响的新型燃料。通向全合成燃料的道路始于化石燃料与合成燃料的混合，该方法在无需彻底重构现有基础设备的前提下实现技术过渡[49,50]。也许未来会为全合成燃料研发出新的发动机，但此举工程浩大。因此，当前新燃料的开发仍需考虑与已有发动机技术的兼容性，而燃料的组分在此过程中具有决定性作用，也就是说，开发新燃料时，必须考虑其热安定性。

众所周知，全球不同地区的原油组分各不相同，甚至同一油田在不同时间出产的原油，其组分也可能存在波动。原油出产后，经炼制可生产出包括煤油在内的多种不同产物。煤油主要由含 6 ~ 20 个碳原子碳链的不同烃类组成。烃类分子三维示意图见图 8-16。传统航空燃料，如 Jet-A 和 Jet-A1，通过石油分馏工艺制取，属于煤油产品中的特殊分支，一般包含的烃类碳链长度为 9 ~ 16。其碳氢分子链长度决定了燃料的物理状态。而煤油的分子链长度决定了它在常温下呈液态。如前文所述的原油分馏工艺可生产"直馏"煤油，但煤油的制备方法并不仅限于此。另一途径是通过热解或催化工艺将重质石油原料的烃链进行"裂解"，从而制取煤油。

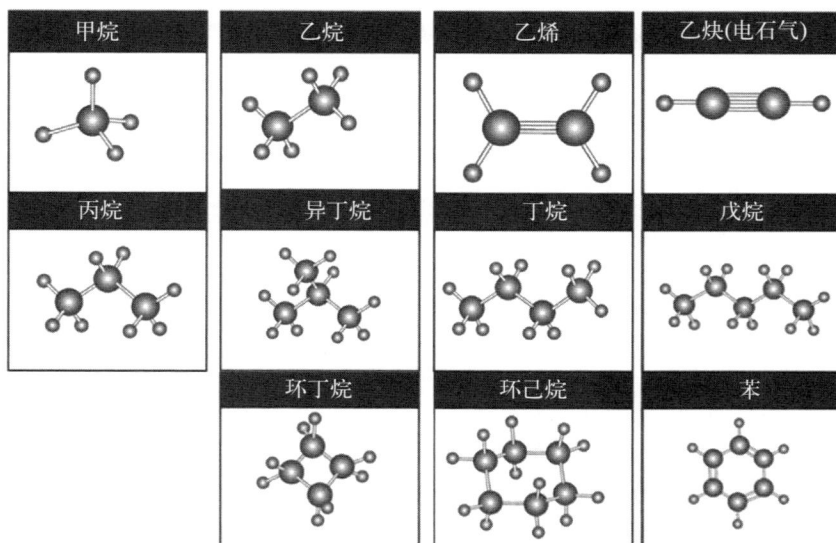

图 8-16 烃类分子三维示意图

由于航空燃料的原料差异很大，因此在初步生产后，会采用多种工艺去除其有害成分。硫、氮等组分经脱除后可使煤油品质提升，其典型方法包括加氢脱硫和加氢处理。即使燃料组分和其精炼过程存在各种差异，航空燃料的基本烃类组成仍可列出如下，具体如图 8-17 和图 8-18 所示[49]：

① 正构烷烃—长链、不分支；

② 异构烷烃—长链、有分支；

③ 环烷烃—包括环状饱和烃；

④ 芳香烃。

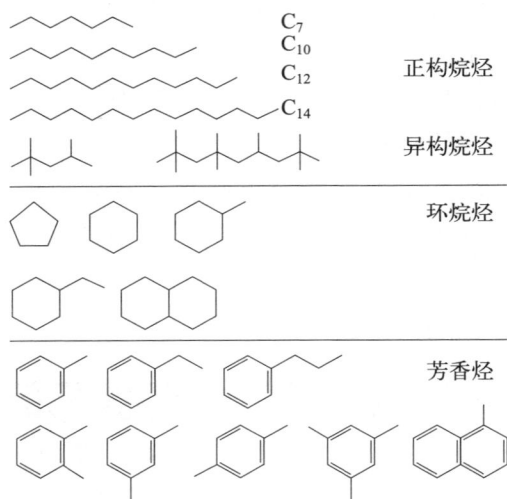

图 8-17 航空燃料成分示意图

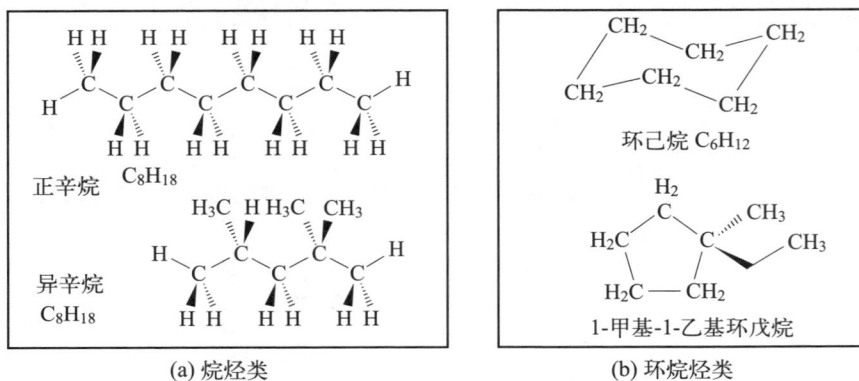

(a) 烷烃类　　　　　　　(b) 环烷烃类

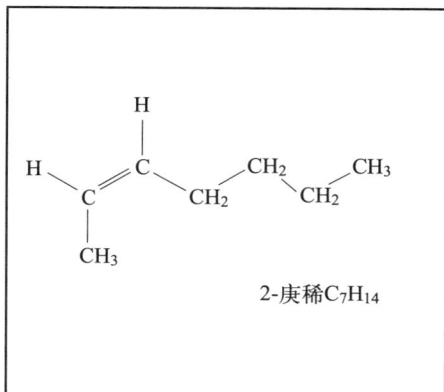

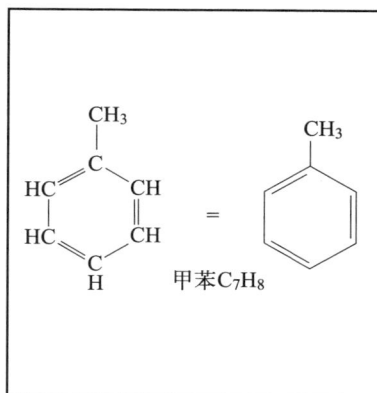

(c) 烯烃类   (d) 芳香烃类

图 8-18   航空燃料中常见烃类结构

8.3.1 烷烃

正构烷烃是碳氢燃料中的主要成分，具有较高的氢碳比。由于正构烷烃结构规整、排列紧密、链间范德瓦尔斯力强，所以具有较高的冰点。它们在低温下的黏度也很高，从而降低了将燃料泵送到发动机的能力。为了解决这些问题，可以添加异构烷烃来降低燃料的冰点并改善黏度。然而，这会降低燃料的能量密度和飞机最大续航能力。随着航空业对高效率的追求，能量密度对发动机耗油率至关重要。为了提高能量密度，可添加芳香烃，但其氢含量低于饱和烃，燃烧性能较差，易生成大量烟气和颗粒物。因此，航空燃料中的芳香烃体积含量被规定不得超过 25%。显然，通过调整不同烃类的比例（由原料决定），可组合出符合燃料标准的多种配方[51]。如图 8-19 所示[51]。

烷烃（通式 C_nH_{2n+2}）是碳链长度各异的有机化合物，也是原油和航空燃料的主要成分[52]。其因分子结构非极性而化学性质稳定，也被称为石蜡烃［paraffins，源自"para（少）"与"affins（亲和）"］和环烷烃[19]。虽然烷烃具有惰性，但在有氧条件下，极易被微生物降解。此类降解在燃料储存和运输过程中尤为常见，需通过添加剂来抑制。

D1655

石油
原油
→ [炼油设施] → 炼油厂处理
重整工艺
流化催化裂化
烷基化，异构化
加氢处理
裂解，焦化

D7566
附录A1

费托合成
煤/天然气/生物质
/城市固体废物 → 气化(CO/H₂),调节合成气
费托合成工艺 → 合成原油

D7566
附录A2

酯类和脂肪酸加氢工艺(HEFA)
油料作物 → 油脂提取加氢分馏 → 链烷烃

D7566
附录A3

加氢处理发酵糖类合成异构烷烃(SIP)
糖类 → 发酵加氢蒸馏 → 法呢烷(C₁₅链烷烃)

D7566
附录A?

醇类转化航空燃料
醇类 → (1) 脱水 (2) 齐聚反应 (3) 加氢 (4) 分馏 → 链烷烃

调合
环烷烃 正构烷烃 芳烃 异构烷烃
→ 喷气燃料

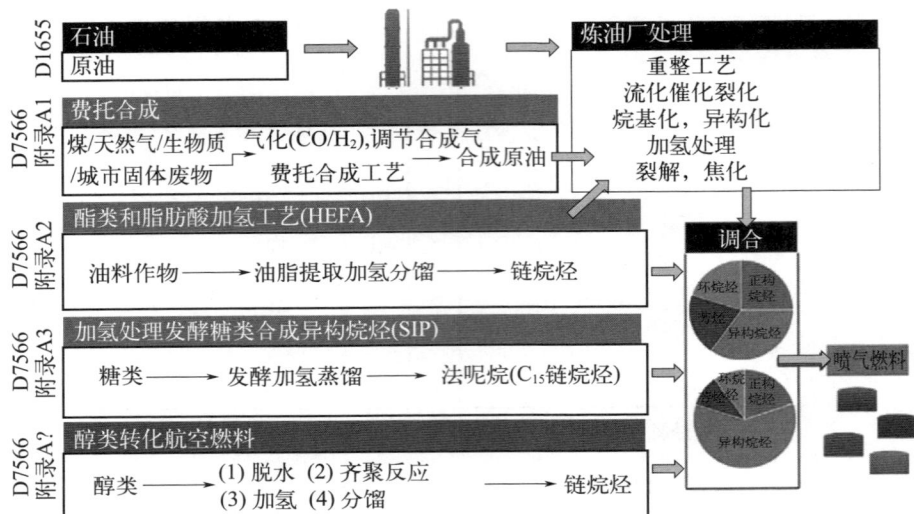

图 8-19　ASTM 批准的合成煤油路径

根据国际纯粹与应用化学联合会（International Union of Pure and Applied Chemistry，IUPAC）的命名规则，碳原子数决定烷烃化合物的名称。例如，最简单的烷烃是甲烷，它是一种直链饱和烃（即所有碳原子都被氢完全饱和），仅含有一个碳原子。不同的烷烃名称中，以"烷（-ane）"为统一后缀。当碳原子数在 1～12 时，分别使用"甲（meth）、乙（eth）、丙（prop）、丁（but）、戊（pent）、己（hex）、庚（hept）、辛（oct）、壬（non）、癸（dec）、十一（undec）和十二（dodec）"等前缀来识别碳原子数目，如图 8-20 所示。一般来说，碳链的长度决定了其在室温下是气态、液态还是固态。碳链长度为 1～4 时为气态，5～16 时为液态，大于 16 时为固态[52]。

烷烃分子的排列对其燃料特性非常重要。烷烃可以是直链（正构烷烃）、支链（异构烷烃）或环链（环烷烃）。

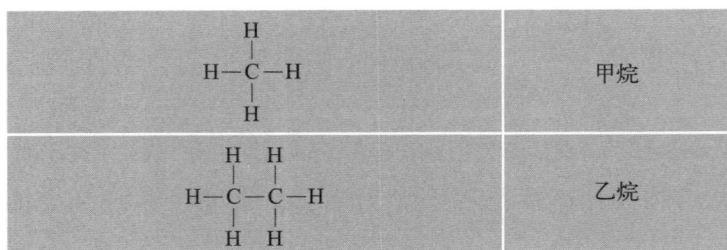

结构式	名称
H－C－H（上下各一个H）	甲烷
H－C－C－H（乙烷结构）	乙烷

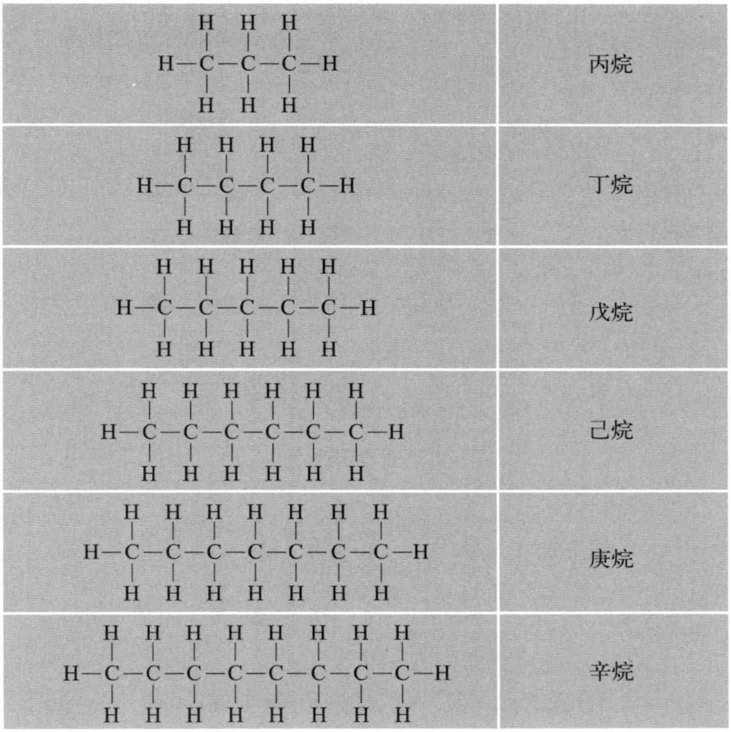

(丙烷 structure)	丙烷
(丁烷 structure)	丁烷
(戊烷 structure)	戊烷
(己烷 structure)	己烷
(庚烷 structure)	庚烷
(辛烷 structure)	辛烷

图 8-20 烷烃分子式示意图

8.3.2 异构烷烃

异构烷烃分子具有对燃烧极为有益的特性，如高比能量和低冰点，其热安定性尤为突出。这些分子是烷烃的特例，被称为异构体。异构体是指两个或多个分子式相同，但原子连接结构不同的化合物[53]。虽然分子式一致，但其物化特性（如沸点）存在差异。连接结构差异主要体现在两方面：一是原子连接顺序不同（称为构造异构）；二是原子在笛卡尔坐标系中的三维排布方式不同，见图 8-18（a）。

8.3.3 环烷烃

相较于正构烷烃结构，环状结构化合物更受青睐[26]。例如，从煤炭或含有环烷烃（图 8-21）的煤、油混合原料中提取的燃料具有更好的热安定性[54]。环烷烃作为一种特殊的烷烃分子，含有一个或多个环状碳结构。环烷烃可增加燃料密度和密封件溶胀性能，从而提高燃料的价值。

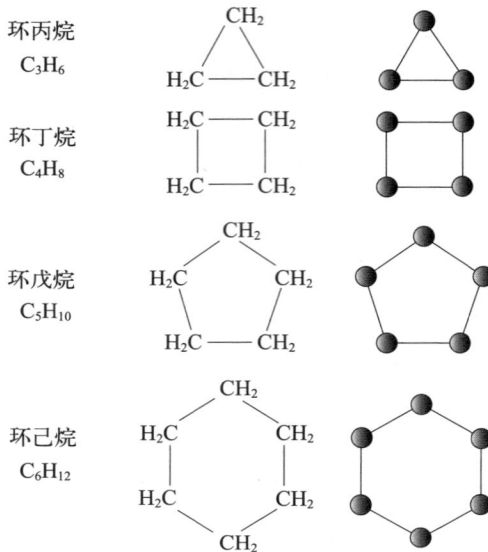

图 8-21 四种环烷烃分子的结构和成分

8.3.4 烯烃

烯烃（通式 C_nH_{2n}）是一种分子中至少含有一个碳 - 碳双键结构的碳氢化合物。其命名规则（芳香烃也一样）在烷烃的基础上，将末尾的"烷（-ane）"改为"烯（-ene）"。此类化合物在原油中含量极少，但在精炼过程会普遍出现[55]。一般通过认证的航空燃料只允许含有微量的烯烃。

8.3.5 芳香烃

航空燃料中允许存在芳香烃，因为它们在体积和重量方面有优势，有利于满足燃料标准所要求的能量密度。芳香烃还有一个有益的特性：丁腈橡胶 O 形密封圈可以将其吸收并发生溶胀，从而增强燃油系统的密封性能[56]。不过，芳香烃会对燃烧性能产生负面影响，需要限制其浓度。芳香烃对航空燃料热安定性的影响十分复杂，目前尚未完全明了，对芳香烃的大多数研究都集中在其燃烧后的影响上（见Almohammadi 的文献[57]）。文献表明，芳香烃可以通过降低沉积速度来提高燃料的稳定性，但会增加沉积物的总量。法国石油研究院（IFPEN）的研究表明，添加芳香烃会延长燃料氧化的诱导期，该效应在含有苄基碳的大分子芳香烃中尤为显著。这一发现支持了 Igarashi 等和 Taylor 等的早期研究工作，他们发现，1-甲基萘（1-MN）对延长燃料氧化诱导期有显著作用。据推测，此现象是在两个芳香烃的共轭作用下使苄碳上形成稳定自由基引起的。

Taylor[58] 在多种芳香烃中观察到同样的现象：随着烃类芳香性的增强，沉积速率呈下降趋势。这进一步支持了以下理论：烃类物质芳香性的提升可增加自由基共振结构的数量，并通过共轭作用稳定了自由基。芳香烃自由基的这种稳定性使其可在航空燃料中发挥抗氧化剂的作用。其作用机制类似于酚类化合物：将来自其他烃类的氢原子提供给产物自由基，从而减少了氧化过程中产生的自由基数量。

尽管芳香烃延长了航空燃料的氧化诱导期，但会增加氧化过程中形成的沉积物总量。测试发现，燃料中添加的芳香烃分子尺寸增大时燃料沉积量也随之上升，其中，1-甲基萘（1-MN）引发的沉积量远超单环芳香烃。这产生了一个矛盾画面：芳香烃更容易被氧化，并形成更多的沉积物，但其沉积速度反而降低。Heneghan 等的研究中也强调了这一点：在燃料中添加抗氧化剂虽然会延缓沉积速度，但会导致总沉积物增加。这表明，虽然抗氧化剂重组（AO$_2$ 重组）的产物形成反应速率远低于过氧自由基重组（RO$_2$ 重组），但前者的产物必然具有更强的沉积倾向。与过氧化物的均裂过程类似，此问题非常具有研究价值：该自由基反应涉及多种复杂自旋态及潜在的产物路径，其重组与产物生成可能受空间原子排列与电子影响，需进行深入研究。

与烯烃类似，芳香烃也由不饱和烃类化合物组成，其分子特征由碳原子的键合方式所决定。图 8-22 展示了一些不同的芳香烃分子的复杂结构。以图 8-18（d）为例，所示的甲苯是具有双键碳原子的环状结构分子，这可作为芳香烃复杂结构的典型代表。在炼油工艺中，芳香烃化合物通常因分子稳定性高而成为最难处理的组分，也较难完全燃烧[59]。芳香烃与烷烃相比，燃烧不够清洁，易产生更高的颗粒物排放。Brem 等的研究[60]证实，现代燃气涡轮发动机燃烧效率已达到99.9%，燃烧产生的烟灰主要来自于燃料中包含的芳香烃，而非燃烧组织不当导致的不完全燃烧。最后需指出，芳香烃的比能量低于烷烃。

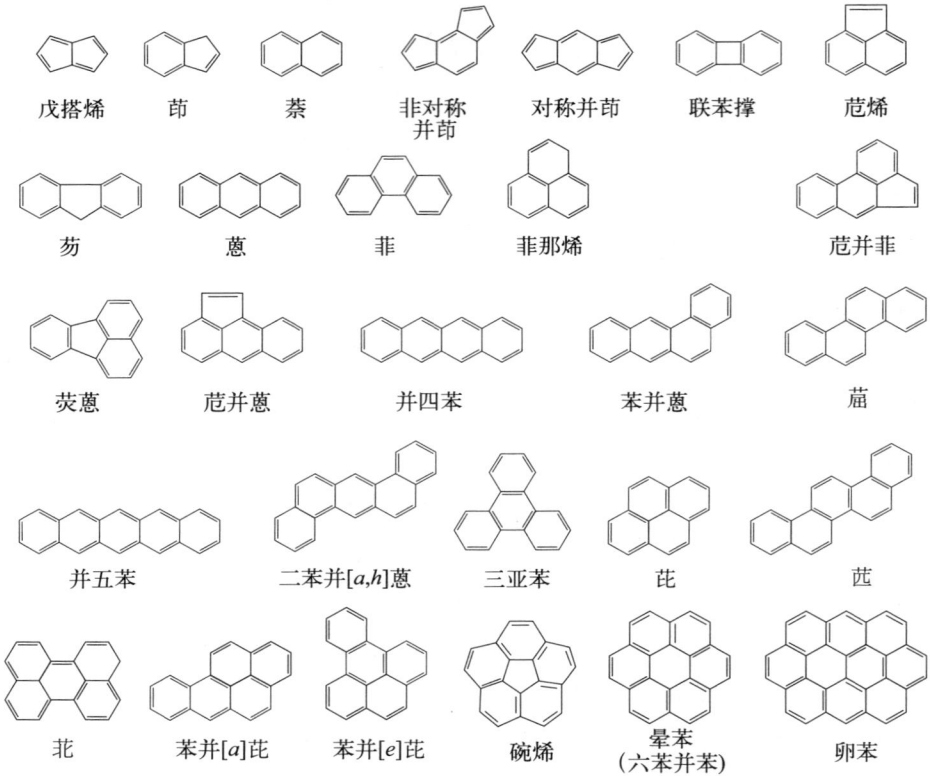

图 8-22 一些多环芳香烃的结构示意图

8.3.6 能量特性

无论是传统燃料还是替代燃料，其性能与价值均基于四大核心指标：比能量、能量密度、排放量及热安定性[30]。比能量为单位质量燃料中含有的能量（MJ/kg），能量密度为单位体积燃料中含有的能量（MJ/L）。比能量与能量密度对航空运营效能至关重要，很大程度决定了满足运输乘客、货物或其他特定任务所需的燃料消耗量。

Kosir，Heyne 和 Graham 针对传统燃料和可持续燃料中 O 形密封圈的溶胀性能开展了相关预测方法研究。采用神经网络技术对未来高性能航空燃料中包含的异构烷烃和环烷烃化合物进行了测试。目前，由于材料兼容性问题，航空燃料中替代燃料的混合比例最高只能达到 50%。为达到目标，研究人员需要精确测定燃料单一组分及混合组分的比能量和能量密度。图 8-23 给出了包含 10 种化合物优化配比的混合燃料测试结果[61]。

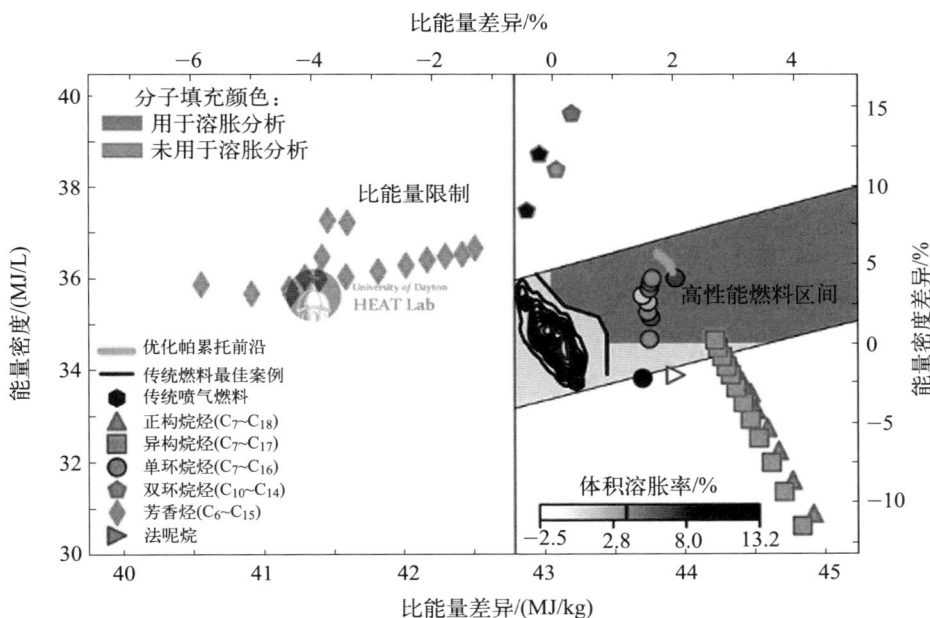

图 8-23 高性能燃料（HPFs）的比能量（SE）
与能量密度（ED）对比图（另见文后彩图）

[帕累托前沿显示异构烷烃与环烷烃混合燃料在满足丁腈橡胶体积溶胀要求及其他操作
限制下的优化区间，并展示 HPF 区域解集的溶液组分和化合物结构（Kosir[61]）]
ED= 能量密度；SE= 比能量

8.3.7　航空替代燃料组分及热安定性

替代燃料或先进燃料可以从生物质、煤炭和天然气等多种原料中提取。目前，传统汽油和柴油燃料已有商业替代品[23]，但功能全面且独立的航空替代燃料尚未获得批准。这些替代汽油和柴油的燃料，也因为其低温性能、燃烧性能、存储/运输安全性等问题与燃气涡轮发动机不兼容，被限制只能用于非航空领域。

目前使用的大多数航空替代燃料只被授权作为混合燃料的掺混组分使用，其比例最多不允许超过50%。每种替代燃料都经过严格审查，并根据其特性单独确定该燃料的最大掺混比例。分析替代燃料的物理特性和化学组分，是确定其最大掺混比例的重要依据，也是研发未来100%航空替代燃料的重要基础。目前科研人员正在开展热氧化作用下的航空替代燃料反应特性研究和测试，他们借助多种仪器［比如气相色谱/质谱仪（GC/MS）、火焰离子检测仪、石英晶体微天平（Quartz Crystal Microbalance，QCM）及排放检测仪器等］。本章后续还将介绍几种热安定性的测试方法。Zabarnick[62]曾使用QCM研究燃料和杂原子组分的沉积特性（图8-24）。随着这些测试仪器的广泛应用，针对具有复杂混合物的航空替代燃料的测试能力大幅提升，这将为开发100%航空替代燃料奠定基础。

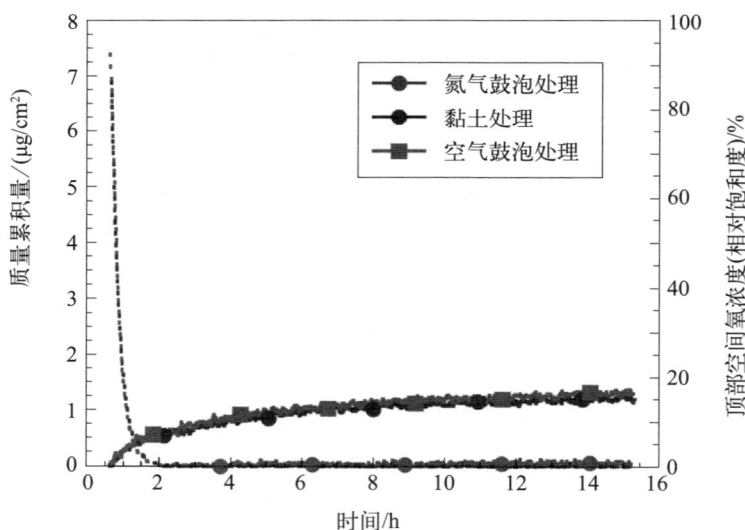

图 8-24 140℃下的沉积量和氧消耗 QCM 曲线（另见文后彩图）

氧化物的定量分析可通过气相色谱/质谱仪（GC/MS）测定，并可用于热安定性研究。了解航空替代燃料不同成分差异对这项研究至关重要。在最近发表于2020年的一篇论文中，研究人员 Mainali

和 Garcia-Perez[63] 使用 GC/MS 得到了 4 种不同替代燃料（Amyris、Gevo、UOP 和 Syntroleum）的化合物组分，识别了其中的痕量氧合物，并对结果进行了量化。结果表明，这些替代燃料的主要组分（质量分数）为异构烷烃（38%）、正构烷烃（28%）、环烷烃（15%）、芳香烃（14%）和烯烃（1.2%）。图 8-25 和表 8-3 给出了 4 种航空替代燃料组分的分析结果。

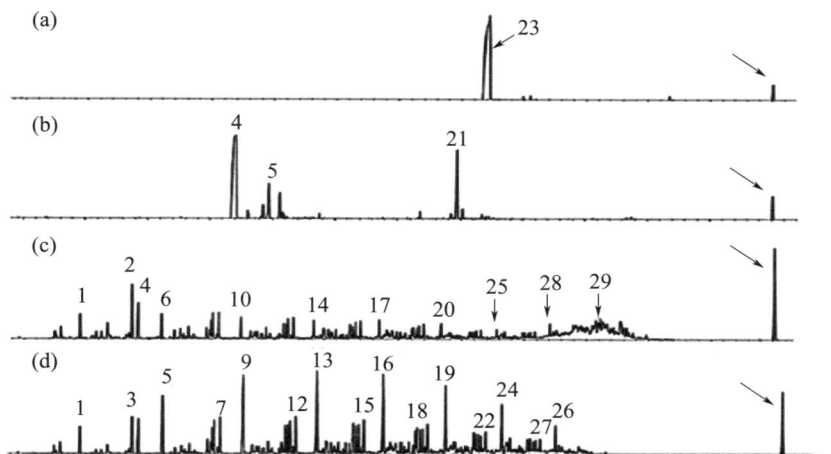

图 8-25 航空替代燃料的气相色谱 / 质谱图

表 8-3 图 8-25 中各类燃料的主要化合物成分

编号	化合物名称	分子式	分类
1	辛烷	C_8H_{18}	烷烃
2	4- 甲基辛烷	C_9H_{20}	烷烃
3	2- 甲基辛烷	C_9H_{20}	烷烃
4	2, 5- 二甲基庚烷	C_9H_{20}	烷烃
5	丁基环戊烷	C_9H_{18}	环烷烃
6	壬烷	C_9H_{20}	烷烃
7	3- 甲基壬烷	$C_{10}H_{20}$	烷烃
8	2, 2, 4, 6, 6- 五甲基庚烷	$C_{12}H_{26}$	烷烃
9	2, 3- 二甲基壬烷	$C_{11}H_{24}$	烷烃

编号	化合物名称	分子式	分类
10	癸烷	$C_{10}H_{22}$	烷烃
11	5- 乙基 -2, 2, 3- 三甲基庚烷	$C_{12}H_{26}$	烷烃
12	3- 甲基癸烷	$C_{11}H_{24}$	烷烃
13	4- 甲基十一烷	$C_{12}H_{26}$	烷烃
14	十一烷	$C_{11}H_{24}$	烷烃
15	3- 甲基十一烷	$C_{12}H_{26}$	烷烃
16	Z-1, 6- 十三碳二烯	$C_{13}H_{24}$	烯烃
17	十二烷	$C_{12}H_{26}$	烷烃
18	3- 甲基十二烷	$C_{13}H_{28}$	烷烃
19	1, 2, 3, 4- 四氢 -2- 甲基萘	$C_{11}H_{14}$	芳香烃
20	十三烷	$C_{13}H_{28}$	烷烃
21	2, 2, 4, 4, 6, 8, 8- 七甲基壬烷	$C_{16}H_{34}$	烷烃
22	3- 甲基十三烷	$C_{14}H_{30}$	烷烃
23	2, 6, 10- 三甲基十二烷	$C_{15}H_{32}$	烷烃
24	1, 2, 3, 4- 四氢 -2, 7- 二甲基萘	$C_{12}H_{16}$	芳香烃
25	十四烷	$C_{14}H_{30}$	烷烃
26	7- 甲基十五烷	$C_{16}H_{34}$	烷烃
27	3- 甲基十四烷	$C_{15}H_{32}$	烷烃
28	十五烷	$C_{15}H_{32}$	烷烃
29	十六烷	$C_{16}H_{34}$	烷烃

2001 年，Dunn[64] 对生物柴油混合燃料进行了研究，结果表明，虽然生物航空燃料是可行的，但有几个热安定性问题必须解决。所研究的生物航空燃料是由生物柴油和 JP-8 燃料混合而成，其中的生物柴油部分（脂肪酸单烷基酯）通过加工植物油、动物脂肪和餐饮废油制

备而成。这种可再生燃料的优势在于可实现本地化生产、易于储存，且相对安全。遗憾的是，这种生物柴油与 JP-8 混合后有许多缺点，包括浊点升高。这直接导致其热安定性降低，从而加剧沉积物的生成，并提高了燃油管路堵塞风险。不过，使用这种生物柴油对环境也有许多好处，例如减少排放和二氧化碳负平衡。

椭偏仪是一种测定燃料沉积量的仪器，其原理不同于航空燃料热氧化实验（Jet Fuel Thermal Oxidation Test，JFTOT），不受燃料组分和基底材料的限制，其结果具有客观性（即可量化、重复性好）。而 JFTOT 需要通过观察颜色进行评估，不同操作者可能存在判读差异。Nash[65] 曾采用椭偏仪对不同组分的替代燃料进行测试，获得了热安定性、沉积物厚度和体积。

用于评估航空替代燃料组分对热安定性影响的分析技术还包括 PetroOxy（氧安定性试验仪）和前面提到的 JFTOT。Amara[45] 使用这两种方法，在四氢萘 / 十氢萘混合燃料（HEFA-SPK）中添加环状分子，通过测试其沉积物的生成情况，验证了该混合燃料具有较高的热安定性。

费托（FT）工艺是生产航空替代燃料的主要工艺之一。实际上，无论任何原料生产的燃料，只要严格符合燃料标准并通过适用的燃料审批流程，都可以用作航空燃料使用。南非 Sasol 公司是全球首个取得 50% 合成混合燃料适航认证的企业，也是首家实现航空替代燃料商业化运营的公司。过去，替代燃料产业一直在采取重要措施以推动商业化运营成为现实。Daggett 等[66] 系统研究了多种商用航空替代燃料的现状。

在所有替代燃料中，FT 衍生燃料具有较好的热安定性，同时其颗粒物（PM）排放量与 Jet-A1 相比少得多[29,67]。FT 工艺通过 CO、H_2 与催化剂触发强放热反应，生成链烷烃。其反应方程式如下：

$$nCO + (2n+1)H_2 \longleftrightarrow C_nH_{2n+2} + nH_2O$$

对于由合成气（CO 和 H_2）制取的合成石蜡煤油（SPK）燃料来说，由于合成气原料经过深度净化处理且杂质含量极低，其热安定性问题通常是可以忽略的。通常，航空燃料热氧化测试仪（JFTOT）被用来评估燃料的热安定性。但由于 JFTOT 测试采用铝制管道，所以无法直接测量断点温度。Bacha 等[68] 使用 JFTOT 对 HEFA-SPK 及掺混了 5% ~ 25% 体积分数的各类不同环状分子组分的 HEFA-SPK 进行了热安定性测试，测试结果如图 8-26 所示。Moses[69] 的最新研究中，对不同半合成航空燃料制成的混合燃料进行了 JFTOT 断点测试，发现被测混合燃料断点温度非常高，表明其热安定性优异。研究还观察到，随着测试管道温度升高，测试结束时测得的沉积物厚度也会增加。研究建议可将 SPK 用来改善燃料的热安定性。

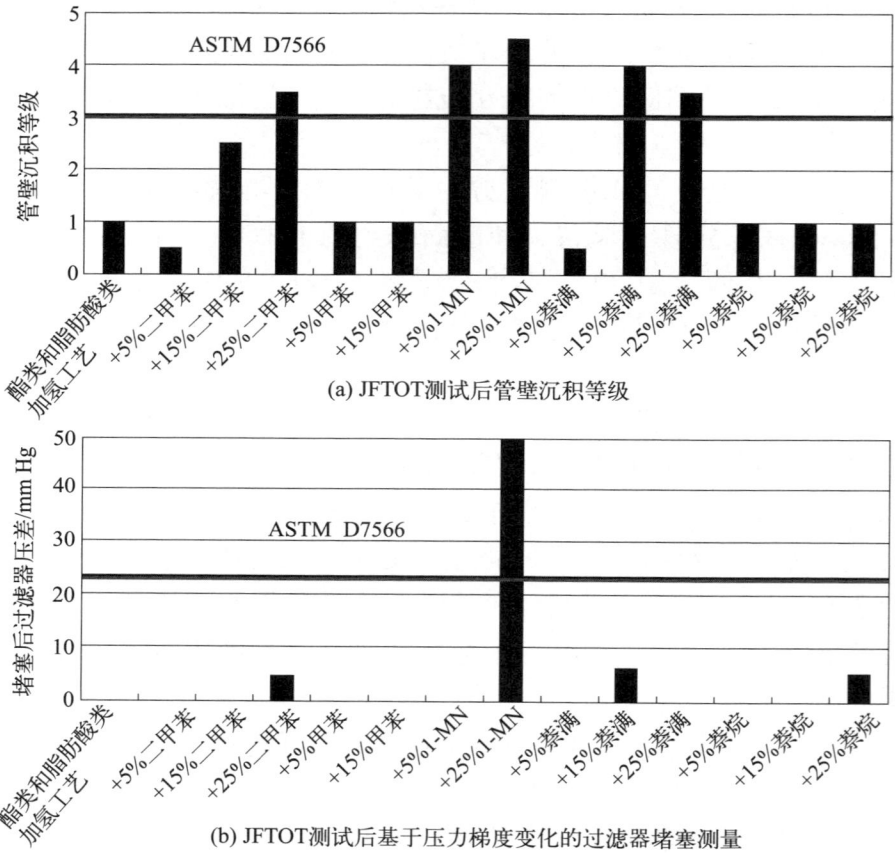

(a) JFTOT测试后管壁沉积等级

(b) JFTOT测试后基于压力梯度变化的过滤器堵塞测量

图 8-26　HEFA-SPK、HEFA-SPK/ 环状分子混合燃料
（5% ~ 25%）的 JFTOT 热安定性评估

在 Corporan 等[23] 的另一项研究中，对六种不同的链烷烃燃料的热安定性进行了测试，并与 JP-8 进行了比较。结果表明，所有被测链烷烃燃料均具有较高的抗积碳能力，并可在高温环境中作为冷却剂使

用。图 8-27 展示了所有被测燃料的顶部空间氧气浓度和沉积物累积质量。从图中可以看出，不同燃料的沉积与氧化特征具有差异，氧化曲线离散度较高。

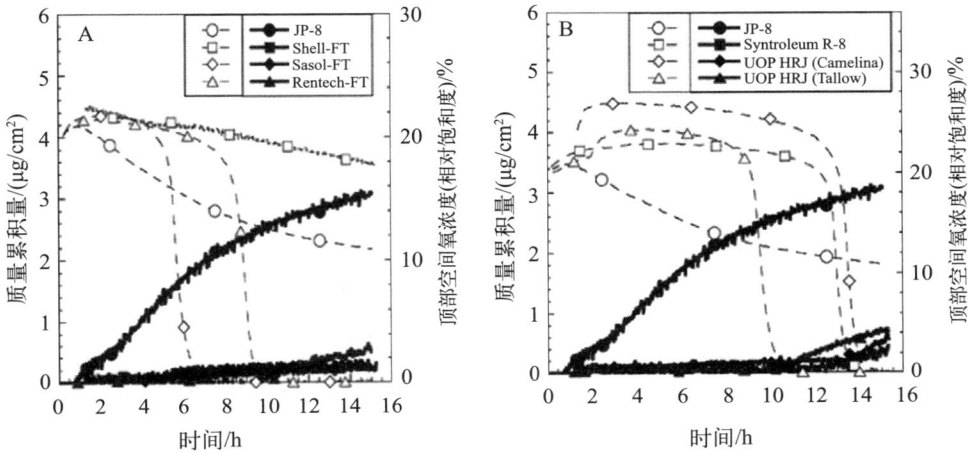

图 8-27　不同替代燃料的沉积物累积质量（实线，实心标记）
与顶部空间氧浓度（虚线，空心标记）变化曲线（另见文后彩图）

8.4　混合燃料

替代燃料组分不仅与化石燃料存在显著差异，不同替代燃料之间也是如此。Pires 等在对多种不同燃料的研究中发现，有些燃料只含有一种组分，而有些燃料则含有数百种组分[70]。与化石燃料相比，替代燃料可能因烃链长度不同而造成组分大相径庭，还可能缺少关键组分。例如，天然气制油（GtL）类合成燃料就不含芳香烃化合物，这成为混合燃料研发的驱动力之一。

不同燃料混合后其组分构成可能呈现显著差异。由于混合可产生近乎无限的组合方式，研究人员正通过调控混合比例（包括添加剂），以更好地了解不同燃料混合后的效果。例如，Braun 和 Riedel 使用了 4 种不同摩尔百分比的 GtL 和 CtL 燃料的合成替代物进行了实验。其中一项研究中，这些混合物的两个主要燃烧特性被重点研究[49]。图 8-28 显示了所研究的每种燃料样本中化学物质含量分布差异。

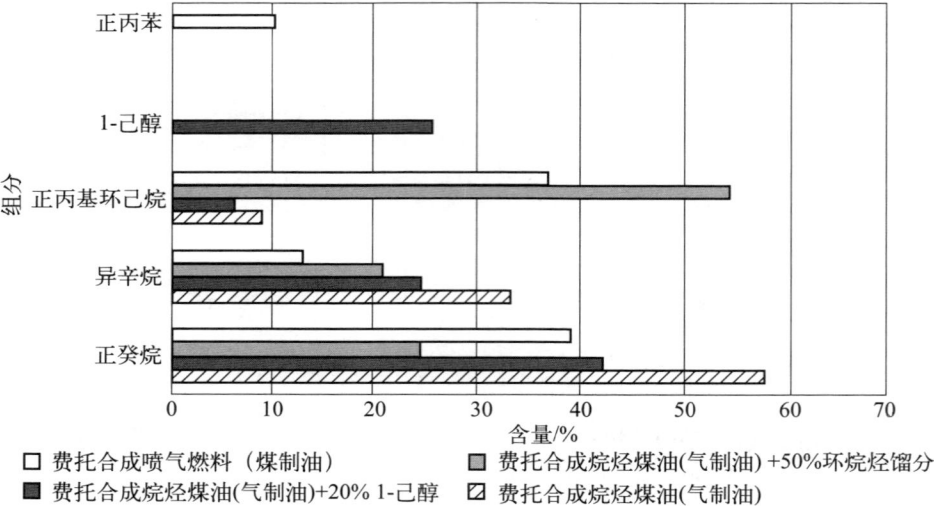

图 8-28 Braun 与 Riedel[49] 研究中采用的燃料混合体系及其组分

如前文所述，研究燃料混合的主要目标之一，是利用不同燃料组分的特性优势。例如，直馏燃料中天然存在的抑制剂有助于减缓自氧化过程[20]。值得注意的是，燃料混合时，也可以将低品质燃料与高品质燃料掺混以带来利益，但该过程也可能对混合燃料的热安定性产生不利影响。Grant 等（1996 年）针对两种商用航空燃料（直馏 Jet-A 和加氢处理的 Jet-A1）进行了实验，测量了耗氧量、氢过氧化物的形成、不溶性和沉积速率。他们精确测量了两种燃料单独存在和不同混合比例时的耗氧量和沉积速率，如图 8-29 所示。实验表明，只有当高品质燃料与低品质燃料以 8 : 1 或更高比例时掺混时，混合燃料的热安定性才会得到改善。

这些新燃料技术的出现要求我们更好地了解，当引入各种组分时，对燃料整体热安定性的影响。以前对烃类的氧化机制进行研究时，将这些燃料视为单一的、宽泛的类别。然而，随着人们对燃料组分的日益关注（尤其对替代燃料），考虑新燃料化学组分对氧化过程的影响就显得尤为重要。反过来，这将为开发具有更高热安定性的先进燃料奠定基础。

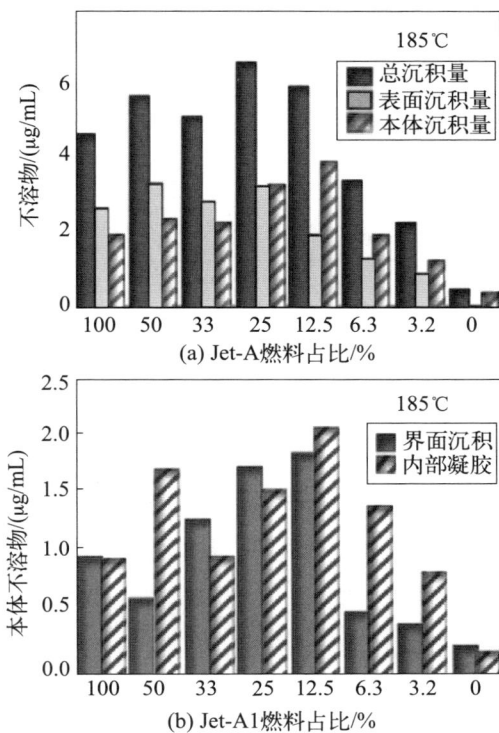

图 8-29 Jet-A 与 Jet-A1 混合燃料中不溶物生成量的直方图

8.5 微量组分

燃料中的烃类成分控制着燃料的主要特性，如图 8-4 所示，而燃料润滑性和清洁度等特性受燃料中微量组分控制，包括极性含氧物质、含硫和含氮化合物以及金属杂质。这些微量组分的种类和浓度取决于燃料的原料及生产工艺。金属杂质，尤其是铜，会对燃料的热安定性和清洁度产生负面影响，它们被认为通过催化作用或与过氧化物的单电子反应，从而促进过氧化物的裂解。含氮和氧的组分（尤其是杂原子芳香烃组分）被认为会与自由基反应生成沉淀物和沉积物，从而对燃料的热安定性和清洁度产生负面影响。并非所有微量组分都会对燃料产生负面影响。硫类组分通过附着在金属表面，能够加速燃料与金属表面之间的滑动，从而提高燃料的润滑性。

燃料中的酚类物质可以作为抗氧化剂，它能够通过向自由基贡献氢原子以减缓其氧化速度，从而提升燃料储存的稳定性[45]。然而，沉积物中出现高浓度的硫和氧的现象表明，这两种组分有可能降低燃料热安定性。

表 8-4　航空燃料质量控制标准特性对照表

类别	特性	航空燃料性质
链烷烃与异构烷烃	单位质量热值高且燃烧清洁；异构烷烃可提供正构烷烃不具备的低温流动性潜力	燃烧性能最优
环烷烃（环烃）	氢碳比较低、单位质量热值较低、密度较高、冰点低于链烷烃	燃烧性能次优
烯烃	燃烧性能良好但具有反应活性	因胶质形成风险，含量限制在 1% 以下
芳香烃	燃料产生烟尘，化学能转化为热辐射的比例高于其他烃类（ASTM D1655—13）	燃烧性能最差
杂原子	硫、氮、氧等元素	限制含量

酚类化合物天然存在于燃料中，也可通过复合添加剂的形式人工添加，以提高燃料储存稳定性。最常使用的抗氧化剂是丁基羟基甲苯（Butylated Hydroxytoluene，BHT），这是一种具有高度空间位阻效应的酚类化合物[18]。其空间位阻特性表现为：当 BHT 向烃类燃料自由基提供氢原子后，形成了新的自由基；由于该自由基的苯环芳香性和自由基位点的空间位阻效应，其性质趋于稳定，反应活性受到抑制，从而减缓了沉积物的生成速率。燃料中还可添加其他复合添加剂，以改善其性能：抗静电剂用于增强燃料导电性，防止燃料意外产生静电火花并被点燃；防冰剂是为了抑制寒冷气候下冰结晶的形成；润滑改进剂是为了改善部分燃料润滑性不足的问题；金属钝化剂可通过与铜等金属离子螯合，阻止其与燃料发生反应。

如上所述，微量组分对航空燃料的热安定性起着重要作用。随着燃气涡轮发动机技术的不断进步，燃料将在更高温度下工作，因此需深入研究各类组分的作用机制，从而抑制碳质沉积物对发动机的负面影响。本节通过文献综述，分别阐述了航空燃料热氧化过程中起作用的关键组分，主要包括抗氧化剂、含硫化合物、溶解金属和氢过氧化物。

8.5.1 ROOH 组分（氢过氧化物）

氢过氧化物（ROOH）是航空燃料中另一类重要组分，其浓度范围为 3 ~ 30μmol/L，在自氧化反应链中起关键作用[32]。Benson 和 Nangia 的研究表明[71]，当系统温度超过 100℃时，氢过氧化物会通过自由基诱导反应分解；在 150℃以上时，由于 RO—OH 键能较弱，氢过氧化物会变得不稳定并发生单分子键断裂。这一过程会产生更多自由基，并加速燃料的自氧化反应。这些氢过氧化物组分可能会与燃料中的其他组分发生作用。如前所述，含硫组分在氢过氧化物的分解过程中发挥积极作用。溶解性金属和有机酸（将在下一节讨论）也被认为是促进氢过氧化物分解的催化剂。尽管对氢过氧化物的分解进行了大量研究，但很少有实验条件能模拟航空燃料的实际化学反应过程。West 等指出[33]，氢过氧化物的均裂分解能垒极低，活化能 Ea 接近 0。这与催化剂通过提供较低的活化能路径而起作用的传统定义相悖。推测较低的活化能路径可能源于新型金属化合物自由基的形成。此外，Morris 等还发现[72]，航空燃料中的微量铜组分可能会析出并沉积在管壁，这也与微量金属作为催化剂促进氢过氧化物分解的理论相矛盾。遇到铜等溶解性金属，氢过氧化物的热分解速率会增加，单独受酸性物质（如环烷酸）的影响并不大。不过，如果环烷酸和溶解金属同时存在，它们会协同催化分解氢过氧化物[33]。由于氢过氧化物是航空燃料自氧化链中的关键因素，检测其浓度非常重要。现有定量技术采用三苯基膦结合色谱分析[73]。该技术具备较小的量程下限（< 0.02mmol/L）与微量样品需求（< 1mL）的优势。与其他组分不同的是，燃料中的各种氢过氧化物具有相似的反应活性，无需对它们单独进行区分。

8.5.2　AH 组分（过氧自由基抑制剂）

过氧自由基抑制剂（AH）或抗氧化剂，可天然存在于航空燃料中，或以 100 ～ 600mg/L 浓度范围人工添加[32]。它们本质上是极性组分，而在大多数航空燃料中，酚类是主要的极性组分[58]。由于其结构中含有易脱除的氢原子，因此能够抑制氧化进程：酚类与氧反应生成强亲电性的醌类化合物，导致富电子芳香烃发生亲电芳香取代反应，形成不溶性胶质[40]。如前所述，抗氧化剂通过以下机制减缓自氧化链反应速率：与过氧自由基发生反应，并通过以下化学式产生的酚氧自由基和氢过氧化物来阻止烃类自由基的再生循环反应：

$$RO_2 \cdot + AH \longrightarrow RO_2H + A \cdot$$

根据 Zabarnick 的分子模型推断，低浓度添加抗氧化剂可显著降低自氧化速率，而高浓度时则相反[34]。Kuprowicz 等在另一项研究中明确指出，航空燃料中天然存在的酚类化合物在减缓自氧化速率和促进表面沉积方面发挥着重要作用。促进表面沉积的原因很容易通过极性和非极性化合物溶解特性差异的化学本质进行解释：烃类燃料作为非极性环境，会促使极性物质相互聚集形成不溶性胶质，最终在壁面生成有害沉积物。当采用伪详细机理处理极性物质时，需特别注意的是，燃料中的天然酚类存在多种形态，如甲基取代酚、二甲基取代酚和高反应性大分子酚，它们的反应活性具有显著差异[32]。

8.5.3　SH 组分（含硫组分）

含硫化合物也是航空燃料中存在的一种重要微量组分。Fathoni 和 Batts（1992 年）指出，此类物质的作用在燃料稳定性研究领域一直存在争议。一般来说，含硫化合物可通过分解氢过氧化物，在燃料中发挥抗氧化剂的作用，其作用机制为：含硫化合物与燃料中的氢过氧化物通过非自由基生成路径发生反应，如下式所示[32]：

$$ROOH + RSR \longrightarrow ROH + 硫氧化物$$

$$ROOH + RSSR \longrightarrow ROH + 硫代亚磺酸盐$$

该研究表明，在同一种燃料中，元素硫、二硫化物和多硫化物是造成其不稳定的主要原因，而脂肪族硫醇和脂肪族硫醚反应活性则较低[74]。如上面的反应式所示，被称为"活性硫组分"的硫醚（RSR）和二硫化物（RSSR）是航空燃料中最重要的含硫组分，其质量含量为（1~1100）×10^{-6}。此外，其他含硫组分如噻吩、苯并噻吩和二苯并噻吩等也共存于燃料中[32]。虽然 Zabarnick 和 Mick[75]认为，在 140℃条件下，氧化速率不会受到烷基硫醚等含硫组分的影响，但 Kuprowicz 等指出，活性硫组分可通过阻碍氢过氧化物的热分解或催化分解，来减缓自氧化反应速率[32]。由于其极性特性，含硫组分可能参与了沉积物的生成，但具体作用机制尚不明确，需进一步研究。航空燃料中的这些含硫组分可通过 Stumpf 等提出的方法[76]进行测量：在过氧化氢反应路径中，采用基团选择性化学处理方法，通过高分辨率气相色谱和原子发射光谱探测联合测定。

8.5.4　溶解性金属

虽然金属在航空燃料中的含量仅为 10^{-9}（ppb）级，但它们对热安定性有显著影响。如前所述，金属的主要作用是通过形成新自由基和金属络合物，为氢过氧化物的分解提供低能量化学路径。在 West 等的研究中[33]，最初筛选了五种金属：Cu、Fe、Mn、Mg 和 Zn，但后续仅对 Cu 和 Mn 进行了深入研究，因为它们对降低氢过氧化物分解活化能的敏感性远高于其他金属[33]。然而，关于金属浓度的敏感性分析仍存在争议：Hazlett[7] 研究表明，在高浓度范围，Fe 和 Zn 的浓度越高，对自氧化率的影响就越大。金属的催化作用可通过添加金属钝化剂（Metal Deactivator Additives，MDA；化学结构为 N, N- 二亚水杨基 -1, 2- 丙二胺）予以抑制。West 等[36] 指出，MDA 可通过降低金属（尤其是铜）的反应活性，同时抑制沉积水平和氧化速率。由于目前研究主要聚焦于 MDA 对铜的作用，对其他金属是否有类似的抑制效果仍未清晰，这为后续研究提供了方向。金属的微量级浓度测量存在较大的技术挑战，不过仍可采用如电感耦合等离子体原子发射光谱或质谱等测量技术对航空燃料中的微量金属进行定量分析[32]。

在 1976 年，Exxon 公司和美国海军就对溶解金属的影响进行了研究[50]。该研究的主要目的是评估脱氧燃料在高速飞行条件下的应用潜力，旨在规避对低温燃料或特种燃料的依赖。该研究选取了高稳定性 JP-5（Humble JP-5）燃料作为基液，分别制备了空气饱和型燃料和脱氧型燃料，再掺入铜、铁、钒等多种金属进行分析。研究人员认为，金属可能通过催化自氧化反应促进沉积物生成，并发现在脱氧燃料中，该效应显著减弱。具体而言：含溶解性铜的脱氧燃料沉积量与没有溶解性铜的燃料相比增加了 30%，而空气饱和燃料中沉积量增幅达到了 80%，溶解铁对沉积量的增幅明显高于溶解性铜。

8.6 化学动力学机理

如前所述，科研人员开发了多种方法以减少沉积物的形成，也提供了一种系统的方法以控制热安定性，并能够预测最终导致沉积物形成的自氧化连锁反应。通过整合系统在规定环境下发生的一系列基元反应，构建化学动力学机理模型，可有效预测热氧化作用下的燃料反应过程。图 8-30（引自 Carr 的《化学反应建模》[77]）举例说明了化学动力学机理模型的详细生成步骤：

① 基于文献调研、化学直觉和类比等方法确定所有初始反应；

② 通过文献检索、基团贡献法、反应类比及量子化学计算，获取反应热力学数据（如标准生成焓、标准熵），进而计算出吉布斯自由能；

③ 结合文献数据、量子化学计算和速率理论，确定各反应的速率常数；

④ 设定感兴趣的温度、压力条件；

⑤ 开展敏感性分析、速率通量分析和实验验证，尤其是敏感性分析，可用来迭代反应过程，去除不重要的反应步骤，最终降低化学反应机理复杂程度，从而实现过程优化。

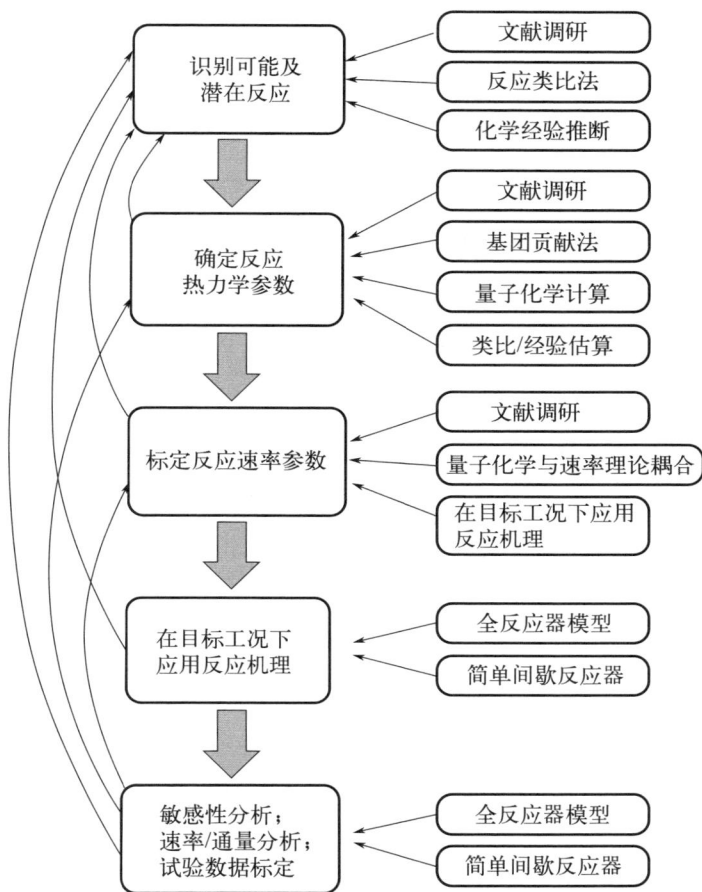

图 8-30 机理生成示意图

8.6.1 反应速率

对航空燃料热安定性来说，氧消耗的反应速率具有决定性作用，因此需要深入了解。Turanyi 和 Tomlin[78] 指出，在化学反应计量学中，通过单一化学计量方程，能够确定反应物和生成物的摩尔比，即可用来描述反应过程。其方程式如下：

$$0 = \sum_{j=1}^{N_s} v_j A_j \qquad (8\text{-}7)$$

式中，N_s 为组分数；v_j 为第 j 个组分的化学计量系数；A_j 为第 j 个组分的化学式。

根据上式，可通过测定不同组分（Y）在不同时间点的浓度变化来确定反应速率：

$$r = \frac{1}{v_j} \frac{dY_j}{dt} \qquad (8\text{-}8)$$

虽然反应速率不依赖下标 j，即对所有其他组分同样适用，但其受化学计量系数影响。最终，反应速率可以通过下式估算：

$$r = k \prod_{j=1}^{N_s} Y_j^{aj} \qquad (8\text{-}9)$$

式中，k 为速率系数，与浓度无关，但取决于温度、压力和非反应性溶剂量；指数 aj 取值为正数或零。它与下式中的总反应阶数 a 有关：

$$a = \sum_{j=1}^{N_s} a_j \qquad (8\text{-}10)$$

如前所述，速率系数 k 与温度有关。这种温度依赖性可通过阿伦尼乌斯方程表征：

$$k = Ae^{-\frac{E}{RT}} \qquad (8\text{-}11)$$

式中，A 为指前因子；E 为活化能；T 为温度；R 为通用气体常数。

Arrhenius 方程具有重要价值，可通过其绘制 Arrhenius 图（其中 T^{-1} 为 x 轴，$\ln k$ 为 y 轴，斜率为 $-E/R$），从而获得化学反应机理中不同步骤的活化能。

8.6.2　敏感性分析

生成反应机理的最后一步是进行敏感性分析，以识别并去除非关键反应步骤，从而简化和优化机理。敏感性分析用于量化某一个参数的变化对另一个参数的影响程度。Turanyi 和 Tomlin 指出[81]，开展敏感度分析或不确定性分析的主要目的是提高模型的预测能力，从而确保设计可信度。在均相动力系统假设下，参数随时间的变化可通过以下公式计算：

$$\frac{\mathrm{d}Y}{\mathrm{d}t} = f(Y,x),\ Y(t_0) = Y_0 \qquad (8-12)$$

参数 x 可以是速率系数、阿伦尼乌斯参数或热力学数据。假设上述微分方程的解是在 $t=0$ 和 $t=t_1$ 区间内已求得，当随着参数 j 发生 Δx_j 的变动后，常微分方程（ODE）的解将持续计算至 t_2。如果 $Y_i(t_2)$ 是原始解，$Y_i'(t_2)$ 为修正解，其数学表达式可表述为：

$$\frac{\partial Y_i}{\partial x_j}(t_1,t_2) \approx \frac{\Delta Y_i(t_2)}{\Delta x_j} = Y_i'(t_2) - \frac{Y_i(t_2)}{\Delta x_j} \qquad (8-13)$$

$\partial Y_i / \partial x_j$ 被称为一阶局部敏感性系数（见 Turanyi 和 Tomlin[78]）。

进行敏感性分析的最简单方法之一是暴力法。这种方法是单参数轮变法的一种，即每次仅改变一个参数，并观察其对系统的影响程度。虽然这种方法为敏感性分析提供了一种简便途径，但其效率和准确度并非最优。

8.6.3 常微分方程求解器及温度敏感性

Alborzi[48] 设计了一套 MATLAB 代码，其输入参数包括速率参数（包括活化能和指前因子）、各组分初始浓度、时间迭代间隔（需保证计算精度）。该代码与 Kuprowicz 等[32] 提出的 18 步全局反应机理相结合，建立了氧浓度随时间的消耗模型。通过研究初步参数分布，获得了温度变化对氧浓度消耗速率的影响。图 8-31 展示了温度波动 ±5% 范围内，氧浓度消耗曲线的急剧变化规律。

以上示例的最初代码设定温度为 458K，然后如图所示范围进行调整。以上曲线的巨大差异表明，实验允许的温度差异要求并不能被下一节所介绍的近等温流体实验台（Near-Isothermal Flowing Test Rig，NIFTR）所满足，可能对实验结果造成较大误差。通过热力学分析显示，该实验台入口段存在较长的非等温区域（见 7.3 节），高流量条件下被测试区域完全无法达到要求的等温效果。因此，可通过设计一种能够提供均匀温度场，且消除入口非等温段的新型实验装置，对现有实验条件进行改善。

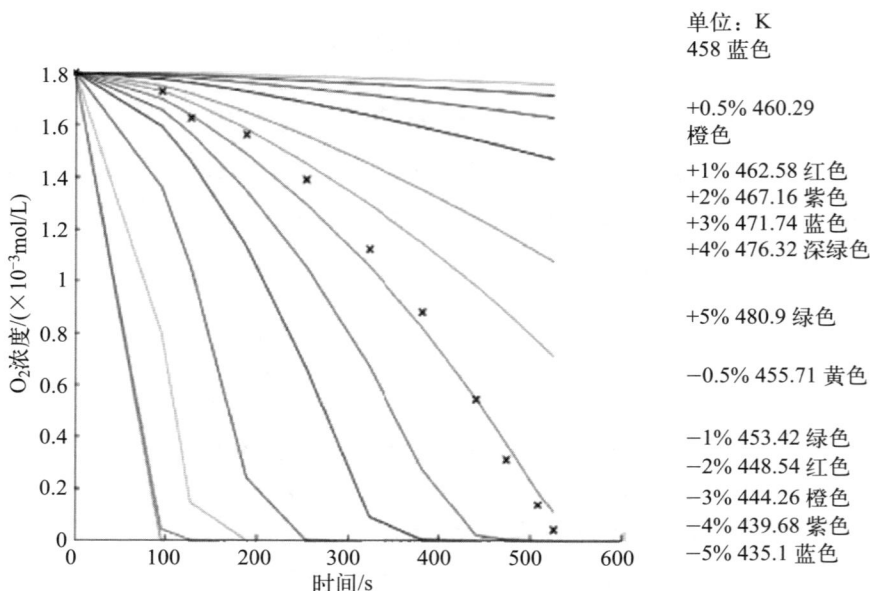

图 8-31 温度对氧浓度消耗速率影响曲线图
（由 MATLAB 生成）（另见文后彩图）

8.7 实验仪器

根据 Sander 等 [79] 和 Moses[36] 的研究表明，过去已开发了多种实验技术来研究几何形状、流量对热安定性的影响，包括使用高雷诺数实验台、计算流体力学（CFD）和飞行实验。然而，要研究化学成分对热安定性的影响，需要使用较小的实验台和较简单的测试件。此类装置能够模拟输油管内氧消耗和壁面沉积物生成机理，其结果可用于验证模型数据。图 8-32 展示了现有热安定性测试体系的概况，也连接了几何形状、流量和化学成分对热安定性影响的相关研究项目。

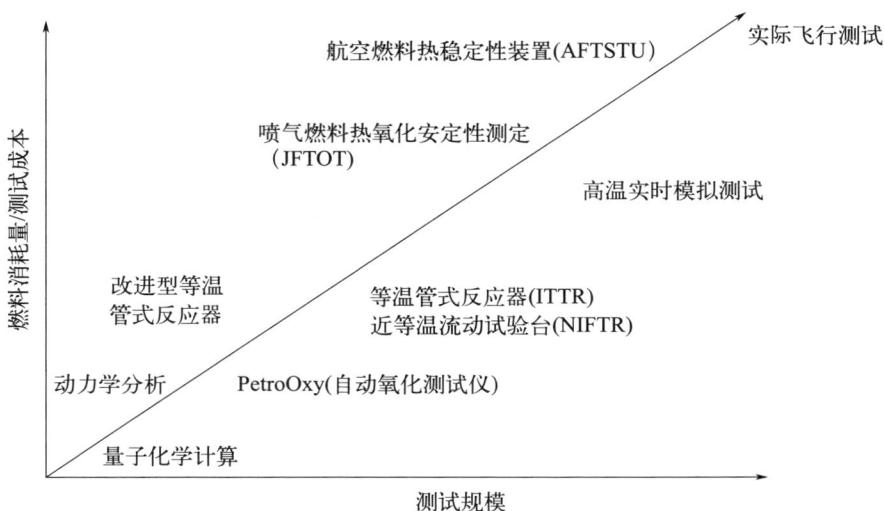

图 8-32 不同热安定性测试方法随实验燃料用量及测试规模的变化关系图

8.7.1 等温管式反应器

英国谢菲尔德大学低碳燃烧中心（Low Carbon Combustion Centre，LCCC）现有的等温管式反应器（Isothermal Tube Reactor，ITTR）装置具有测量氧浓度随时间消耗速率的能力。它提供的化学动力学数据可加强对烃类液体（尤其是航空燃料）的氧化基本机理的理解。此类数据，因其可用于验证前文所述的常微分方程求解器（ODE）生成的模型数据，具有重要价值。当前 ITTR 装置[80]由燃料供应系统、高性能液相色谱泵、管式加热器、水套和在线氧传感器组成，反应管长约3m，整个仪器原理如图 8-33 所示。

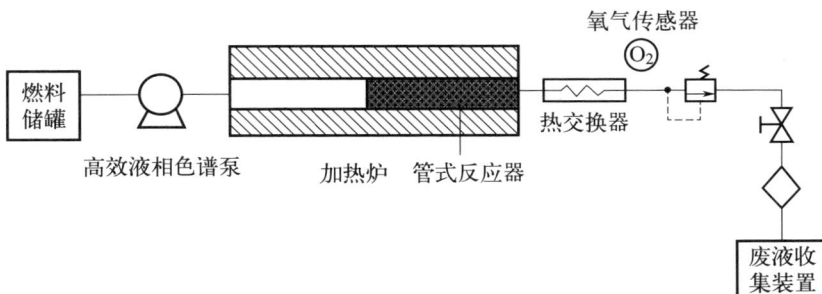

图 8-33 低碳燃烧中心（LCCC）等温管式反应器示意图

当前实验仪器设计有许多局限性：其体积庞大，需要消耗大量燃料（约 20L），且功率需求很高，从而导致其运行和维护成本巨大。此外，下文阐述的热力学建模表明，其入口区域存在相当大的非等温流动区域，且随着流量增加而缩小。通过 MATLAB 集成代码对温度与氧消耗的影响关系进行的敏感性分析表明，氧消耗对温度的微小变化极为敏感。因此，需严格将反应器内温度的变化幅度保持在最低水平，并确保整个反应器温度均匀。此外，由于实验台工作时必须使用大量燃料，仅对少量燃料取样并进行分析是一项技术挑战。而对燃料样本进行实验后分析是确定化学成分对热安定性影响的关键步骤，因其可揭示自氧化反应的终态产物特征。

8.7.2 传热模型

鉴于实验仪器内获得均匀温度场的重要性，本研究基于 Cengel 和 Ghajar[81] 合著的教材《传热学》"内部强制对流"一章内容进行了等温区的建模。通过以下公式得到管道某截面温度 T_x：

$$T_x = T_s - (T_s - T_i)e^{-\frac{hA_s}{\dot{m}c_p}} \qquad (8\text{-}14)$$

式中，T_x 为管道某截面温度；T_s 为流体整体温度；T_i 为入口温度；h 为热交换系数；A_s 为传热截面面积；$\dot{m}$ 为质量流量；c_p 为比热容。

本模型使用的参数来源于 LCCC 实验室的 ITTR 实验台（相关数据如下）：

管长	306.5cm
内径	4.57mm
入口温度	25℃
整体温度	200℃
燃料类型	Haltermann Jet-A1
密度	801kg/m³
黏度	3.897mm²/s

注：本书采用《CRC 航空燃料特性手册》[82] 中基于 Jet-A1 燃料特性和配方数据，获取了密度、黏度和比热容的精确值。由于雷诺数

在 0.03 左右，这表明流动过程中的对流换热和热传导的速率相当，因此假设努塞尔数等于 1。此外，我们考察了 $Nu=1$ 和 $Nu=3.66$ 这两种情况的计算结果，前者被验证与实验数据更加吻合，相关图表将在本章后续内容中给出。其他假设还包括：①由于管道隔热，热损失可忽略不计；②燃料温度与外部温度相同，因此将热电偶布置在外壁，其温度与设定温度一致，即 200℃。

8.7.3 与近等温流动实验台的比较

Jones 和 Balster[46, 83] 最早提出使用近等温流动实验台（NIFTR）开展实验验证。Kuprowicz 等 [35] 也使用类似设备验证了前文提出的全局动力学机理。该装置包含一个由商用不锈钢制成的单通道热交换器［外径 0.125 英寸（1 英寸 =2.54 厘米），内径 0.085 英寸］。燃料通过注射泵注入装置，对管道沿程温度实施控制。末端装有氧气传感器以检测氧气浓度，并设置压力调节器用于补偿热膨胀。图 8-34 为 NIFTR 的示意图。

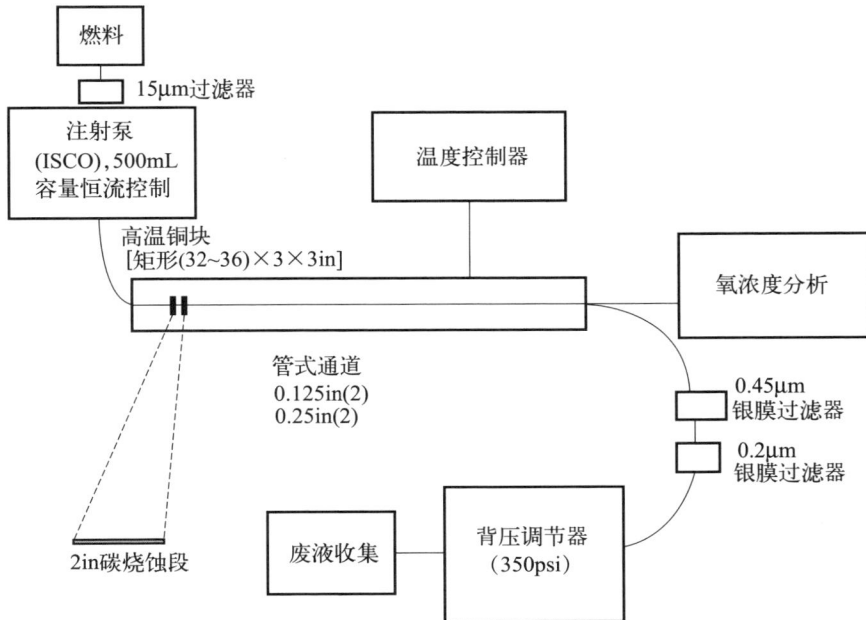

图 8-34 近等温流动实验台（NIFTR）示意图

1psi=6894.76Pa

由于 NIFTR 和 ITTR 的设计高度相似，因此基于前文叙述的热力学模型对其进行了对比研究，二者主要差异如表 8-5 所示。

表 8-5　ITTR 与 NIFTR 热测试装置参数对比

测试参数	ITTR	NIFTR
管长 /cm	306.5	81.2
内径 /mm	4.75	2.16
进口温度 /℃	25	25
整体温度 /℃	200	185
燃料类型	Jet-A1	Jet-A1

8.7.4　航空燃料热氧化实验

航空燃料热氧化实验（JFTOT）是广泛使用的热安定性测试方法之一。该实验的目的是研究在特定温度环境下，燃料持续通气后，其流经金属表面的沉积物生成过程。燃料的降解通过两种方法评估：一是受热管道表面因沉积物生成导致的颜色变化；二是通过评估生成颗粒导致的管道压降变化[84]。JFTOT 测试需消耗约 500mL 燃料，测试时间为 2.5h，主要用于评估不溶性物质在燃料内的生成趋势[79]。尽管长期依赖色卡判定燃料是否失效，但现在有 DR10（ITR 管道沉积物检测仪）[85] 等更现代化的设备用于生成更详细的图表（详见后续介绍）。

8.7.5　高雷诺数热安定性实验台

与基于层流流动模态的 JFTOT 实验台不同，高雷诺数热安定性实验台（High Reynolds number Thermal Stability tester，HiReTS）是专为处于湍流流动状态的燃料热安定性测试而设计的。它同样可以量化形成的沉积物，并采用不锈钢而非铝材作为管道金属材料。HiReTS 的优势在于其模拟环境更贴近真实飞行条件[86]。

8.7.6　PetroOxy 自动氧化测试仪

　　PetroOxy 自动氧化测试仪是一种小规模热安定性测试装置，其优势在于仅需少量样品即可快速完成分析，测试结果具有可重复性，且测试温度可改变[67]。该装置工作原理基于压力变化；当达到最大压力后，压降会被转化为氧消耗，其与时间具有函数关系[87]。该仪器如图 8-35 所示。

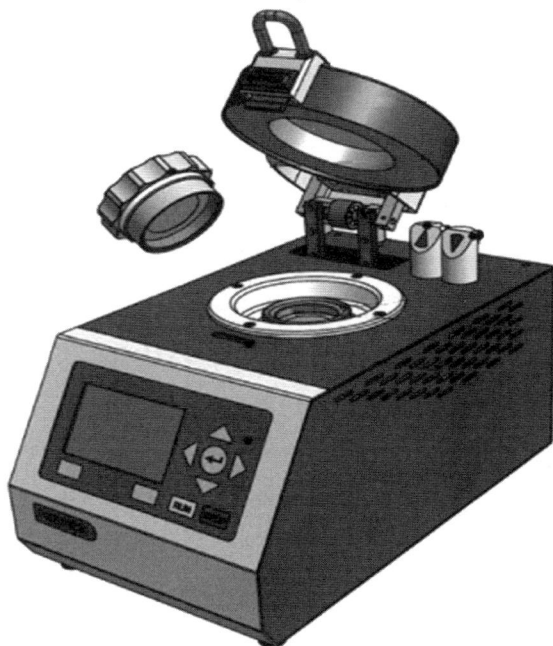

图 8-35　PetroOxy 自动氧化测试仪（芳香醛的
氧化降解：分子氧引发的自氧化过程）

8.7.7　航空燃料热安定性装置

　　Alborzi 等[1] 研究了表面沉积物对燃油喷嘴杆的影响，并模拟了喷嘴杆油道内突然收缩和突然扩张的结构。该研究通过航空燃料热安定性装置（Aviation Fuels Thermal Stability Unit，AFTSTU）进行，能够对表面沉积过程进行全尺寸、1000 小时飞行的模拟测试，以获取沉积物生成起始时间及其对燃气涡轮发动机相关性能的影响。这是一种与之前不同的用于测试燃料热安定性的设备。据观察，具有突收扩结构特征的油道内沉积物明显高于直管油道。Balster 等 [28] 提供了一种新型煤基燃料的热安定性数据，其表面沉积明显低于研究中的其他燃料，包括 JP-8。

8.8 涉及燃料热安定性的事故教训

尽管通过预热等方法提高燃料温度有助于燃烧，但燃料在热氧化的作用下有可能引发事故。最早与热安定性有关的事故记录可追溯至 20 世纪 50 年代 Pratt & Whitney 公司 J57 发动机出现的涡轮叶片失效事件 [59, 88]。由于压气机出口高温气流持续加热燃油管路，导致其内部出现碳质沉积物。这些沉积物堵塞了燃油滤网，最终导致涡轮进口温度场恶化。

在热氧化作用下，燃料会在燃油系统中形成不溶性胶质和沉积物（J57 发动机案例中为碳沉积物）。这些胶质和沉积物可能会造成阻塞，导致油滤或其他燃油系统零部件的压损增大，从而降低燃油系统或发动机的性能 [89]。堵塞不仅能发生在油滤上，也可能出现在燃油泵或其他与燃油接触的部件中。发生在燃油 / 滑油换热器（为液 - 液换热器）上的堵塞会阻碍热交换，从而造成发动机滑油温度升高、发动机性能降低。极端情况下，严重堵塞会引发燃油系统故障和发动机意外停机。

为避免此类极端事故，航空公司需定期检查并维修发动机燃油系统，但此举一方面会增加维护成本，另一方面检查和维修程序会减少飞机实际运营时间。由于航空公司经常面临流动资金不足的现状，飞机长时间停飞会加剧利润损失。若同时因政策问题导致飞机大规模停飞，甚至会引发航空公司破产。总之，热安定性问题会造成飞行时数损失，对航空公司不利，维护方案也会增加运营成本。其中，维护方案不仅包括清洁和维修部件，还包括使用复合添加剂来改善和控制燃料的热安定性。

在航空航天领域使用替代燃料可以使飞机在更恶劣的环境中工作，例如外部气温更低或污染风险更大的环境。然而，也曾发生过燃料成分包括添加剂导致飞机发生事故的情况。

英国航空公司第 38 号航班是燃料热安定性问题引发事故的典型案例。该航班一架 Boeing 777 正在伦敦希思罗机场降落，在完成最后的进近阶段时，其双发突然失效，推力不足，造成飞机坠毁在机场跑道前端。

英国航空事故调查局（Air Accidents Investigation Branch，AAIB）调查发现，事故原因是：燃油 / 滑油热交换器（Fuel-Oil Heat Exchanger，FOHE）内流道表面存在积冰，导致发动机在进近阶段推回油门杆的过程中，其燃油流动受限；当飞行人员试图推油门杆以维持空速时，积冰仍限制了燃料流量，从而造成发动机无法响应油门指令，推力不足。

调查机构发现，冰是由燃料系统中原本存在的水形成的，即"航空燃料中存在的溶解水和夹带水"[90]。但是，燃料中并未发现异常高浓度的水含量。AAIB在报告（2010 年）还指出了以下几点：

① 当温度为 +5℃的热燃油流经冷管道时，燃油管道内部会开始结冰；

② 在 -20 ～ -5℃之间有一个"黏性范围"，此时航空燃料中的冰晶最容易附着在周围环境上；

③ 当燃油温度在 -35℃或以下时，冰不会附着在燃油管道内表面；

④ 在测试过程中，积累在燃料系统中的冰始终是柔软的、可移动的；

⑤ 增加燃料流量会导致燃油管道内表面上的积冰脱落；

⑥ 燃油管道内脱落的冰可能会在燃油 / 滑油热交换器内形成堵塞。

除了确定坠机原因之外，AAIB 的事故报告还提出了三项与燃料添加剂直接相关的建议，要求美国联邦航空管理局（FAA）和欧洲航空安全局（EASA）联合开展以下研究：

a. 关于在民用飞机航空发动机燃油中推广使用防冰添加剂的可行性研究；

b. 航空发动机燃油中冰晶形成机理研究；

c. 飞机及发动机燃油系统内冰晶的累积及释放机制研究（AAIB，2010 年）。

⑦ 因此，有必要加强对替代燃料及添加剂（防冰剂、杀菌剂等）的研究，通过扩大燃料工作范围，从而避免类似英国航空 38 号航班等事故的发生。

2020 年 COVID-19 疫情对全球产生了巨大影响。为遏制病毒的传播，多国采取了飞机停飞措施，这导致燃油被迫长期滞存在飞机油箱内，可能引发本章所述的燃料稳定性问题。为此，航空运营商在飞机油箱中添加杀菌剂以抑制微生物污染的发生[91]。油箱内微生物的增殖有可能引发灾难性后果。其中，处于高温高湿环境中的飞机受到的影响最大。航空公司、工程师和监管部门积极探索了封航解除后燃油安全使用的保障方案，主要包括：定期检测燃油品质并控制污染水平；一旦发现污染物超标，则需启动全面卸油和清洁流程。这带来了极其昂贵的物力和时间成本。

8.9 展望

除对替代燃料的研发外，在航空领域应用的可行性研究也取得了进展。Hileman 和 Stratton（2014 年）从经济性、生产过程对环境影响的角度研究了替代燃料应用可行性。该研究通过评估替代燃料在生产和应用过程中每一步的影响，构建了全生命周期内的生产和消费成本模型[20]（图 1-5）。

其研究结论表明，目前只有石油基燃料和合成燃料与现有飞机和机场基础设施兼容。其他燃料，如液化天然气、氢气和酒精（如乙醇）等均无法满足航空业对性能和安全的严格要求。不过，它们可用作机场其他系统的燃料，后者对所用燃料的要求并不严格，从而增加了航空产业可利用的石油基燃料数量[20]。

另一个考虑因素是替代燃料对飞机航程的影响。Blakey 等[23] 采用理论分析方法，评估了替代燃料对 Gulfstream G550、Boeing 737 和 Boeing 747 等机型的航程及有效载荷的影响[92]。通过使用 Breguet 航程公式，结合飞机参数（总重，有效载荷及燃料的允许重量，油箱容积）和各种替代燃料的数据，研究团队确定了各机型在以下两种飞行任务下的最优燃料选择：一是最大有效载荷下的最长航程；二是最大燃油装载量下的最长航程。通过涵盖从小型支线喷气式客机到双通道宽体客机等多机型分析，研究发现：

① 低密度燃料（如 SPK）在飞机处于最大有效载荷情况下能够提供更大的航程。

② 高密度燃料在飞机有效载荷低于最大值的情况下可获得更大的航程。

③ 由于并非所有任务都要求飞机携带最大有效载荷或达到极限航程，因此可灵活组合有效载荷质量和燃料类型。此结论为替代燃料的广泛应用提供了理论支撑，因其使用不再局限于特定任务类型。

④ 尽管低密度、高热量的替代燃料的 CO_2 排放量较小，但仍需开展全生命周期分析。

⑤ 虽然 SPK 燃料密度比煤油低，热量比煤油高，但并不是"即用型"燃料：首先，SPK 需要与 Jet-A1 混合 50% 才能符合现有的 ASTM D7566 标准；其次，需要对飞机及发动机管道系统、燃油喷嘴、燃油雾化装置和燃烧室进行重大改造，SPK 才能在现有燃气轮机中安全、高效地燃烧。

虽然还需要进一步分析，才能更准确地评估替代燃料对喷气飞机航程和有效载荷的影响，但 Blakey 等的研究表明，在不同的任务航程和有效载荷要求下，替代燃料均能为以燃气涡轮发动机为动力的飞机提供所需性能。

参考文献

［1］ Alborzi E, Blakey S, Ghadbeigi H, Pinna C, Lewis C. Investigation of surface deposition in a simulated fuel injector feed arm with sudden expansion/contraction. Fuel, 2016, 186: 534-543. https://doi.org/10.1016/j.fuel.2016.08.080.

［2］ Fanchi JR. Energy in the 21st century. doi: 10.1142/7863.

［3］ Hofmann DJ, Butler JH, Tans PP. A new look at atmospheric carbon dioxide. Atmospheric Environment, 2009, 43 (12): 2084-2086. https://doi.org/10.1016/j.atmosenv. 2008.12.028.

［4］ Owen B, Lee DS, Lim L. Flying into the future: aviation emissions scenarios to 2050. Environmental Science & Technology, 2010, 44 (7): 2255-2260. https://doi.org/10.1021/ es902530z.

［5］ Royce R. The jet engine. Wiley, 2015. https://books.google.com/books?id=QUQxBwAAQBAJ.

［6］ Sadraey MH. Aircraft design: a systems engineering approach. John Wiley & Sons, 2012.

［7］ Hazlett RN. Thermal oxidation stability of aviation turbine fuels, vol. 1. West Conshohocken, PA: ASTM International, 1991. https://doi.org/10.1520/MONO1-EB.

［8］ Liu G, Yan B, Chen G. Technical review on jet fuel production. Renewable and Sustainable Energy Reviews, 2013, 25: 59-70. https://doi.org/10.1016/j.rser.2013.03.025.

［9］ Eller Z, Varga Zn, Hancsok J. Production of jet fuel from renewable source material. Chemical Engineering Transactions, 2013, 35: 1057-1062.

［10］ Eller Z, Varga Z, Hancsók J. Advanced production process of jet fuel components from technical grade coconut oil with special hydrocracking. Fuel, 2016, 182: 713-720. https://doi.org/10.1016/ j.fuel.2016.06.055.

［11］ Jalama K, Coville NJ, Xiong H, Hildebrandt D, Glasser D, Taylor S, et al. A comparison of $Au/Co/Al_2O_3$ and $Au/Co/SiO_2$ catalysts in the Fischer-Tropsch reaction. Applied Catalysis A: General, 2011, 395 (1): 1-9. https://doi.org/10.1016/j.apcata.2011.01.002.

［12］ Inderwildi OR, Jenkins SJ, King DA. Fischer-Tropsch mechanism revisited: alternative pathways for the production of higher hydrocarbons from synthesis gas. The Journal of Physical Chemistry C, 2008, 112 (5): 1305-1307. https://doi.org/10.1021/jp710674q.

［13］ Martınez A, López C, Márquez F, Dıaz I. Fischer-Tropsch synthesis of hydrocarbons over mesoporous Co/SBA-15 catalysts: the influence of metal loading, cobalt precursor, and promoters. Journal of Catalysis, 2003, 220 (2): 486-499. https://doi.org/10.1016/S0021-9517 (03) 00289-6.

［14］ Dimitriou I, García-Gutiérrez P, Elder RH, Cuéllar-Franca RM, Azapagic A, Allen RWK. Carbon dioxide utilisation for production of transport fuels: process and economic analysis. Energy & Environmental Science, 2015, 8 (6): 1775-1789. https://doi.org/10.1039/C4EE04117H.

［15］ Wilson IAG, Styring P. Why synthetic fuels are necessary in future energy systems. Frontiers in Energy Research, 2017: 10. https://doi.org/10.3389/fenrg201700019.

［16］ Shonnard DR, Williams L, Kalnes TN. Camelina-derived jet fuel and diesel: sustainable advanced biofuels. Environmental Progress & Sustainable Energy, 2010, 29 (3): 382-392. https://doi.org/10.1002/ep.10461.

[17] Baena-Zambrana S, Repetto SL, Lawson CP, Lam JKW. Behaviour of water in jet fuelda literature review. Progress in Aerospace Sciences, 2013, 60: 35-44. https://doi.org/10.1016/j.paerosci.2012.12.001.

[18] Jones EG, Balster LM, Balster WJ. Thermal stability of jet-A fuel blends. Energy & Fuels, 1996, 10 (2): 509-515. https://doi.org/10.1021/ef950190c.

[19] Bartholdy J, Andersen SI. Changes in asphaltene stability during hydrotreating. Energy & Fuels, 2000, 14 (1): 52-55. https://doi.org/10.1021/ef990121o.

[20] Hileman JI, Stratton RW. Alternative jet fuel feasibility. Transport Policy, 2014, 34: 52-62. https://doi.org/10.1016/j.tranpol.2014.02.018.

[21] Richter S, Braun-Unkhoff M, Naumann C, Riedel U. Paths to alternative fuels for aviation. CEAS Aeronautical Journal, 2018, 9 (3): 389-403. https://doi.org/10.1007/s13272-018-0296-1.

[22] Link DD, Gormley RJ, Baltrus JP, Anderson RR, Zandhuis PH. Potential additives to promote seal swell in synthetic fuels and their effect on thermal stability. Energy & Fuels, 2008, 22 (2): 1115-1120. https://doi.org/10.1021/ef700569k.

[23] Corporan E, Edwards T, Shafer L, DeWitt MJ, Klingshirn C, Zabarnick S, et al. Chemical, thermal stability, seal swell, and emissions studies of alternative jet fuels. Energy & Fuels, 2011, 25 (3): 955-966. https://doi.org/10.1021/ef101520v.

[24] Khandelwal B, Roy S, Lord C, Blakey S. Comparison of vibrations and emissions of conventional jet fuel with stressed 100% SPK and fully formulated synthetic jet fuel. Aerospace, 2014, 1 (2): 52-66. https://www.mdpi.com/2226-4310/1/2/52.

[25] Bulzan D, Anderson B, Wey C, Howard R, Winstead E, Beyersdorf A, et al. Gaseous and particulate emissions results of the NASA alternative aviation fuel experiment (AAFEX). In: ASME turbo expo, 2010: power for land, sea, and air, 2010. https://doi.org/10.1115/gt2010-23524.

[26] Balster LM, Corporan E, DeWitt MJ, Edwards JT, Ervin JS, Graham JL, et al. Development of an advanced, thermally stable, coal-based jet fuel. Fuel Processing Technology, 2008, 89 (4): 364-378. https://doi.org/10.1016/j.fuproc.2007.11.018.

[27] Corporan E, DeWitt MJ, Belovich V, Pawlik R, Lynch AC, Gord JR, Meyer TR. Emissions characteristics of a turbine engine and research combustor burning a Fischer-Tropsch jet fuel. Energy & Fuels, 2007, 21 (5): 2615-2626. https://doi.org/10.1021/ef070015j.

[28] Lobo P, Hagen DE, Whitefield PD. Comparison of PM emissions from a commercial jet engine burning conventional, biomass, and Fischer-Tropsch fuels. Environmental Science & Technology, 2011, 45 (24): 10744-10749. https://doi.org/10.1021/es201902e.

[29] Drinnon R. Alternative fuel research: C-17 tests to follow B-52 certification. 2007. Air Mobility Command Public Affairs. https://www.jbcharleston.jb.mil/News/Article-Display/Article/237063/alternative-fuel-research-c-17-tests-to-follow-b-52-certification/.

[30] Office BT. Sustainable aviation fuel: review of technical pathways. 2020.

[31] Pei X-y, Hou L-y. Effect of dissolved oxygen concentration on coke deposition of kerosene. Fuel Processing Technology, 2016, 142: 86-91. https: //doi.org/10.1016/j.fuproc.2015.09.029.

[32] Kuprowicz NJ, Zabarnick S, West ZJ, Ervin JS. Use of measured species class concentrations with chemical kinetic modeling for the prediction of autoxidation and deposition of jet fuels. Energy & Fuels, 2007, 21 (2): 530-544. https: //doi.org/10.1021/ef060391o.

[33] West ZJ, Adams RK, Zabarnick S. Homogeneous catalysis of liquid-phase hydroperoxide decomposition in hydrocarbons. Energy & Fuels, 2011, 25 (3): 897-904. https: //doi.org/10.1021/ef101678s.

[34] Zabarnick S. Chemical kinetic modeling of jet fuel autoxidation and antioxidant chemistry. Industrial & Engineering Chemistry Research, 1993, 32 (6): 1012-1017. https: //doi.org/10.1021/ie00018a003.

[35] Rumizen M. ASTM D4054 users' guide. Commercial Aviation Alternative Fuels Initiative® (CAAFI). 2013. http: //www.caafi.org/information/pdf/d4054_users_guide_v6_2 pdf.

[36] Moses C. Effect of reynolds number on deposition in fuels flowing over heated surfaces. In: ASME turbo expo 2013: turbine technical conference and exposition. 2013. https: //doi.org/10.1115/gt2013-94797.

[37] Sobkowiak M, Griffith JM, Wang B, Beaver B. Insight into the mechanisms of middle distillate fuel oxidative degradation. Part 1: on the role of phenol, indole, and carbazole derivatives in the thermal oxidative stability of Fischer-Tropsch/petroleum jet fuel blends. Energy & Fuels, 2009, 23 (4): 2041-2046. https: //doi.org/10.1021/ef8006992.

[38] Kabana CG, Botha S, Schmucker C, Woolard C, Beaver B. Oxidative stability of middle distillate fuels. Part 1: exploring the soluble macromolecular oxidatively reactive species (SMORS) mechanism with jet fuels. Energy & Fuels, 2011, 25 (11): 5145-5157. https: //doi.org/10.1021/ef200964z.

[39] Hardy DR, Wechter MA. Characterization of soluble macromolecular oxidatively reactive species (SMORS) from middle distillate diesel fuels: their origin and role in instability. Energy & Fuels, 1994, 8 (3): 782-787. https: //doi.org/10.1021/ef00045a036.

[40] Aksoy P, Gül Ö, Cetiner R, Fonseca DA, Sobkowiak M, Falcone-Miller S, et al. Insight into the mechanisms of middle distillate fuel oxidative degradation. Part 2: on the relationship between jet fuel thermal oxidative deposit, soluble macromolecular oxidatively reactive species, and smoke point. Energy & Fuels, 2009, 23 (4): 2047-2051. https: //doi.org/10.1021/ef8007008.

[41] Beaver B, Gao L, Burgess-Clifford C, Sobkowiak M. On the mechanisms of formation of thermal oxidative deposits in jet fuels. Are unified mechanisms possible for both storage and thermal oxidative deposit formation for middle distillate fuels? Energy & Fuels, 2005, 19 (4): 1574-1579. https: //doi.org/10.1021/ef040090j.

[42] DeWitt MJ, West Z, Zabarnick S, Shafer L, Striebich R, Higgins A, Edwards T. Effect of aromatics on the thermal-oxidative stability of synthetic paraffinic kerosene. Energy & Fuels, 2014,

28（6）：3696-3703. https：//doi.org/10.1021/ef500456e.

[43] Mayo FR. Free radical autoxidations of hydrocarbons. Accounts of Chemical Research，1968，1（7）：193-201. https：//doi.org/10.1021/ar50007a001.

[44] Taylor WF. Kinetics of deposit formation from hydrocarbons. Product R&D Fuel Composition Studies，1969，8（4）：375-380. https：//doi.org/10.1021/i360032a008.

[45] Ben Amara A，Kaoubi S，Starck L. Toward an optimal formulation of alternative jet fuels：enhanced oxidation and thermal stability by the addition of cyclic molecules. Fuel，2016，173：98-105. https：//doi.org/10.1016/j.fuel.2016.01.040.

[46] Jones EG，Balster WJ. Phenomenological study of the formation of insolubles in a jet-A fuel. Energy & Fuels，1993，7（6）：968-977. https：//doi.org/10.1021/ef00042a038.

[47] Taylor WF，Frankenfeld JW. Development of high stability fuel. Exxon Research and Engineering Co Linden NJ Government Research Lab，1975.

[48] Alborzi E. An investigation into carbon deposition growth in jet engine injector feed arm due to fuel thermal degradation. University of Sheffield，2010. http：//etheses.whiterose.ac.uk/21856/.

[49] Braun-Unkhoff M，Riedel U. Alternative fuels in aviation. CEAS Aeronautical Journal，2014，6（1）：83-93. https：//doi.org/10.1007/s13272-014-0131-2.

[50] Chacartegui R，Sánchez D，de Escalona JMM，Monje B，Sánchez T. On the effects of running existing combined cycle power plants on syngas fuel. Fuel Processing Technology，2012，103：97-109. https：//doi.org/10.1016/j.fuproc.2011.11.017.

[51] Brooks KP，Snowden-Swan LJ，Jones SB，Butcher MG，Lee GSJ，Anderson DM，et al. Chapter 6-low-carbon aviation fuel through the alcohol to jet pathway. In：Chuck CJ，editor. Biofuels for aviation. Academic Press, 2016:109-150. https：//doi.org/10.1016/B978-0-12-804568-8.00006-8.

[52] Singh SN，Kumari B，Mishra S. Microbial degradation of alkanes. In：Singh SN，editor. Microbial degradation of xenobiotics. Berlin，Heidelberg：Springer，2012：439-469. https：//doi.org/10.1007/978-3-642-23789-8_17.

[53] Carey FA，Giuliano RM，Allison NT，Tuttle SLB. Organic Chemistry. 11th edn，2020：16e9.

[54] Mordaunt CJ，Lee S-Y，Kalaskar VB，Mensch A，Santoro RJ，Schobert HH. Further studies of alternative jet fuels. In：ASME 2009 international mechanical engineering congress and exposition，2009. https：//doi.org/10.1115/imece2009-12940.

[55] Britannica，T.E.o.E. Olefin. Encyclopaedia Britannica. 2020. britannica.com. https：//www.britannica.com/science/olefin.

[56] DeWitt MJ，Corporan E，Graham J，Minus D. Effects of aromatic type and concentration in Fischer-Tropsch fuel on emissions production and material compatibility. Energy & Fuels，2008，22（4）：2411-2418. https：//doi.org/10.1021/ef8001179.

[57] Almohammadi BA，Singh P，Sharma S，Kumar S，Khandelwal B. Impact of alkylbenzenes in formulated surrogate fuel on characteristics of compression ignition engine. Fuel，2020，266：116981. https：//doi.org/10.1016/j.fuel.2019.116981.

[58] Taylor WF, Frankenfeld JW. Deposit formation from deoxygenated hydrocarbons. 3. Effects of trace nitrogen and oxygen compounds. Industrial and Engineering Chemistry Product Research and Development, 1978, 17 (1): 86-90. https: //doi.org/10.1021/i360065a021.

[59] Totten GE, Westbrook SR, Shah RJ. Fuels and lubricants handbook: technology, properties, performance, and testing. Astm International, 2003. Astm Manual Series, Mnl 37.

[60] Brem BT, Durdina L, Siegerist F, Beyerle P, Bruderer K, Rindlisbacher T, et al. Effects of fuel aromatic content on nonvolatile particulate emissions of an in-production aircraft gas turbine. Environmental Science & Technology, 2015, 49 (22): 13149-13157. https: //doi.org/10.1021/acs.est.5b04167.

[61] Kosir S, Heyne J, Graham J. A machine learning framework for drop-in volume swell characteristics of sustainable aviation fuel. Fuel, 2020, 274: 117832. https: //doi.org/10.1016/j.fuel.2020.117832.

[62] Zabarnick S, West ZJ, Shafer LM, Mueller SS, Striebich RC, Wrzesinski PJ. Studies of the role of heteroatomic species in jet fuel thermal stability: model fuel mixtures and real fuels. Energy & Fuels, 2019, 33 (9): 8557-8565. https: //doi.org/10.1021/acs.energyfuels.9b02345.

[63] Mainali K, Garcia-Perez M. Identification and quantification of trace oxygenated compounds in alternative jet fuels: fluorescence methods for fast detection of phenolic compounds in operational field conditions. Fuel, 2020, 271: 117652. https: //doi.org/10.1016/j.fuel.2020. 117652.

[64] Dunn RO. Alternative jet fuels from vegetable oils. Transactions of the ASAE, 2001, 44 (6): 1751. https: //doi.org/10.13031/2013.6988.

[65] Nash L, Klettlinger J, Vasu S. Ellipsometric measurements of the thermal stability of alternative fuels. Journal of Energy Resources Technology, 2017, 139 (6). https: //doi.org/10.1115/1.4036961.

[66] Daggett DL, Hadaller O, Maurice L, Rumizen M, Brown N, Altman R, Aylesworth H. The commercial aviation alternative fuels initiative. SAE Transactions, 2007, 116: 953-965. http: //www.jstor.org/stable/44719529.

[67] Edwards T, Minus D, Harrison W, Corporan E, DeWitt M, Zabarnick S, Balster L. Fischer-Tropsch jet fuels-characterization for advanced aerospace applications. In: 40th AIAA/ASME/SAE/ASEE joint propulsion conference and exhibit. doi: 10.2514/6.2004-3885.

[68] Bacha K, Ben-Amara A, Vannier A, Alves-Fortunato M, Nardin M. Oxidation stability of diesel/biodiesel fuels measured by a PetroOxy device and characterization of oxidation products. Energy & Fuels, 2015, 29 (7): 4345-4355. https: //doi.org/10.1021/acs.energyfuels.5b00450.

[69] Moses CA. Comparative evaluation of semi-synthetic jet fuels. Contract, 2008, 33415 (02-D): 2299.

[70] Pires APP, Han Y, Kramlich J, Garcia-Perez M. Chemical composition and fuel properties of alternative jet fuels. BioResources, 2018, 13 (2). https: //ojs.cnr.ncsu.edu/index.php/BioRes/article/view/BioRes_13_2_2632_Pires_Chemical_Composition_Fuel_Properties_Jet.

[71] Benson SW, Nangia PS. Some unresolved problems in oxidation and combustion. Accounts of Chemical Research, 1979, 12 (7): 223-228. https: //doi.org/10.1021/ar50139a001.

[72] Morris RE，Evans T，Hughes JM，Colbert JE，Nowack CJ. Oxidation of JP-5 in single and multipass flow testing. In：Proceedings of the 9th international conference on stability and handling of liquid fuels，2005.

[73] West ZJ，Zabarnick S，Striebich RC. Determination of hydroperoxides in jet fuel via reaction with triphenylphosphine. Industrial & Engineering Chemistry Research，2005，44（10）：3377-3383. https：//doi.org/10.1021/ie0490379.

[74] Fathoni AZ，Batts BD. A literature review of fuel stability studies with a particular emphasis on shale oil. Energy & Fuels，1992，6（6）：681-693. https：//doi.org/10.1021/ef00036a001.

[75] Zabarnick S，Mick MS. Inhibition of jet fuel oxidation by addition of hydroperoxide-decomposing species. Industrial & Engineering Chemistry Research，1999，38（9）：3557-3563. https：//doi.org/10.1021/ie990107z.

[76] Stumpf Á，Tolvaj K，Juhász M. Detailed analysis of sulfur compounds in gasoline range petroleum products with high-resolution gas chromatography-atomic emission detection using group-selective chemical treatment. Journal of Chromatography A，1998，819（1）：67-74. https：//doi.org/10.1016/S0021-9673（98）00444e0.

[77] Swihart MT. Chapter 5 constructing reaction mechanisms. In：Carr RW，editor. Comprehensive chemical kinetics. Elsevier，2007：185-242. https：//doi.org/10.1016/S0069-8040（07）42005-2.

[78] Turanyi T，Tomlin AS. Analysis of kinetic reaction mechanisms. 1 ed. Berlin Heidelberg：Springer-Verlag，2014. https：//doi.org/10.1007/978-3-662-44562-4.

[79] Sander ZH，West ZJ，Ervin JS，Zabarnick S. Experimental and modeling studies of heat transfer，fluid dynamics，and autoxidation chemistry in the jet fuel thermal oxidation tester（JFTOT）. Energy & Fuels，2015，29（11）：7036-7047. https：//doi.org/10.1021/acs.energyfuels.5b01679.

[80] Alborzi E，Gadsby P，Ismail MS，Sheikhansari A，Dwyer MR，Meijer AJHM，et al. Comparative study of the effect of fuel deoxygenation and polar species removal on jet fuel surface deposition. Energy & Fuels，2019，33（3）：1825-1836. https：//doi.org/10.1021/acs.energyfuels.8b03468.

[81] Cengel YA. Heat and mass transfer：a practical approach：SI units. Singapore：McGraw-Hill，2006.

[82] Coordinating Research，C. Handbook of aviation fuel properties，2014.

[83] Jones EG，Balster WJ. Surface fouling in aviation fuel：short- vs long-term isothermal tests. Energy & Fuels，1995，9（4）：610-615. https：//doi.org/10.1021/ef00052a006.

[84] Klettlinger JLS. Thermal stability results of a Fischer-Tropsch fuel with various blends of aromatic solution. Cleveland，Ohio：NASA：Glenn Research Center.

[85] http：//www.adsystems-sa.com/products/4. DR10. [cited 2021，05 January 2021].

[86] Pande SG，Hardy DR，Kamin RA，Nowack CJ，Colbert JE，Morris RE，Salvucci L. Quest for a reliable method for determining aviation fuel thermal stability：comparison of turbulent and laminar flow test devices. Energy & Fuels，2001，15（1）：224-235. https：//doi.org/10.1021/ef000187f.

[87] Marteau C，Ruyffelaere F，Aubry JM，Penverne C，Favier D，Nardello-Rataj V. Oxidative

degradation of fragrant aldehydes. Autoxidation by molecular oxygen. Tetrahedron, 2013, 69 (10): 2268-2275. https: //doi.org/10.1016/j.tet.2013.01.034.

[88] Yuen FTC, Liang JJ, Young NG, Oskooei S, Sreekanth S, Gülder ÖL. Novel experimental approach to studying the thermal stability and coking propensity of jet fuel. Energy & Fuels, 2017, 31 (4): 3585-3591. https: //doi.org/10.1021/acs.energyfuels.6b03091.

[89] Webster RL, Evans DJ, Marriott PJ. Detailed chemical analysis using multidimensional gas chromatography-mass spectrometry and bulk properties of low-temperature oxidized jet fuels. Energy & Fuels, 2015, 29 (4): 2059-2066. https: //doi.org/10.1021/acs.energyfuels. 5b00264.

[90] AAIB. Report on the accident to Boeing 777-236ER, G-YMMM, at London Heathrow Airport on 17 January 2008. Air Accidents Investigation Branch, 2010.

[91] Mitchell D. How fuel contamination threatens grounded aircraft. Aviation Pros, 2020.

[92] Blakey S, Wilson CW, Farmery M, Midgley R. Fuel effects on range versus payload for modern jet aircraft. The Aeronautical Journal (1968), 2011, 115 (1172): 627-634. https: //doi.org/ 10.1017/ S000192400000631X.

第 **9** 章

替代燃料特性对燃烧不稳定性、噪声和振动的影响

本章原著作者：Charith J. Wijesinghe，英国谢菲尔德，谢菲尔德大学机械工程系；
Bhupendra Khandelwal，美国亚拉巴马州塔斯卡卢萨，亚拉巴马大学机械工程系。

9.1 燃烧不稳定性简介

从基本含义上讲，燃烧应该定义为反应物中的化学能以氧化方式转化为热能的过程[1]。在这个过程中，反应物会经历化学键断裂的过程，然后形成新分子的生成物；要使反应有利于燃烧，反应释放的热能必须大于启动反应所需的活化能。火焰中局部温升的非定常特性会引起压力脉动，进而导致整个燃烧系统出现噪声和振动。这就是燃烧不稳定性的核心机制。噪声被定义为空气介质的非正常振荡，而振动则是固体材料的周期性振荡[2]。

不稳定燃烧与正常燃烧过程的本质区别在于其非定常特性。燃烧过程非定常热释放引发的压力脉动可产生自激增长效应，进而诱发推力脉动、机械振动及热应力等异常现象。在瑞利准则中描述了导致燃烧不稳定的因素[3,4]。图 9-1 表示影响燃烧不稳定性的各个因素之间的反馈关系，其中热振荡引起压力和声学振荡，而压力和声学振荡又反过来影响流体域的热力学参数（燃气涡轮发动机的火焰发生在流体域中）。

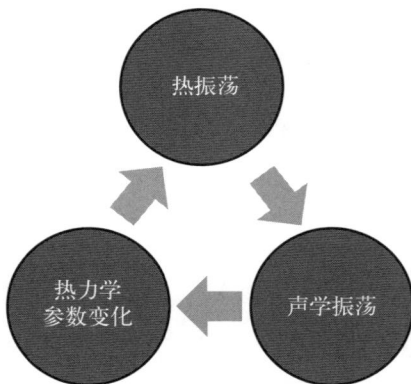

图 9-1 燃烧不稳定性各因素反馈关系[5]

如果置之不理，燃烧振荡所导致的压力振荡将最终在发动机中造成有害的推力振荡。此外，不稳定燃烧还可能干扰发动机控制系统，导致发动机故障和零部件因循环疲劳而过早磨损[3]。若燃烧振荡的振动频率与受振部件的固有频率一致，可能引发共振，导致灾难性结构失效。然而，大多数航空部件在设计与制造阶段均会进行固有频率测试，并为每个部件规定安全频率范围（避免与发动机或气流激振频率重叠），从而在根源上规避共振风险。此外，若未能妥善解决燃烧过程中的振荡与不稳定性，将直接导致燃烧室结构损伤（如裂纹、烧蚀、变形等），进而威胁发动机整体安全与寿命。

瑞利准则可以用下面的公式来描述：

$$\int_0^T \int_V p'q' \mathrm{d}V \mathrm{d}t > \int_0^T \int_s p'u' \cdot n \mathrm{d}S \mathrm{d}t \qquad (9\text{-}1)$$

式中，p' 和 q' 分别是压力波动和热释放波动；T 是时间间隔；V 是控制体容积；S 是控制体边界面；u' 是速度波动；最后 n 是控制体边界面的法向量。实际上，当不等式的左边部分大于右边部分时，就会发生燃烧不稳定。现有研究表明，有多种不同的独立现象能够诱发并导致燃烧不稳定性，分别是：

① 燃烧室内涡流与火焰之间的相互作用；
② 火焰面积和燃烧反应速率的波动；
③ 燃气混合物在局部、全局下的气油比波动；
④ 燃烧室燃油流量波动；
⑤ 燃烧室空气流量波动；
⑥ 喷嘴燃油雾化不均或与空气混合不均。

不稳定燃烧在火箭发动机中尤为突出且备受关注，因其常引发剧烈压力振荡、结构失效甚至任务失败。图 9-2 展示了可能导致不稳定燃烧的各因素相互作用示意图。

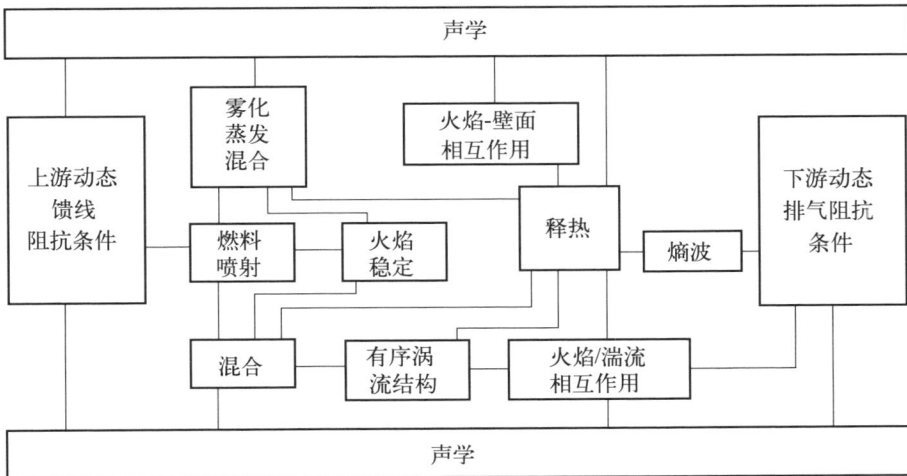

图 9-2 导致不稳定燃烧的各因素相互作用关系[6]

（熵波：燃烧过程中由于气体温度波动引发的能量传递现象，表现为燃烧室内的非稳态热释放与声波耦合）

9.2 不稳定性的分类

通常来说，燃烧不稳定性可分为线性和非线性两种类型。一方面，根据 Zinn 等 [7] 的研究，线性不稳定性由微小扰动引发，因此在自然界中难以观测到。Zinn 进一步以一个生动的例子说明：若将球体精确平衡于山顶，即便受到极微小的扰动，球体也可能滚落。另一方面，非线性行为在燃烧不稳定性中占主导地位。根据 Jacobs 的观点，不稳定性有几种判定特征，包括极限环振幅、波陡化与平均压力偏移 [8]。定义非线性系统的一种更简单方式是，系统的输入与输出的变化之间并非呈线性比例关系。因此，在系统方程中，输出变量至少由一个高阶多项式控制。

燃烧波动通常发生在 3 个频率范围内：低频动态（LFDs），发生于 50Hz 以下，亦称亥姆霍兹模式；中频动态（IFDs），发生于 50 ~ 1000Hz 之间；高频动态（HFDs），发生于 1000Hz 以上 [9]。这些频率范围对工作条件变化的反应不同，尽管它们的热释放振荡和声压场可能是耦合的 [10]。图 9-3 展示了不同频率范围内由振幅谱表征的不稳定性分布。其中，低频动态（LFDs，亦称冷声）在贫燃比条件下发

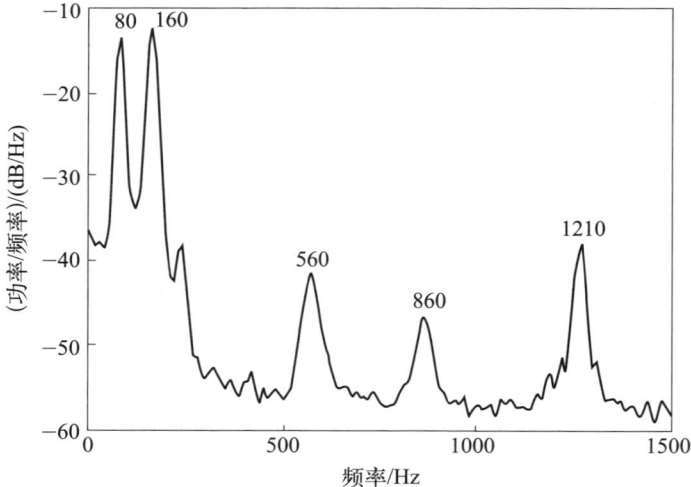

图 9-3　不稳定燃烧频率范围 [11]

生，其振幅随火焰温度下降而显著增大[11]。过多的低频动态对涡轮段有显著损害，在燃烧室部件上表现为表面磨损和微振磨损。高频动态（HFDs）或尖叫现象会快速破坏硬件[10]。

9.3 燃烧噪声

燃烧噪声对航空领域具有重要意义，尤其体现在伦敦希思罗机场和纽约肯尼迪国际机场等繁忙枢纽机场周边显著增加的噪声污染问题上。这导致希思罗机场在每天的 23:00 至次日 07:00 期间缩减了运营量，在此期间每年仅允许 5800 个航班起降[12]。机场周边噪声污染现象始于 20 世纪 50 年代传统喷气发动机的引入，并逐渐成为一个问题。在当时，喷气发动机的噪声比被其取代的活塞发动机大得多。这些早期发动机的噪声主要表现为喷气噪声（由高速喷气排气产生的噪声）。根据 Lighthill 的研究，喷气噪声在气动噪声中占据绝大比例[13]，与排气速度的八次方成正比。

随着技术进步和效率提升，通过引入高涵道比涡轮风扇发动机，喷气尾流速度得以降低以提高发动机效率，同时通过增加总空气质量流量来维持推力。当前，降噪研究已转向其他方向而非单纯依赖降低排气速度，因为该方法已接近极限，而锯齿形尾缘等创新方案应运而生，这些方案通过促进喷气尾流与大气充分混合，从而有效耗散噪声。然而，这些仍属于折中方案：锯齿形尾缘虽能降低发动机产生的噪声，却会导致燃料消耗增加[14]。

起初，涡轮风扇发动机通过采用高涵道比设计的方法，能够显著降低喷气噪声。但是这带来了自身产生风扇噪声的问题。因此，大多数研究集中在降低喷气发动机叶轮机械产生的噪声。随着低排放 NO_x 技术的燃烧室出现，燃烧噪声才成为研究重点。对于采用贫油预混燃烧、干式低排放或富油燃烧 - 淬熄 - 贫油燃烧技术的发动机，燃烧噪声是发动机噪声的重要来源。

这类新型贫油燃烧室的问题在于，当湍流火焰与燃烧室的声学特性以相互增益的方式相互交织时，容易加剧燃烧的不稳定性。这种相互作用会扩大不稳定性并增加声能，从而导致噪声升高，甚至可能造成燃烧室损坏。这些热释放波动会产生声波和熵波，这两种波是两种燃烧噪声的前兆[14]。普遍认为，燃烧噪声的产生有两种机制：直接燃烧噪声和间接燃烧噪声（见图9-4）。

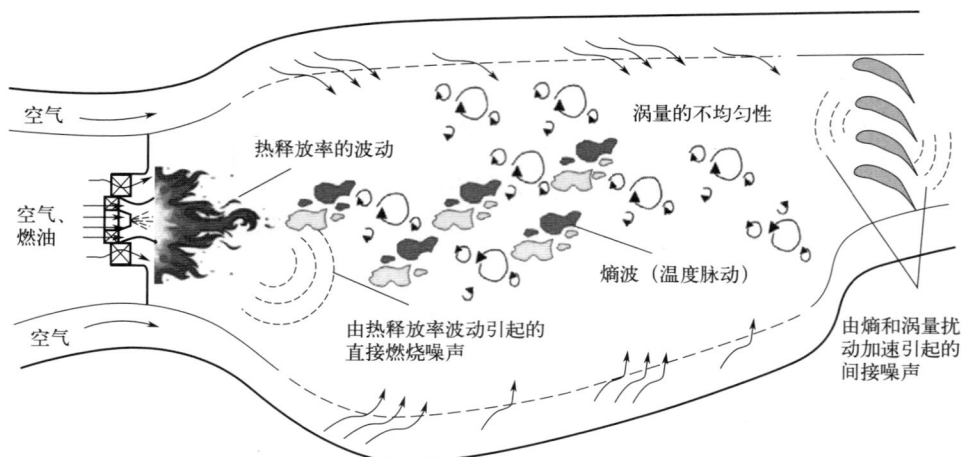

图9-4 燃烧噪声机理[15]

9.4 燃气涡轮发动机的不稳定性、噪声与振动及其前期研究

振动和噪声的表现程度部分取决于燃料的不同特性。Khandelwal 等系统研究了不同燃料组分的作用机制及其对燃烧振荡的耦合效应[16]。他们在 Honeywell 公司的 GTCP85 APU 上，使用4种不同燃料进行了实验。燃料1和2为不同来源的航空煤油 Jet-A1，而燃料3和4则是不同生产源的 FT 合成燃料。研究发现，密度最低的 FT 合成燃料产生的振动频谱频率更高。然而，振动幅度最大的却是由燃料1中的Jet-A1 产生的。需要指出的是，两个不同来源的 Jet-A1 虽然频率相似，但振动幅度存在显著差异（见图9-5）。

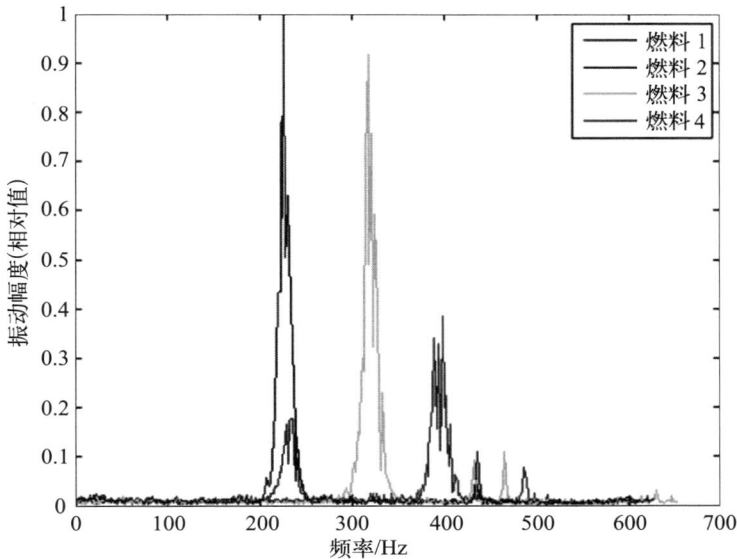

图 9-5　四种不同燃料的振动幅度和频率[16]（另见文后彩图）

此外，Khandelwal 等[18] 的研究更明确地探讨了燃料密度与振动之间的关系。他们将密度更高的椰油混合生物柴油与传统柴油进行了比较[16]。在该项研究中，高密度的混合燃料能够显著降低振动的加速度值。

总体而言，当下公开领域的主要期刊论文发表情况反映，目前关于替代燃料的燃烧不稳定性、噪声以及燃烧引发振动变化的研究仍较为匮乏。更严格的排放法规要求采用贫油预混燃烧技术，但此类技术与富油燃烧相比更易发生不稳定燃烧。研究表明，燃烧不稳定性可能是由于压力、流速、温度或燃油当量比的波动引起的。在这些变量中，瑞利准则被认为是自激燃烧振荡发生的必要条件之一。当量比波动可能是燃烧不稳定性的潜在诱因。

燃烧不稳定变化的根本原因是燃料的沸点、黏度、蒸气压、火焰速度、化学当量比、十六烷值、密度、能量密度和成分的变化。目前，现有的发动机通过以下技术措施抑制燃烧不稳定性：亥姆霍兹谐振器、主动燃烧控制技术、噪声抑制器、液滴尺寸控制、调节火焰速度与长度、优化燃油喷嘴几何参数尺寸。随着新型替代燃料的出现，燃烧不稳定性可通过优化燃料选择和燃烧设计实现消除。

Leyko 等的研究中将燃气涡轮发动机机尾喷管的高噪声与过高的尾喷管出口 - 进口马赫数比相关联，并认为这种高噪声是由超临界工况下气流流经喷管时产生的激波引起的[17]。这些由高出口马赫数产生的激波不仅会导致喷管下游产生剧烈的压力振荡，也是涡轮机械次生噪声增强的重要诱因，如图 9-4 所示。此外，与此相关的是喷嘴传递函数的计算，这些函数能够通过计算模拟特定喷嘴产生的噪声和压力波动。喷嘴传递函数还在辅助发动机尾喷管设计中发挥关键作用，其通过声学特征模拟功能，可显著减少实际测试阶段所需工作量[18]。这对于直升机的军事应用尤为重要，因为涡轮和叶片的噪声对于隐蔽性是非常不利的。

Tam 等的研究聚焦于航空辅助动力装置（APU）直接燃烧噪声的隔离与测量方法[19]。他们实现这一目标的过程颇具启发性，其核心在于构建基于熵和声波控制方程的数值模型，并通过对比现有研究成果与自主采集的 Honeywell 公司 RE220 APU 实测噪声数据来验证模型有效性。该实验数据已与模拟 APU 燃烧室至涡轮过渡区域喷嘴的数值模型进行对比。图 9-6 展示了其工作中获得的频谱图，表明通过频谱分析技术成功分离出间接燃烧噪声成分。表 9-1 总结了燃烧不稳定性领域从诞生至今的进展，该表改编自 Khanna VK 的研究成果。

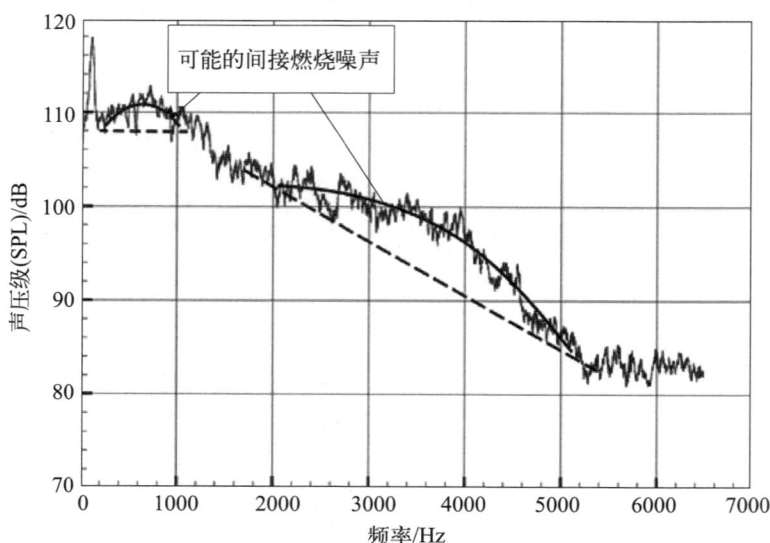

图 9-6 Honeywell 公司 RE220 APU 的频谱数据[19]

表 9-1　迄今开展的燃烧不稳定性工作

年份	作者	研究简述
1956	Putnam AA[20]	对简单燃烧室的不稳定现象进行了研究，并对瑞利准则进行了理论分析
1968	Barrere M，Williams FA[21]	分析了不同燃烧室中观测到的燃烧不稳定机制
1971	Hadvig S[22]	研究了工业燃油燃气锅炉系统中振荡燃烧问题
1978	Goldschmidt VM 等[23]	该研究尝试通过将系统级方法应用于简单燃烧室，预测热声不稳定性（TAI）的发生
1980	Whitelaw JH[24]	该研究聚焦于预混湍流流动环境中发生的热声不稳定性（TAI），重点分析了涉及此类不稳定性的多种流体机械特性
1987	Culick FEC 等[25]	该研究聚焦于理解热声不稳定性（TAI）的非线性特性，特别是其在推进系统中的表现，并基于瑞利准则（Rayleigh's criterion）开展分析
1988	Bloxsidge GJ 等[26]	该研究聚焦于低马赫数流动中 φ 振荡的成因及其对加力燃烧室几何构型热声不稳定性的影响
1989	Vandsburger U 等[27]	该研究聚焦于燃料组成对热声不稳定性（TAI）发生的影响及主动控制算法设计
1990	Keller JO 等[28]	该研究系统探讨了热声不稳定性（TAI）的多种成因机制及其与化学动力学的关联，并参与了利用热声不稳定性提升传热效率的脉冲燃烧技术研究
1992	Candel SM 等[29]	该研究聚焦于燃烧化学动力学及其与流场中涡旋的相互作用机制，并探讨了 OH 化学发光信号作为热释放率测量手段的验证方法，同时研究了主动燃烧控制技术
1993	Dowling AP 等[30]	该研究通过实验方法系统分析了加力燃烧室几何构型的热声不稳定性，并基于涡脱落效应开发了预测模型
1995	Yang V 等[31]	该研究聚焦于火箭发动机中热声不稳定性的发生机制，并开发了主动控制算法进行抑制
1997	Janus M 等[32]	该研究通过实验方法系统分析了热声不稳定性的发生机制及其控制策略，并探讨了环境条件与燃料组成对不稳定性的影响，同时开发了多种预测模型（如 T-f 模型）

年份	作者	研究简述
1998	Zinn BT 等 [33]	该研究系统分析了固体、液体及气体推进剂火箭发动机燃烧室中热声不稳定性（TAI）的发生机制，并开发了控制方法论以支持其可控应用，同时探索了利用热声不稳定性提升脉冲燃烧室效率的途径
1998	Mongia R 等 [34]	开发了用于捕获热声振荡（φ 振荡）的传感器，该振荡由热释放率与声压耦合引发
1998	Peracchio AA 等 [35]	该研究开发了预测热声不稳定性的数学模型，并与实验结果进行了对比
1999	Paschereit 等 [36]	该研究系统分析了燃烧过程与流体机械不稳定性的相互作用机制及其对热声不稳定性发生的影响
1999	Paschereit CO 等 [37]	该研究聚焦于旋转湍流中相干结构对热声不稳定性的影响
1999	Lieuwen T 等 [38]	该研究讨论了振荡对动态热释放的影响，特别是在贫燃工况下，同时探讨了近场效应对热声不稳定性的作用机制
2000	Flores R 等 [39]	该研究系统分析了燃料成分与混合均匀度对热声不稳定性发生及排放的影响
2002	Annaswamy A 等 [40]	总结了截至 2002 年燃烧系统主动控制技术的最新进展
2005	Poinsot 等 [41]	燃料的化学点火延迟差异会导致热释放率与共振压力波动之间的相位变化
2009	Leyko M 等 [17]	开展了关于喷嘴间接噪声生成机制的数值与解析研究
2016	Choi O 等 [42]	该研究通过高速火焰成像技术系统分析了合成天然气（SNG）在燃气涡轮发动机燃烧室中的燃烧不稳定性，旨在提升氢气添加比例的可行性
2018	Li B 等 [43]	该研究通过新型火焰可视化技术系统分析了甲烷在富氧管式火焰燃烧器中的燃烧不稳定性
2019	Wijesinghe CJ 等 [43]	该研究系统分析了 Honeywell APU 运行于 HEFA 替代燃料及其与 Jet-A1 标准燃料的混合燃料时的噪声与振动特性

注：1. HEFA（酯类和脂肪酸类加氢工艺）是一种通过加氢脱氧、异构化及裂化等工艺将动植物油、废油脂等原料转化为可持续航空燃料（SAF）的技术。

2. 本表改编自 Khanna VK. A study of the dynamics of laminar and turbulent fully and partially premixed flames. Virginia Tech，2001. http：//hdl.handle.net/10919/28527.

9.5 替代燃料对噪声和振动的影响

Wijesinghe 等[43] 对 APU 运行中产生的噪声与振动进行了实测分析。该研究的核心创新点在于采用了一种替代燃料与 Jet-A1 进行对比测试。研究对比了不同混合比例的 HEFA 替代燃料与标准 Jet-A1 燃料的噪声与振动特性，并通过分析安装在 APU 近场区域的加速度计与麦克风的功率谱密度数据得出图 9-7 所示结果。

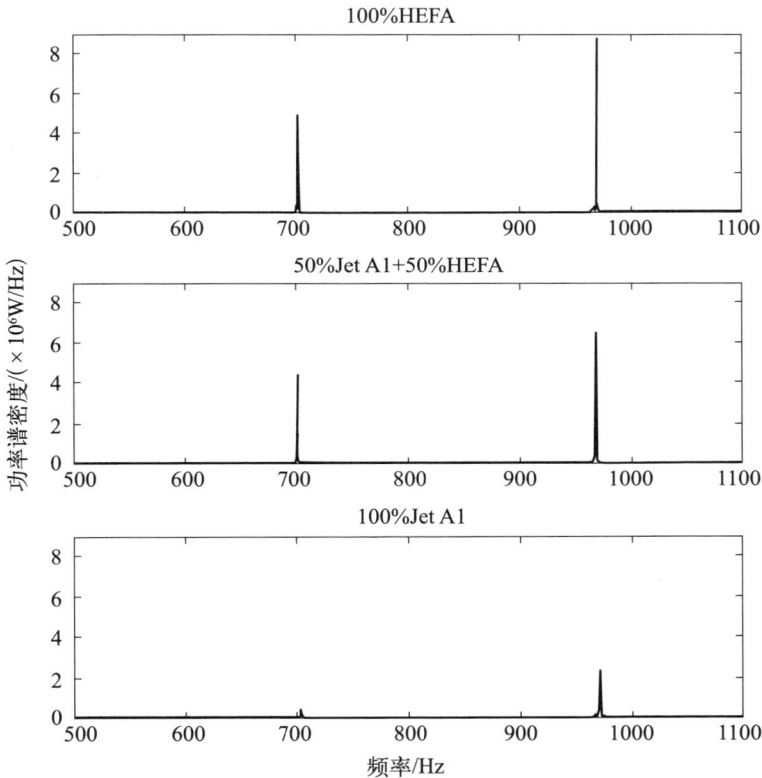

图 9-7 不同 HEFA 掺混比例燃料与纯 Jet-A1 混合物的功率谱密度[46]

研究指出，100% Jet-A1 燃料的功率谱密度（PSD）表现出较低的振动幅值，这与其混合燃料相比具有显著差异。这一现象也揭示了该研究使用替代燃料进行燃气轮机噪声与振动测试的动机。

He 等开展了一项研究，重点探讨了燃料特性对贫油熄火排放及燃烧动力学的影响机制[44]。该研究隶属于美国国家航空燃料燃烧项目（NJFCP），是美国联邦政府主导的长期科研项目，旨在推动航空燃料燃烧技术的革新与环保性能提升。研究中将所用燃料分为两类。

A类燃料：传统石油基燃料；C类燃料：替代燃料。具体燃料参数详见表9-2。

表9-2　实验中使用燃料的特性[47]

特性	A2	C1	C3
总体成分	石油燃料 Jet-A（平均属性）	Gevo AtJ；C_{12}/C_{16} 高度分支异构烷烃	64% Jet-A3，36% C_{15} 异构烷烃
运动黏度（−20℃）/（mm^2/s）	4.5	4.9	8.0
十六烷值	48.3	16	47
蒸馏 /℃ 90%	244	228	245
80%	230	195	243
50%	205	182	230

该研究的一个关键创新点是采用了新型九点直喷式贫燃燃料喷嘴，其燃料通过九个独立喷嘴直接注入燃烧室，因此被称为"贫油直接喷射"技术。该燃烧室设计的主要目的是通过减少 NO_x 和颗粒物排放实现更清洁的燃烧（如图9-8所示）。

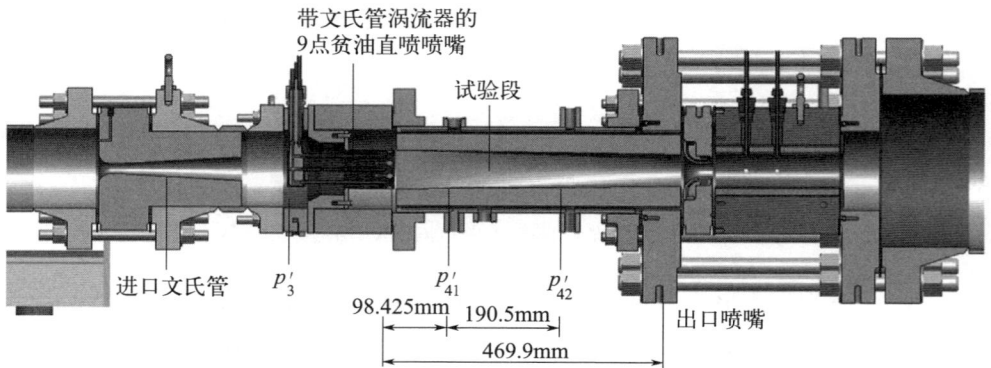

带文氏管涡流器的
9点贫油直喷喷嘴

试验段

进口文氏管　P'_3　P'_{41}　P'_{42}　出口喷嘴

98.425mm　190.5mm

469.9mm

图9-8　NASA 格伦研究中心 CE-5 号实验台

图 9-9 显示了 He 等 [44] 在 2015 年和 2016 年测量的压频数据，结果显示，图中（2015 年数据位于图的左侧）均未出现高幅值的燃烧不稳定性。该测试在燃烧室的贫油熄火极限附近进行。数据显示，替代燃料与传统燃料在燃烧动力学性能上表现相当，两者压频曲线基本重合。具体测试条件如下：压力，1034kPa；温度，644K（约 371℃）；当量比，0.35。

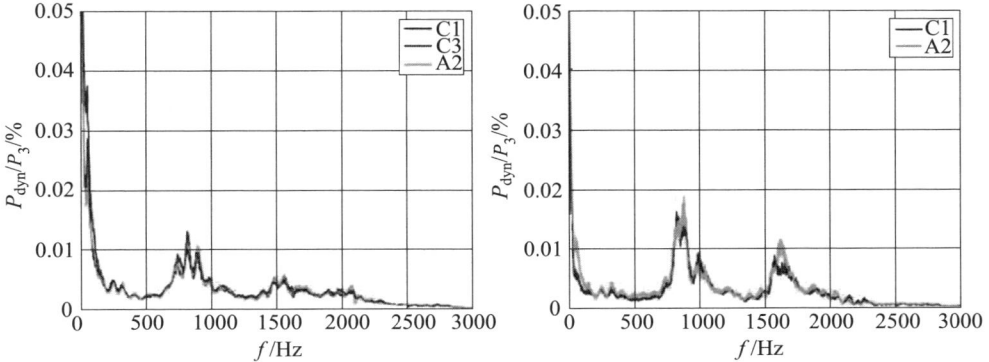

图9-9　九点贫油直接喷射燃烧室中几种替代燃料在当量比 0.35 时接近贫油熄火（LBO）的压频谱数据 [44]（另见文后彩图）

此外，他们进一步指出，两次测试中分别在 900Hz 和 1700Hz 处出现的两个宽频噪声峰存在差异，这可能是由于燃烧室中旋流器旋向的变化所导致。根据 He 等的研究，2015 年测试采用了反向旋转预燃级旋流器，而 2016 年测试改用同向旋转预燃级旋流器，这改变了预燃级旋流器与主燃级旋流器之间的剪切层相互作用机制。最后，论文进一步指出，在氮氧化物排放方面，替代燃料相较于传统燃料具有显著优势。

Simons 和 Soloiu 开展了一项研究，调查了微型 SR-30 燃气轮机在两种替代 FT 型燃料及 Jet-A1 基准燃料下的噪声与振动特性 [45]。他们的实验装置采用了一个三轴加速度计和麦克风，麦克风布置在距燃气轮机 1m 远处。

该研究进一步阐述了由三聚氰胺和豆基复合材料制成的隔音材料对燃气轮机声波传播的影响机制。

此外，如图 9-10 和图 9-11 所示，该研究展示了三种燃料在

0～800Hz 频率范围内的快速傅里叶变换（FFT）数据。根据 Lefebvre 等[49] 的研究，这一频率范围是燃烧噪声与振动易发生的典型区间。研究中使用的燃料特性详见表 9-3。

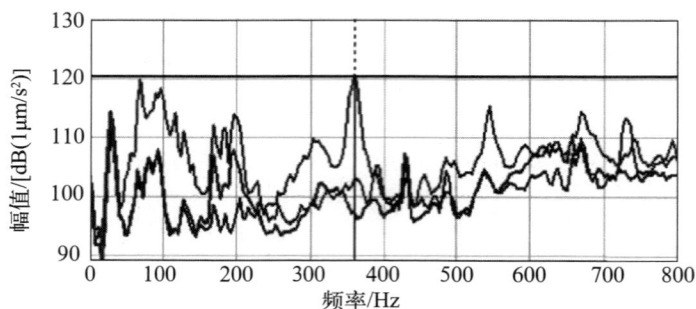

图 9-10 使用 Jet-A（红色）、S8（蓝色）和 IPK（绿色）燃料时 x 方向 FFT 加速度计数据[45]（另见文后彩图）

注：FFT（快速傅里叶变换），数据通过截断高频 / 低频成分以突出燃烧动力学特征

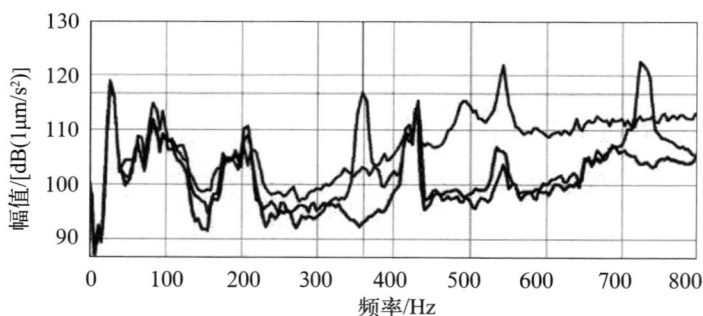

图 9-11 使用 Jet-A（红色）、S8（蓝色）和 IPK（绿色）燃料时 y 方向 FFT 加速度计数据[48]（另见文后彩图）

表 9-3 Simons 等的研究中使用的燃料特性[45]

属性	Jet-A	S8	IPK
运动黏度（40℃）/（mm²/s）	1.40	1.44	1.16
密度 /（g/cm³）	0.803	0.755	0.76
低热值 /（MJ/kg）	43.1	41.5	42.8
闪点①/℃	48	38～52	42

属性	Jet-A	S8	IPK
TA10/℃	84.4	82.0	71.8
TA50/℃	130.8	130.7	108.2
TA90/℃	164.8	158.9	131.3
点火延迟时间 /ms	3.47	2.57	5.11

资料来源于 Oakridge 国家实验室。
① 燃料安全数据。

9.6　小结

　　以上表明，替代燃料确实会对燃气轮机发动机的噪声、振动和不稳定性产生影响，在大多数情况下会对这些性能指标造成损害。尽管这些影响相对较小，但其机理必须进一步深入研究。可以假设燃料的自身特性将影响其喷雾特性，进而影响燃烧过程的稳定性，最终影响发动机噪声和振动特性。从以上综述中可以看出，替代燃料通常比传统的 Jet-A 和 Jet-A1 密度更低，从而影响那些以 Jet-A1 作为燃料进行设计的发动机的喷雾特性，研究表明，当量比（燃料流量变化所引起）的波动会引起航空发动机不稳定燃烧。此外，还需要进一步研究黏度、H/C 值、闪点等其他燃料特性对运行中燃气轮机燃烧不稳定性的影响。

参考文献

[1] Hall N. Combustion. 2015. https：//www.grc.nasa.gov/www/k-12/airplane/combst1.html.［Accessed 21 November 2017］.

[2] Le Grand P. The energy transport by the propagation of sound waves in wave guides with a moving medium. Journal of Engineering Mathematics，1977，11. https：//link.springer.com/content/pdf/10.1007%2FBF01535695.pdf.［Accessed 21 November2017］.

[3] Lieuwen TC，Zinn BT. Combustion instabilities. AIAA，2005.

[4] Khandelwal B，Roy S，Lord C. Effect of novel alternative fuels and compositions on vibrations of a gas turbine engine. In：50th AIAA/ASME/SAE/ASEE joint propulsion conference. Reston，Virginia：

American Institute of Aeronautics and Astronautics，2014. https：//doi.org/10.2514/6.2014-3410.

［5］ Khandelwal B，Wijesinghe CJ，Sriraman S. Effect of alternative fuels on emissions and engine compatibility. In：Runchal AK，Gupta AK，Kushari A，De A，Aggarwal SK，editors. Energy for propulsion：a sustainable technologies approach. Singapore：Springer Singapore，2018：27-50. https：//doi.org/10.1007/978-981-10-7473-8_2.

［6］ Candel S. Combustion dynamics and control：progress and challenges. Proceedings of the Combustion Institute，2002，29：1-28. https：//doi.org/10.1016/S1540-7489（02）80007-4.

［7］ Lieuwen TC，Yang V. Combustion instabilities in gas turbine engines：operational experience，fundamental mechanisms and modeling. American Institute of Aeronautics and Astronautics，2005. http：//cat.inist.fr/?aModele=afficheN&cpsidt=17277673.

［8］ Jacob EJ. A study of nonlinear combustion instability. University of Tennessee，2009. https：//trace. tennessee.edu/utk_graddiss/646. ［Accessed 5 August 2019］.

［9］ Krebs W，Bethke S，Lepers J，Flohr P，Prade B，Johnson C，Sattinger S. Thermoacoustic design tools and passive control：siemens power generation approaches. In：Combustion instabilities in gas turbine engines：operational experience，fundamental mechanisms，and modeling. American Institute of Aeronautics and Astronautics，2006：89-112. https：//doi.org/10.2514/5.9781600866807. 0089.0112.

［10］ Sewell JB，Sobieski PA. Monitoring of combustion instabilities：Calpine's experience. In：Combustion instabilities in gas turbine engines. Reston，VA：American Institute of Aeronautics and Astronautics，2006：147-162. https：//doi.org/10.2514/5.9781600866807.0147.0162.

［11］ Temme JE，Allison PM，Driscoll JF. Combustion instability of a lean premixed prevaporized gas turbine combustor studied using phase-averaged PIV. Combustion and Flame，2014，161：958-970. https：//doi.org/10.1016/j.combustflame.2013.09.021.

［12］ Heathrow Community Relations Team. Night flights | noise | heathrow；n.d. https：// www.heathrow. com/noise/heathrow-operations/night-flights. ［Accessed 16 August 2019］.

［13］ Lighthill MJ. On sound generated aerodynamically I. General theory. Proceedings of the Royal Society of London Series A Mathematical and Physical Sciences，1952，211：564-587. https：// doi.org/10.1098/rspa.1952.0060.

［14］ Duran I，Moreau S，Nicoud F，Livebardon T，Bouty E，Poinsot T. Combustion noise in modern aero-engines aeroacoustics combustion noise in modern aero-engines. 2014：1-11. https：//doi. org/10.12762/2014.AL07-05.

［15］ Dowling AP，Mahmoudi Y. Combustion noise. Proceedings of the Combustion Institute，2015，35：65-100. https：//doi.org/10.1016/j.proci. 2014.08.016.

［16］ Khandelwal B，Roy S，Lord C，Blakey S. Comparison of vibrations and emissions of conventional jet fuel with stressed 100% SPK and fully formulated synthetic jet fuel. Aerospace，2014，1：52-66. https：//doi.org/10.3390/aerospace1020052.

［17］ Leyko M，Nicoud F，Moreau S，Poinsot T. Numerical and analytical investigation of the indirect combustion noise in a nozzle. Comptes Rendus Mecanique, 2009, 337: 415-425. https: //doi. org/10.1016/j.crme.2009.06.025.

[18] Tao W, Mazur M, Huet M, Richecoeur F. Indirect combustion noise contributions in a gas turbine model combustor with a choked nozzle. Combustion Science and Technology, 2016, 188: 793-804. https: //doi.org/10.1080/00102202.2016.1139374.

[19] Tam CKW, Parrish SA, Xu J, Schuster B, Joseph P. Indirect combustion noise of auxiliary power units. Journal of Sound and Vibration, 2013, 332: 4004-4020. https: // doi.org/10.1016/ j.jsv.2012.11.013.

[20] Putnam AA, Dennis WR. Survey of organ-pipe oscillations in combustion systems. The Journal of the Acoustical Society of America, 1956, 28: 246-259. https: //doi.org/ 10.1121/1.1908253. 234 Aviation Fuels.

[21] Barrère M, Williams FA. Comparison of combustion instabilities found in various types of combustion chambers. Symposium（International）on Combustion, 1969, 12: 169-181. https: //doi.org/10.1016/S0082-0784（69）80401-7.

[22] Hadvig S. Combustion instability. system analysis. Journal of the Institute of Fuel, 1971, 44: 550-558.

[23] Goldschmidt VW, Leonard RG, Riley JF, Wolfbrandt G, Baade PK. Transfer function of gas flames: methods of measurement and representative data. ASHRAE Transactions, 1978, 84. https: //www.osti.gov/servlets/purl/6122263.

[24] Ribeiro MM, Whitelaw JH. Coaxial jets with and without swirl. Journal of Fluid Mechanics, 1980, 96: 769. https: //doi.org/10.1017/S0022112080002352.

[25] Culick FEC. A note on Rayleigh's criterion. Combustion Science and Technology, 1987, 56: 159-166. https: //doi.org/10.1080/00102208708947087.

[26] Bloxsidge JG, Dowling AP, Langhorne PJ. Reheat buzz-an acoustically coupled combustion instability, part I: experiment. Journal of Fluid Mechanics, 1988, 193: 417-443. https: //doi. org/10.1017/S0022112088002204.

[27] Vandsburger U, Mcmanus K, Bowman C. Effect of fuel spray vaporization on the stability characteristics of a dump combustor. In: 25th joint propulsion conference. American Institute of Aeronautics and Astronautics, 1989. https: //doi.org/10.2514/ 6.1989-2436.

[28] Keller JO, Bramlette TT, Westbrook CK, Dec JE. Pulse combustion: the quantification of characteristic times. Combustion and Flame, 1990, 79: 151-161. https: //doi.org/ 10.1016/0010-2180（90）90040-X.

[29] Candel SM. Combustion instabilities coupled by pressure waves and their active control. Symposium （International） on Combustion, 1992, 24: 1277-1296. https: // doi.org/10.1016/S0082-0784 （06）80150-5.

[30] Macquisten MA, Dowling AP. Low-frequency combustion oscillations in a model afterburner. Combustion and Flame, 1993, 94: 253-264. https: //doi.org/10.1016/0010- 2180（93）90072-B.

[31] Roh T-S, Tseng I-S, Yang V. Effects of acoustic oscillations on flame dynamics of homogeneous propellants in rocket motors. Journal of Propulsion and Power, 1995, 11: 640-650. https: //doi. org/10.2514/3.23889.

[32] Janus MC, Richards GA, Yip MJ, Robey EH. Effects of ambient conditions and fuel composition on combustion stability. p. V002T06A035. In: 1997 American society of mechanical engineers （ASME）/international gas turbine institute （IGTI） turbo expo meeting, Orlando, Florida, 2014. https: //doi.org/10.1115/97-gt-266.

[33] T. Lieuwen, B.T. Zinn, Application of boundary element methods in modeling multidimensional flame-acoustic interactions, Transactions on Modelling and Simulation. www.Witpress.Com. 1998, （20）: 1743-2355. https: //www.witpress.com/ Secure/elibrary/papers/BE98/BE98051FU.pdf. （Accessed 28 June 2018）.

[34] Mongia R, Dibble R, Lovett J. Measurement of air-fuel ratio fluctuations caused by combustor driven oscillations. p. V003T06A026. In: Coal, biomass and alternative fuels; combustion and fuels; oil and gas applications; cycle innovations, vol. 3. ASME, 1998. https: //doi. org/10.1115/98-GT-304.

[35] Peracchio AA, Proscia WM. Nonlinear heat-release/acoustic model for thermoacoustic instability in lean premixed combustors. p. V003T06A022. In: Coal, biomass and alternative fuels; combustion and fuels; oil and gas applications; cycle innovations, vol. 3. American Society of Mechanical Engineers, 1998. https: //doi.org/10.1115/98-GT-269.

[36] Paschereit CO, Gutmark E, Weisenstein W. Coherent structures in swirling flows and their role in acoustic combustion control. Physics of Fluids, 1999, 11: 2667-2678. https: // doi. org/10.1063/1.870128.

[37] Lieuwen T, Torres H, Johnson C, Zinn BT. A mechanism of combustion instability in lean premixed gas turbine combustors. p. V002T02A001. In: Coal, biomass and alternative fuels; combustion and fuels; oil and gas applications; cycle innovations, vol.2. ASME, 1999. https: // doi.org/10.1115/99-GT-003.

[38] Flores RM, Miyasato MM, McDonell VG, Samuelsen GS. Response of a model gas turbine combustor to variation in gaseous fuel composition. Journal of Engineering for Gas Turbines & Power, 2000, 123: 824-831. https: //doi.org/10.1115/1.1377011.

[39] Annaswamy AM, Ghoniem AF. Active control of combustion instability: theory and practice. IEEE Control Systems, 2002, 22: 37-54. https: //doi.org/10.1109/MCS. 2002.1077784.

[40] Poinsot T, Veynante D. Theoretical and numerical combustion. Edwards, 2005. https: //books. google.co.uk/books?id=cqFDkeVABYoC.

[41] Choi O, Lee MC. Investigation into the combustion instability of synthetic natural gases using high speed flame images and their proper orthogonal decomposition. International Journal of Hydrogen Energy, 2016, 41: 20731-20743. https: //doi.org/10.1016/j.ijhydene. 2016.09.201.

[42] Li B, Shi B, Zhao X, Ma K, Xie D, Zhao D, Li J. Oxy-fuel combustion of methane in a swirl

tubular flame burner under various oxygen contents: operation limits and combustion instability. Experimental Thermal and Fluid Science, 2018, 90: 115-124. https://doi.org/10.1016/j.expthermflusci.2017.09.001.

[43] Wijesinghe CJ, Khandelwal B. Impact of alternative fuel on gas turbine noise, vibration and instability. In: AIAA scitech 2019 forum. American Institute of Aeronautics and Astronautics, 2019. https://doi.org/10.2514/6.2019-0240.

[44] He ZJ, Podboy D, Chang C. Effects alternative fuels on gas emissions and combustion dynamic characteristics on a 9-point LDI combustor. In: 2018 AIAA aerospace sciences meeting. Reston, Virginia: American Institute of Aeronautics and Astronautics, 2018: 1-12. https://doi.org/10.2514/6.2018-2126.

[45] Simons E, Soloiu V. Reduction of aircraft gas turbine noise with new synthetic fuels and sound insulation materials, transportation research record. Journal of the Transportation Research Board, 2017, 2603: 50-64. https://doi.org/10.3141/2603-06.

第 **10** 章
航空用氢燃料

本章原著作者：Huanrong Lei，英国谢菲尔德，谢菲尔德大学机械工程系；
Bhupendra Khandelwal，美国亚拉巴马州塔斯卡卢萨，亚拉巴马大学机械工程系。

10.1　引言

随着航空工业的发展，航空旅行和运输已成为人类生活中不可或缺的一部分。频繁的航空飞行增加了传统化石燃料的使用，已成为一个非常重要的环境问题。自飞机发明以来，航空汽油被用于航空活塞发动机，而航空煤油则在随后的几十年中被用于燃气涡轮发动机。商用飞机的发展为公众带来了便利，但这些商用飞机的普及也大幅增加了化石燃料的消耗，对全球环境产生了严重影响。目前，最常用的航空燃料便是航空煤油和航空汽油（AVGAS）。这些燃料的燃烧会产生譬如 CO_x、NO_x 和 SO_x 等温室气体排放。这些气体被排放到大气中时将会导致气候变化。根据土耳其机场的飞机排放统计数据，大约 6% 的石油产品被用作航空燃料，航空燃料的燃烧排放了占全人类排放总量约 3% 的 NO_x 和 2.6% 的 CO_2[1]。除了环境问题外，化石燃料的消耗还带来了经济问题：地球上的化石燃料均为不可再生能源且进入 20 世纪后化石燃料价格迅速上涨。因此研究新清洁替代能源的需求变得尤为迫切。

事实上，除了改进现有的燃烧技术和优化航空发动机燃烧室结构外，使用清洁替代能源是最可行的解决方案。如何从根源上解决现有燃烧技术减排效果有限的问题促进了替代燃料的开发与研究。经过初步研判，包括潮汐能、太阳能、氢能和风能被纳入航空用能源的考虑范围，但从现阶段考虑只有氢能适合作为清洁能源在航空领域应用。与传统燃料相比，氢与空气燃烧的副产物仅为水和氮氧化物，不会排放含碳或含硫的气体。此外与其他燃料相比，氢燃料具有许多优势。

10.2　氢燃料

10.2.1　氢燃料的特性

氢气与空气反应的燃烧过程中仅生成水蒸气和氮氧化物，与其他燃料相比，氢燃料燃烧不会产生任何有害污染物或颗粒物（PM），氢燃烧唯一需要解决的问题是如何减少 NO_x 的生成。由于氢燃烧的绝热火焰温度较高，热力型 NO_x 生成量比传统燃料更高。目前减少 NO_x 生成的常用方法是控制燃烧当量比或缩短火焰长度 [2]。

作为一种替代能源，氢燃料不仅是一种清洁能源，还具有最高的质量能量密度（120MJ/kg，是除放射性元素外质量能量密度最高的物质）[3]。其他航空燃料如甲烷和 Jet-A 的质量能量密度仅为 50MJ/kg 左右 [3, 4]。氢燃料还可以提供高比冲：1kg/s 的氢燃料燃烧可产生 450kg 的推力。由于这一特性，自 20 世纪 70 年代以来，NASA 已将氢燃料用于航天探索，作为航天飞机和火箭的燃料 [5]。值得一提的是，火箭推进剂中使用的氢是固态的。这是因为天然氢气的密度太小，只有固态氢才能满足火箭推力的需求。

正如之前的研究所示，氢是所有分子中重量最轻的，这意味着对于相同重量的燃料，氢的储罐必须更大。图 10-1 显示，与传统煤油燃料相比，相同能量含量的液态氢体积要大 3 倍。这意味着如果要在现有飞机上使用氢燃料，虽然燃料箱的重量可以减轻，但燃料箱的空间需要比传统燃料飞机大得多。现阶段在商用飞机上应用固态氢燃料是不切实际且不经济的。从飞机的角度来看，唯一可能的是考虑使用液态氢，但是液态氢的储存同样是一个复杂的问题。为了使用液态氢，NASA 将液态氢储存在真空低温罐中，并将温度保持在 -423°F 以下 [6]。尽管氢燃料是解决环境污染和长期发展的最佳选择，但在商用飞机上储存氢燃料仍然是一个需要克服的难题。

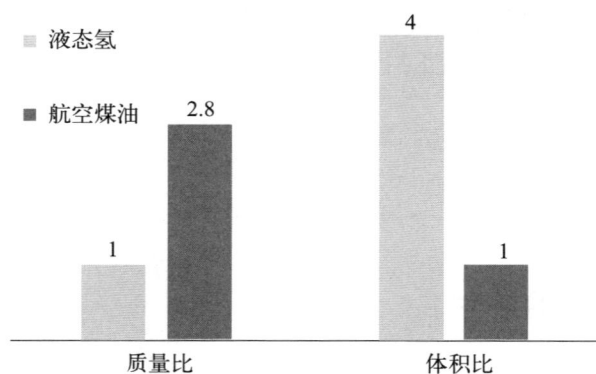

图 10-1 等能量条件下液态氢与航空煤油的质量比与体积比

10.2.2 氢燃料的生产

如果要将氢燃料广泛应用于商业用途，就需要大量的氢气，因此如何大规模生产是一个必须面对的问题。在推广氢动力飞机之前，首先必须解决氢燃料在工业规模上的生产问题。事实上国际能源署（IEA）已经讨论了氢的生产[7]，他们的研究表明，目前有譬如化石燃料、水或生物质等几种原料可用于生产氢气。截至目前，几乎一半的氢气生产来自天然气蒸汽重整，部分来自石油/石脑油和煤的气化，只有一小部分氢气是通过电解水生产的[8]。由化石燃料生产氢燃料是最主要的大规模生产工艺，其具有低成本和高效率的特点。然而这一过程总是会产生 CO_x 副产品，这抵消了使用氢燃料降低碳排放的主要目的。因此要完全清洁地使用氢，需要将氢从水中分离出来。分离的最基本方法是电解，即简单地使用电力生产氢气，但这种方法成本高且效率低，并且该过程中使用的电能主要又来自化石燃料火力发电。

从简单的电解水制氢方法中，已经发展出了越来越多的改进方法，例如高温电解、光解和碱性电解。对于上述所有方法，高温电解方法已被证明是一种有前景的技术并可用于高效大规模生产氢气[9]。光解方法也是一种大规模生产氢气的商业化方式，它具有较高的氢气生产效率且成本相对较低。此外，光解是一种利用太阳能的生产过程，这使得氢气可以直接生产而不会产生任何碳氧化物排放。如果光解工业建在太阳能潜力高的地区（如阿尔及利亚），则有可能实现低成本的大规模氢气生产[10]。

氢气生产与应用的简单概念如图 10-2 所示。在这个过程中，原料可以是水或碳氢化合物。原料可以通过光解、电解和热化学等方法进行提取[11]。为了从原料中提取氢分子，需要外部能量帮助分子逃逸。这种能量可以是来自碳氢化合物的化学能、核能或可再生能源。例如用于高温电解的外部能量可以是核能而光解过程的外部能量可以是太阳能[11]。

图 10-2 氢气生产过程

研究表明，光解似乎是迄今为止最有效且低成本的氢气提取方法[11]。尽管氢气生产技术尚未成熟到足以作为航空燃料而大规模生产氢气，但它有潜力在不久的将来取得良好进展。本章的目的是回顾氢燃料的应用，重点放在氢的使用上，因此未详细考虑氢燃料的供应问题。先前的研究已经表明，工业生产的氢气作为航空燃料是可行的，这意味着未来氢动力飞机的燃料供应前景广阔。

10.2.3 氢燃料的存储

10.2.3.1 储罐配置

由于在室温下氢气处于气态，这导致储罐体积过大且重量过高，因此对于航空燃料用氢而言，气态氢和氢化物储氢是不切实际的[12]。将氢气以固态或液态储存是可行的，然而将氢气保持在固态需要大量的能量来加压和维持氢气低温。与液态氢相比，固态氢的密度仅提高了约20%（从70.8kg/m³ 提高到 86kg/m³），但维持固态氢气所需的能量要高得多。因此对于长航时飞机用氢而言，液态氢的储存是最合适的解决方案。为了以液态储存氢气，需要高压和低温条件，氢气必须在1个大气压下冷却至−253℃（约20K），或者在室温下将氢气压力增加到5000 ~ 10000psi[13]。

如图10-1所示，由于氢气的低密度，在相同重量的氢燃料和煤油中氢气的能量含量是煤油的2.8倍。然而这一优势在一定程度上被复杂的氢燃料供应系统的重量所抵消。但另一方面可以预期的是氢气可以在给定的起飞重量下允许更高的有效载荷。而对于相同重量的氢气，液态氢的体积是航空煤油的4倍。这意味着氢燃料需要比传统燃料更大的燃料储存空间。以前用于航空煤油的机翼储存设计对于液态氢储罐来说太重了，必须实施新的储罐布局设计。为了在商用飞机上安装大型氢储罐，以前的非整体式燃料箱结构无法使用。机翼结构亦无法承受氢储罐的重量。氢储罐的体积比煤油储罐大得多，其较大的迎风面积和表面积也会导致更高的阻力并影响飞机的空气动力学性能，因此许多研究考虑了整体式储罐设计。对于这种不寻常的配置，将整体式储罐安装在机身顶部是大型商用飞机的一个可行方案[14]。为了在飞机机身中安装燃料箱，储罐的形状和重量是商用飞机面临的关键挑战。此外，液态氢的储存需要低温燃料箱将其保持在 20K，因此储罐的绝缘和低温设备对于储罐设计至关重要。

10.2.3.2　储罐形状

面对液态氢的储存问题，为了将氢气用作航空燃料应考虑整体式储罐结构。航空用整体式储罐设计需要较小的迎风面积和表面积以实现最小重量。并且储罐表面积的最小化可以进一步减少进入燃料箱的热传导。如前所述，液态氢的沸点极低，为 −253℃，因此进入储罐的热量越少则储存过程中的燃料损失就越少[12]。对于非整体式燃料箱，储罐仅作为燃料容器，不需要符合飞机的形状，储罐形状设计的目的是要最小化阻力并减少燃料损失。最常见的燃料箱设计形状是球形或圆柱形，以满足绝缘要求[15]。球形几何形状是最简单的设计和制造形状，但其配合现有机身设计的空间利用率小[16]。此外球形燃料箱在相同体积下具有最小的表面积，这意味着被动传导到储罐的热量也最小，将大大减少燃料损失[17]。

有一些研究讨论了球形氢燃料箱的设计。正如 Xu 等所述，球形液态氢燃料箱包括一个内罐和一个外罐，并带有 8 个点接触的绝缘支撑[18]。在图 10-3 和图 10-4 中可以观察到在这两个同心球壳之间有绝缘层[18]。

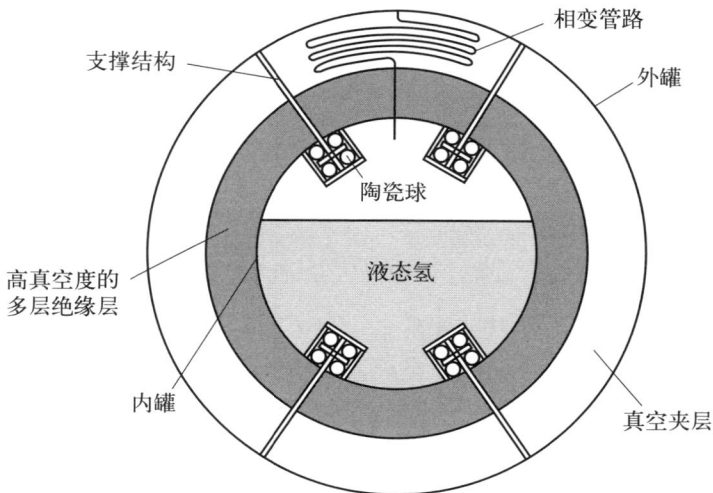

图 10-3　球形氢燃料箱设计[18]

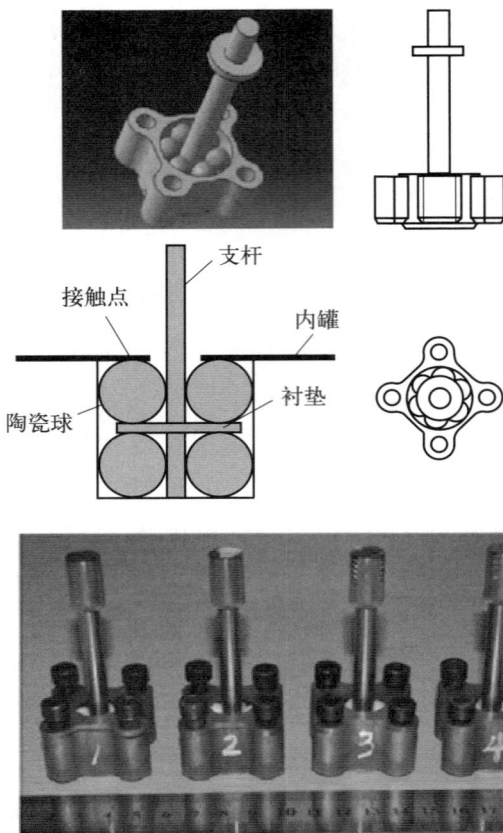

图 10-4 低热泄漏支撑结构设计[18]

他们进一步研究了一种为了减少支撑结构热泄漏的新设计,如图 10-4 所示。这种新的支撑结构包含多个陶瓷球,与普通的拉杆支撑结构相比,它可以通过垫圈、内罐壳和球之间的点接触减少接触半径而将热泄漏减少超过 85%。

除了球形燃料箱外,圆柱形燃料箱也被广泛使用。与球形储罐相比,相同容量下,圆柱形燃料箱的表面积比球形储罐大,这导致其通过更大的表面积吸收更多的热量。圆柱形储罐内部的压力分布不均匀,这意味着圆柱形储罐的室壁需要比球形储罐更厚更大[12]。而且由于圆柱形储罐的长度,如果要将这种储罐安装在商用飞机上,需要解决晃动问题以保持重量平衡。因此,相同容量下圆柱形储罐的重量大于球形储罐。基于上述信息,对于整体式液态氢燃料箱而言,球形燃料箱优于圆柱形燃料箱。

在液氢储罐设计中，绝缘层是储存氢气并最小化液态氢蒸发的重要设计。主要有两种类型的绝缘，即内部绝缘和外部绝缘。在使用外部绝缘时，问题在于储罐的膨胀和收缩。此外，这种外部绝缘设计容易损坏[19]。但是与内部绝缘相比，这种设计的技术难度较小。内部绝缘有不同的绝缘方法，例如多层绝缘（Multilayer Insulation，MLI）、真空绝缘和泡沫绝缘。MLI 具有多层不同材料以防止热泄漏，通常使用的材料是交替堆叠的金属箔和绝缘材料[20]。由于更多的热屏蔽意味着更多的材料使用，MLI 产品会更重。真空绝缘是一种用于液氢储罐的有效方法，但保持绝缘层真空非常困难并且储罐壁材料需要足够坚固以抵抗真空外压力。此外，还需要外部设备来排气，这种方法需要更厚的储罐壁和外部设备来维持真空层的压力[21]。

10.3　氢燃料在航空航天中的应用历史

10.3.1　氢动力飞机的发展

10.3.1.1　气球和齐柏林飞艇（1783—1911 年）

作为一种清洁的替代燃料，氢气在航空领域的应用已有数百年历史。最初，人们开发了"比空气轻"的概念，氢气的低密度使其作为升力源成为可能。1783 年，Roberts 兄弟在法国物理学家 Jacques Charles 的指导下，使用氢气为气球充气[2]。同年年底，他们建造了一架大型载人气球，能够搭载两名乘客。Charles 和 Roberts 兄弟中的一人成为首批乘坐氢气球飞行的人。与使用热空气作为升力源的热气球相比，氢气球不需要额外的动力（如火焰加热）。

另一个著名的氢气升力应用是齐柏林飞艇。自 19 世纪末以来，Graf von Zepplin 设计了一种具有方向和速度控制的刚性飞艇，并使用内燃机作为推进动力。齐柏林飞艇通过德国运输公司 DELAG（德意志飞艇股份公司）开始了飞艇的商业化应用[22]。此后的 5 年中，齐柏林飞艇进行了超过 1500 次飞行，搭载了超过 10000 名乘客[23]。这是世界上首次将氢动力飞机用于商业用途。然而 1937 年的一场事故使人们意识到，在商业飞艇中使用氢气存在风险和危险[24]。1937 年 5 月 6 日，在 Hindenburg 号飞艇的预定飞行结束时，飞艇突然起火导致 35 名乘客丧生。Hindenburg 号事故标志着氢气在商业飞艇中的应用终结。

10.3.1.2　HeS 1 发动机（1937 年）

上述两个例子仅利用了氢气的物理特性（如低密度）。历史上人们从 1937 年开始将氢气用作化学燃料。Von Ohain 被认为是第一台涡轮喷气发动机的设计者[25]，他在 1936 年与 Ernst Heinkel 合作，决定开发一种以氢气为燃料的发动机。简单的 Heinkel-Strahltriebwerk 1（HeS 1）发动机于 1937 年 3 月完成，成功使用氢气运行并产生了 551 磅（1 磅 =0.454 千克）的推力[26]。尽管该发动机从未设计用于飞行，但它证明了氢动力发动机的基本概念是可行的。

10.3.1.3　美空军 B-57 飞机（1955 年）

1957 年，NASA 成功进行了首次氢动力飞机的飞行测试。1955 年秋，美国国家航空咨询委员会（National Advisory Committee for Aeronautics，NACA）开始研究使用液态氢燃料的飞机。该项目被称为"蜜蜂计划"，初步研究基于一架配备两台 Curtiss Wright J-65 燃气涡轮发动机的空军 B-57B 轰炸机[27]。在该测试中，飞机的一台发动机被改装以测试液态氢燃料。飞机在测试中使用两种燃料：一台发动机使用常规煤油 JP-4 起飞，爬升到 16400m 高度后，另一台配备独立氢燃料系统的发动机开始工作。

氢动力 B-57 的配置设计如图 10-5 所示[7]。液态氢储存在翼尖的储罐中，而在另一侧翼尖安装了一个氦气罐用于加压氢罐并泵送液态氢。此外，在靠近氢罐的机翼上安装了热交换器，其功能是将液态氢气化，使其更容易在涡轮喷气发动机中燃烧。在发动机测试中，为了稳定燃烧，氢发动机的飞行高度比 JP-4 发动机高 7000 米。氢发动机的推力比 JP-4 高 2% ~ 4%，而燃料消耗率降低了 60% ~ 70%[28]。

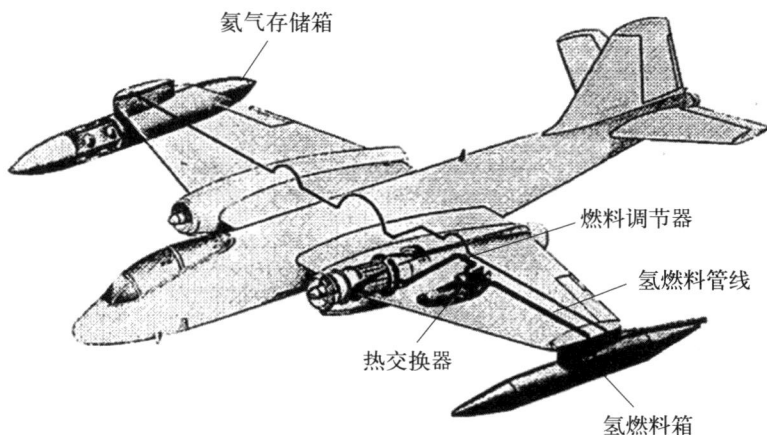

图 10-5 B-57 氢燃料飞行器结构布局[7]

该氢动力 B-57 进行了三次飞行测试：前两次测试因氢气蒸发和压力上升问题而未成功。尽管飞机起飞和爬升成功，但在巡航过程中，需要频繁排放氢气以保持压力在操作限制内。这两次飞行仍然证明了氢动力飞机是可行的。第三次测试于 1957 年 2 月进行，这是历史上首次成功的氢动力飞机飞行，具有重要的历史意义。测试飞行持续了 17 分钟，飞行高度为 50000ft，氢动力 B-57 的速度约为 0.75 马赫 [1 马赫（mach）=340.3 米 / 秒][29]。飞行员报告称，使用氢气时发动机运行良好，氢气与 JP-4 之间的切换非常平稳。此外 G. Daniel Brewer 在他的书中记录道："氢燃料系统在操作中没有遇到任何安全问题"[2]。

尽管氢动力飞机的飞行测试取得了成功，但也暴露出一些缺点。该氢发动机仅运行了约 20 分钟便几乎耗尽所有燃料，这意味着氢发动机的续航能力是一个问题。此外氢气燃烧后留下的冷凝云迹可能会对气候产生影响[7]。

10.3.1.4 Lockheed CL-400 飞机（1956 年）

与此同时，美国还启动了一个名为"Suntan"的氢燃料飞机秘密项目。在 20 世纪 50 年代末，Lockheed 公司获得了美国政府的合同，设计两架原型侦察机，其速度可达 2.5（马赫），飞行高度为 30300 米[30]。CL-400 高空侦察机被选中，它配备了两台由 Pratt & Whitney 公司设计的发动机。CL-400 的三视图如图 10-6 所示，其机身直径为 3 米，长度为 49 米，可携带 9707 千克液态氢燃料。其外观设计与 F-104 相似，两台发动机安装在翼尖。

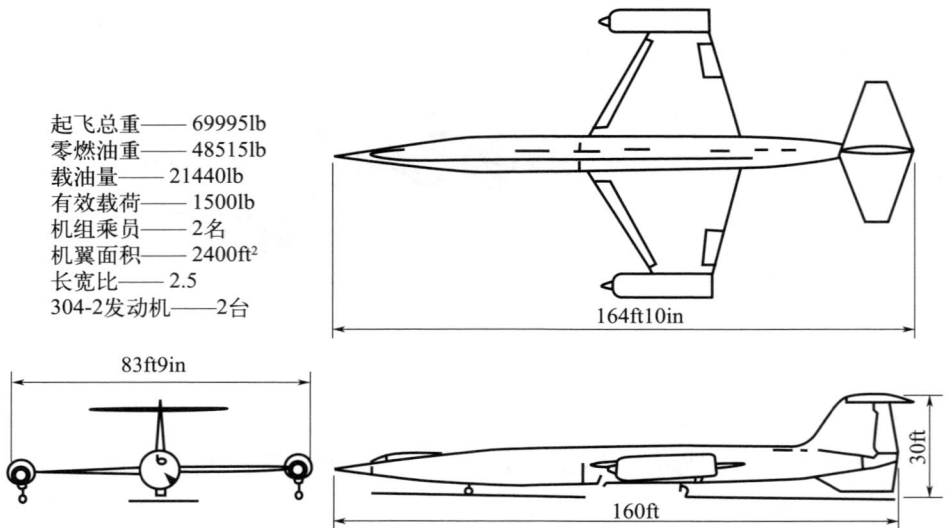

起飞总重——69995lb
零燃油重——48515lb
载油量——21440lb
有效载荷——1500lb
机组乘员——2名
机翼面积——2400ft²
长宽比——2.5
304-2发动机——2台

164ft10in

83ft9in

30ft

160ft

图 10-6 CL-400 氢燃料飞行器结构布局 [7]

对于该飞机，Pratt & Whitney 公司设计了一台 304 发动机以使用液态氢：每台发动机重 2850 千克，可在 2.5 马赫和 29000 米高度下提供 27kN 的推力。在该项目中，进行了一系列预先研究，包括储氢罐和燃料系统以及氢燃料的实用性。但是其中关于氢气储存的测试很少，他们发现氢气在没有点火的情况下很容易逸出。最初，Pratt & Whitney 公司决定分析不同的氢发动机设计并开发一种新的发动机。然而，随着对各种氢发动机的进一步分析，他们意识到改装现有发动机以适应液态氢更为方便。他们与空军达成协议，根据合同改装了 J-57 发动机。该发动机于 1957 年建造并测试，后经过多次测试和改装，304-2 氢发动机于 1958 年底成功测试，发动机使用氢气运行了约 25 小时，未出现任何问题。这些证明了氢发动机的开发满足了设计要求 [7]。

到 20 世纪 60 年代末，由于技术意见的分歧，Suntan 项目逐渐终止。这主要是由于氢动力飞机的发展缓慢以及氢燃料的储存和运输问题。然而，从项目的结果来看，氢动力飞机的飞行高度高于传统燃料动力飞机，这显示了继续开发氢动力飞机的潜力。

10.3.1.5　图-155 飞机（1988 年）

20 世纪 70 年代，由于石油危机，苏联开始研究替代燃料：液态氢和液化天然气（Liquid Natural Gas，LNG）。1988 年 4 月 15 日，世界上首架液态氢动力飞机成功进行了飞行测试[31]。苏联宣布，氢动力图-155 的建造表明氢气可以成为一种实用燃料[32]。苏联飞机制造商图波列夫（Tupolev）重新设计了图-154 的发动机系统以测试液态氢燃料；三台 NK-8 发动机中的一台被改装为 NK-88，安装在右侧位置。该发动机仅使用氢气运行，而其他两台发动机仍使用传统燃料。此外，乘客舱的后部被改装为氢燃料箱[33]。使用液态氢的发动机在 7000 米高度和最大速度 900 公里 / 小时的条件下进行了测试，模拟了发动机的启动和故障。然而，尽管飞行测试成功，但该液态氢项目仅进行了五次飞行，随后便被放弃。主要原因是液态氢的高成本以及机场缺乏氢燃料设施。

10.3.1.6　A310 飞机（1991 年）

在苏联宣布其替代燃料项目后，Daimler-Chrysler 航空航天公司与一支德国 - 俄罗斯团队合作，从 1990 年开始研究替代燃料飞机。1992 年，研究得出结论，液态氢比天然气更安全且更环保。基于 Airbus A310 的液态氢飞机研究启动，提出了在客舱上方安装低温燃料箱的设计，因为液态氢的体积是传统煤油的 4 倍。研究发现，远程氢动力飞机的起飞重量比普通飞机少 15%。然而，由于氢气燃烧运行的复杂性，最终的平均飞行重量有所增加[34]。该研究为 CRYOPLANE 项目奠定了基础。

10.3.1.7　CRYOPLANE 项目（2000 年）

由于传统航空燃料消耗的持续增长和环境问题，在 2000 年来自 11 个国家的 35 个合作伙伴组成了一个联盟，启动了一个名为"CRYOPLANE"的项目，该项目由欧盟委员会支持，为期两年，资金为 450 万欧元[35]。该项目旨在全面研究将液态氢燃料应用于商用飞机以替代传统化石燃料（如煤油）。该研究是对液态氢的大规模研究，涵盖了所有可能相关的方面，如技术、环境和经济考虑。在该项目中，研究了氢气的生产、氢动力飞机的配置、燃烧系统和组件、安全和推进、环境兼容性等多个方面。

该项目考虑了不同航程商用飞机的不同配置，并提出了不同的氢罐布局方案。此外该项目的最终报告还提到，在传统燃气涡轮发动机中使用氢气是可行的，甚至在燃料消耗和发动机温度方面表现出更好的性能[35]。该项目的结果证明了将液态氢应用于商用飞机在技术上是可行的，但仍需要更多的研究和开发工作。根据项目分析的评估，在21世纪初期由于材料和组件的缺失，氢燃料无法进一步开展研究。此外，从实际角度来看，在氢储存和生产技术完全成熟之前氢燃料不会投入应用，由于煤油更便宜且易于生产，与煤油相比氢气缺乏吸引力。因此项目团队估计，氢发动机技术的最早应用至少需要15～20年[36]。

事实上，正如项目之前假设的情景，氢动力飞机的首次商业运营本应在2015年实现。虽然大型氢动力飞机尚未开发出来，但德国航空航天中心（DLR）在2016年成功测试了一架氢燃料电池动力客机HY4[37]。

10.3.1.8 超燃冲压发动机（2004年）

液态氢也被用于超燃冲压发动机。NASA的Hyper-X团队计划开发一种小型高超音速飞行器并使用液态氢燃料。实验性无人超燃冲压发动机X-43被开发用于高超音速飞行和液态氢燃料测试。X-43的设计遵循了不降落、不回收的概念，仅用于测试[38]。由于超燃冲压发动机的操作条件，氢气在高超音速飞行中作为燃料具有巨大优势。该Hyper-X项目于1996年启动，第一台超燃冲压发动机X-43A被开发出来，由单一的氢燃料推进系统提供动力。从2001～2004年进行了多次飞行测试：第2次和第3次飞行测试成功证明了氢动力吸气式推进系统的可行性。在2004年11月18日的第3次飞行测试中，飞行持续了11秒，飞行距离为20英里，最高速度为9.6马赫[39]。

10.3.1.9 Boeing Phantom Eye（2010 年）

由于氢燃料的高体积特性，其在商用飞机上的应用遇到了严重困难。在无人机（Unmanned Aerial Vehicle，UAV）领域，液态氢燃料得到了成功应用。2010 年 Boeing 公司宣布开始建造其首架液态氢动力高空长航时（Highaltitude Long-endurance，HALE）无人机并命名为 Phantom Eye[40]。Boeing 公司表示该演示无人机可携带 450 磅的有效载荷并飞行 4 天。对于全尺寸的 Phantom Eye，其续航时间为10 天，有效载荷能力为 2000 磅。Phantom Eye 使用液态氢作为燃料，其特点是配备了两台 2.3 升涡轮增压液态氢内燃机，安装在距离机身150 英尺的机翼上。这些发动机是为福特汽车设计的。为了确保发动机在高空正常工作，发动机使用了多重涡轮增压来压缩低密度空气。从 2010 ~ 2014 年，Boeing 演示机 Phantom Eye 进行了 9 次飞行测试。2014 年最近的一次测试表明，Phantom Eye 可以在 54000 英尺高度飞行超过 8 小时[41]。Phantom Eye 的成功，展示了液态氢燃料在 HALE 飞机领域的巨大潜力。

10.3.1.10 氢燃料电池飞机

在航空工业中，除了在发动机中燃烧氢燃料外，氢燃料电池的应用在未来商业飞行行业中也具有巨大潜力。2016 年 9 月 29 日，世界上首架氢燃料电池动力四座客机在斯图加特机场成功进行了飞行测试，该项目得到了德国国家氢和燃料电池技术创新计划（National Innovation Programme，NIP）的支持[42]。与之前使用液态燃料作为燃烧燃料的测试不同，氢燃料电池用于驱动飞机上的电动机。根据项目描述，HY4 飞机是一种中央单螺旋桨飞机，两侧机翼各有一个双座机身。电动机由燃料电池供电，燃料电池放置在螺旋桨系统后方，液态氢储存在两个碳纤维罐中，压力为 4300 ~ 5800 psi，安装在两个机身中[43]。燃料电池可以将液态氢燃料转化为电能并驱动电动机[44]，在飞行中，电动机可提供最大 200 公里 / 小时的速度，巡航速度约为145 公里 / 小时。在不同速度和负载下，HY4 的航程在 750 ~ 1500 公里之间[37]。

不仅德国航空航天中心（DLR）成功建造了氢燃料电池飞机，中国也在 2017 年成功进行了飞行测试，成为第三个成功测试氢燃料电池飞机的国家。这架名为 RX1E 的飞机配备了燃料电池系统和锂电池，在起飞和爬升过程中锂电池工作，然后在巡航时切换到氢燃料电池，其飞行速度为 120 公里 / 小时并可飞行 60 分钟 [45]。此外在氢燃料电池飞机的飞行测试中排放为零，仅排放水蒸气。

这些氢燃料电池飞机使人们看到了氢燃料电池的潜力，正如 DLR 的 HY4 项目负责人 Josef Kallo 所说，这些小型客机未来可以应用于区域航空旅行作为空中出租车 [46]。氢动力飞机的历史如图 10-7 所示。

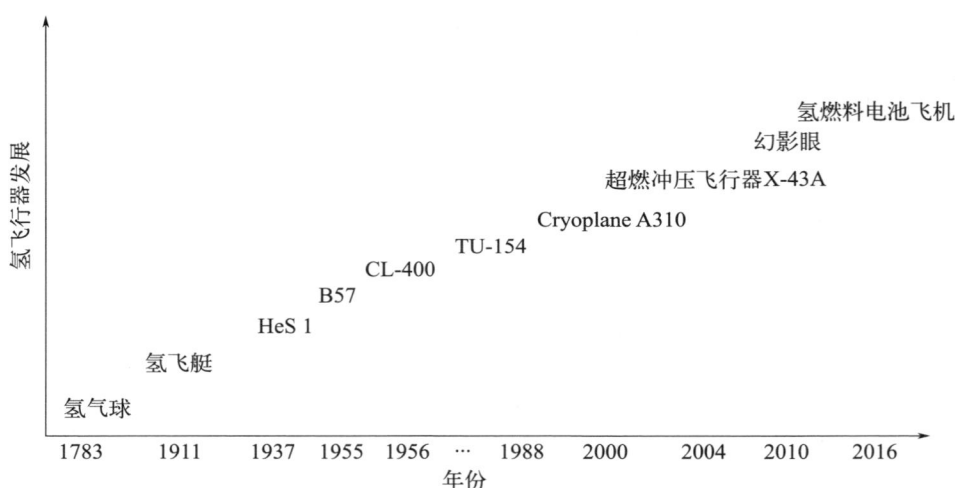

图 10-7 氢燃料飞行器历史时间线

10.3.2　飞机配置

由于氢气的低密度，所需的燃料储存空间比煤油和其他传统燃料大得多。在 CRYOPLANE 项目中，使用的液态氢储罐没有特定的形状。该项目中，多种不同尺寸和类型商用飞机的机身储罐空间不同，因此不同飞机的燃料箱尺寸要求也不同。在小型短程飞机中，燃料储存空间太小无法适应传统储罐形状，在这种情况下球形储罐可能是合适的。在远程客机中，机身较大有更多的空间可用于放置燃料箱。

在 CRYOPLANE 项目中，研究了多种不同的整体式储罐设计的储罐布局方案。根据飞机的座位数和航程，从小型区域涡轮螺旋桨飞机到大型远程喷气式飞机，总共分为七类。此外还提出了三种不同的储罐配置[36]。

在项目中，主要提出了三种燃料箱布置设计，分别适用于四种不同的飞机类型。第一种储罐布局设计适用于"小型支线飞机"和"公务机"，燃料箱放置在机身尾部压力舱壁后方。第二种储罐布置设计将燃料箱布置在客舱上方和机身尾部，适用于"100 座以下的支线飞机""短程飞机"和"中程飞机"。第三种设计适用于大型飞机，即项目中的"远程飞机"和"超大型远程飞机"。对于这些飞机，燃料箱分别安装在飞机尾部压力舱壁后方和驾驶舱后方。除了这些常规的飞机配置外，还有一些不规则的设计。设计细节和一般缺陷总结在表 10-1 中。

表 10-1　氢燃料飞机布局对照表

布局	1	2	3	4
飞机类别	小型支线飞机和公务机（图 10-8）	100 座支线飞机/短程和中程飞机（图 10-9）	远程飞机（图 10-10）	不规则飞机配置
设计细节	燃料箱安装在尾部压力舱壁后方。因考虑重心，该设计仅适用于小型客机	即使是 100 座支线飞机的机身尺寸也太小，无法将燃料箱放置在前部客舱内。因此，在这些飞机的配置中，燃料箱只能安装在机身顶部	这些远程飞机的机身足够大，可以在客舱内布置燃料箱。机身的锥形尾部可用于安装胶囊形储罐。为了平衡重心，需要在前部安装一个储罐。该储罐可以放置在驾驶舱和客舱之间。机身的直径足够大，可以在前部储罐侧面留出一条通道	为了节省氢动力飞机的载重能力，还研究了一些不规则设计，如"双尾撑"和"混合翼体"。双尾撑改变了机翼设计，并将燃料箱作为外部布置。混合翼体设计增加了机身形状，储罐设计为放置在机身内部，但位于客舱两侧
缺点	考虑重心和补偿方法（如更大的尾翼）是必需的。配平阻力会增加，最大升力可能会降低	这种设计风险较高且效率较低。它会导致阻力和液态氢爆炸的风险增加	为了留出通道，储罐形状不能是规则的圆柱形。这将导致压力分布不均匀，因此需要壁厚更大，制造成本增加	这些设计完全是新概念，存在许多需要解决的问题。它们只能作为设计参考

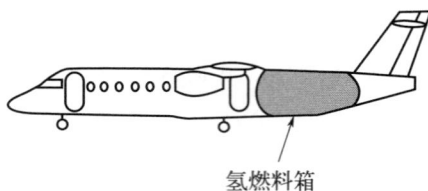

图 10-8 小型支线飞机和公务机的储罐布置 [11]

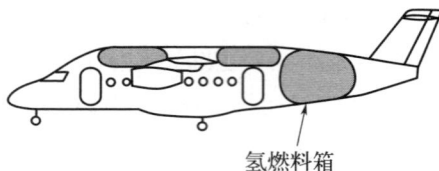

图 10-9 短程 / 中程飞机的储罐布置 [11]

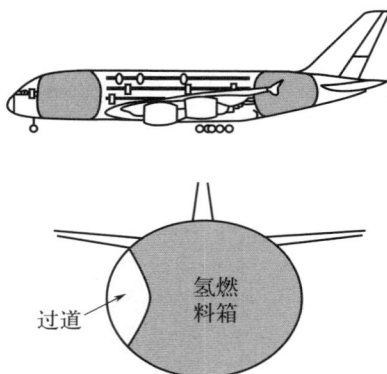

过道

氢燃料箱

图 10-10 远程飞机的储罐布置 [11]

10.4 氢燃烧室

传统的燃烧室不能直接使用氢燃料进行燃烧。在现有燃烧室中燃烧氢燃料之前需要克服几个挑战。由于氢气的特性与传统燃料（如煤油）有很大不同，其高燃烧速度、高扩散性和易燃性导致自燃风险较高。在传统燃烧室中，燃料燃烧时会产生大尺度的中央火焰，而对于氢燃料火焰可能会沿着燃料喷嘴燃烧 [47]。氢气在传统燃气涡轮燃烧系统中的应用可能会产生回火问题，这种现象是在点火后火焰速度较高时发生[48]。

即使解决了回火问题，高NO_x生成量也将是另一个需要应对的挑战。传统燃料燃烧室的燃料喷嘴数量有限，这种几何结构使得氢气和空气的混合不充分。当燃烧室内开始燃烧时，燃烧室内会伴随大火焰形成一个高温化学当量层。燃烧室内的高温集中会导致更高的NO_x排放[49, 50]。

如前所述，氢燃料的唯一污染排放物是NO_x，当火焰温度达到1800K 及以上时会形成NO_x[51]，并且温度越高NO_x生成速率也越高。

因此对氢燃料燃烧室的新概念需求应运而生，这一概念需要解决回火风险和高NO_x排放问题。正在开发的燃烧室应能够减小火焰尺寸，为此可能需要更小且多孔的喷嘴。为了减少NO_x排放需要进一步减少燃烧室内的火焰温度以及反应停留时间，为此增加燃料／空气混合强度是该设计中的关键要求。有两种燃烧室概念可以满足这些要求：微混燃烧和贫油直接喷射（LDI）。这两种设计都可以避免回火风险并改善燃料和空气的混合，从而降低燃烧室内的温度。

10.4.1　微混燃烧室

在现有燃气涡轮飞机系统中应用氢燃料时，需解决两个核心问题：一是如何安全燃烧氢气以避免回火；二是如何通过氢燃料实现发动机功率的快速精准调节。自 1988 年起，亚琛应用技术大学（FHA）针对这些问题展开研究。1992 年，该校将小型轴流式燃气涡轮发动机 KHD T216 改造为气态氢燃料发动机[52]。1994 年 7 月，FHA 联合 DASA、BGT、ASA 和 Sundstrand 公司，针对 Airbus A320 的辅助动力装置（APU）GTCP 36-300 进行氢动力改造[49]。传统燃气涡轮发动机采用预混燃烧设计，天然气的物理特性使回火风险较低，但氢气与空气混合气高度易燃，需重点解决回火风险。为此，FHA 提出创新的微混燃烧概念，通过大幅增加混合区数量，实现混合尺度的最小化和混合强度的最大化[49]。

如图 10-11 所示，传统进气口被环形多孔面板取代，燃烧室主截面布置大量喷射孔。这种设计将传统大尺度火焰分割为微型扩散火焰，显著降低自燃风险。理论上，喷射孔数量可无限增加（甚至达到分子级），但受制于制造工艺和压降限制。现代燃烧室压损需控制在 3%～4% 以内，且微型喷射孔的加工精度要求极高。

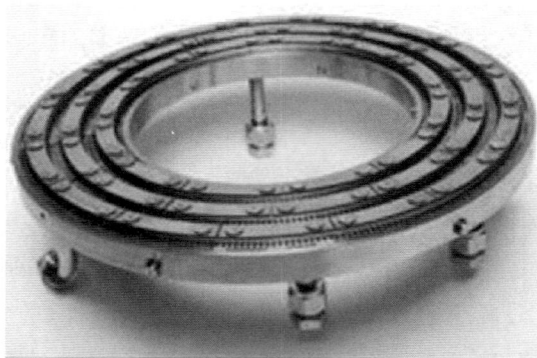

图 10-11 氢燃料微混燃烧室结构图 [53]

相较于化石燃料基传统燃烧室，氢微混燃烧器的 NO_x 排放量大幅降低，且仍有进一步减排潜力。NO_x 生成量在温度超过 1800K 时呈指数级增长 [51]，因此控制火焰温度是降低氢燃烧器 NO_x 排放的关键。此外，空气 / 燃料混合不足会影响燃烧温度，而微混燃烧器通过最大化混合强度来有效规避此问题。通过多喷嘴配置将传统大火焰分解为微型扩散火焰，大幅增加局部混合区域数量，从而提升氢气与空气的总混合强度。同时，燃料与空气的强化混合促进湍流生成与涡破碎，迅速缩减局部当量比燃烧区域，缩短火焰驻留时间，进而减少 NO_x 生成 [54]。

然而，尽管喷嘴数量增加可提升混合强度并降低 NO_x 排放，其数量仍受两方面因素的限制：一是制造技术限制，随着喷嘴数量增多，喷嘴尺寸需缩小至现有技术难以加工的微小尺度；二是压力损失限制，现代燃烧器的压力损失需控制在 3%～4% 以内，而流动的损失用于强化空气与燃料的混合，因此压力损失会影响整体的混合强度。

FHA 研发的微混燃烧器概念被应用于实际 GTCP 36-300 燃烧室，并计划进一步开展 NO_x 减排与微混合改进研究。该 APU 由 AlliedSignal 公司制造并用于实验 [49]。在该项研究中将 A320 APU 的原型燃烧室改造为氢燃烧室，结构对比如图 10-12 所示。图中可见传统化石燃料燃烧室的进气口被替换为微型喷嘴布局。理论上，燃烧室进气口的微型化喷嘴可引导空气/燃料混合物燃烧为大量微型火焰，显著提升反应物混合强度，并且小火焰长度的减少也会缩短其在高温区域的停留时间[55]。

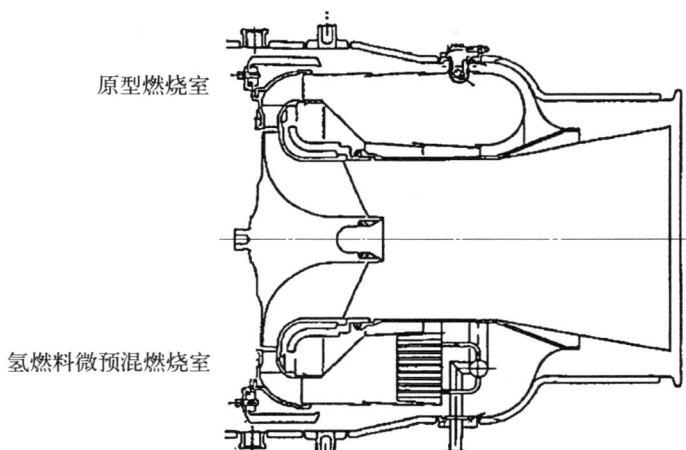

图 10-12 两种燃烧室构型比较[49]

实际改装的液氢 APU GTCP 36-300 基于微混概念制造并测试。图 10-13 显示，环形燃烧室进气口被改造为环形微混合燃烧器，包含均匀分布微型氢气喷射孔的氢气段环，以及对应各氢气喷嘴的空气导流板（Air Guiding Panels，AGP）两部分。最终改造使该燃烧室具备 1.6MW 热负荷功率，燃烧室内形成 1600 个微型扩散火焰，显著提升反应物混合效果[56]。

AGP 的功能如图 10-14 所示。为提升喷射器的混合能力，开发并改进了如图 10-14（b）所示的喷射方法。氢气以垂直方式注入气流中。这一设计使氢气和空气的混合更快更充分，从而有效降低 NO_x 排放。在此 AGP 设计中，需重点关注一个关键参数——阻塞比（Blockage Ratio，BR）。BR 会影响混合质量及火焰形状。从图 10-14（b）中可以看到，如果氢气射流深度（y）比临界喷射深度（y_{crit}）小太多，氢燃料将无法穿透 AGP 驻涡的剪切层。在这个例子中，氢燃料将无法与空气有效混合进而导致 NO_x 排放的增加。

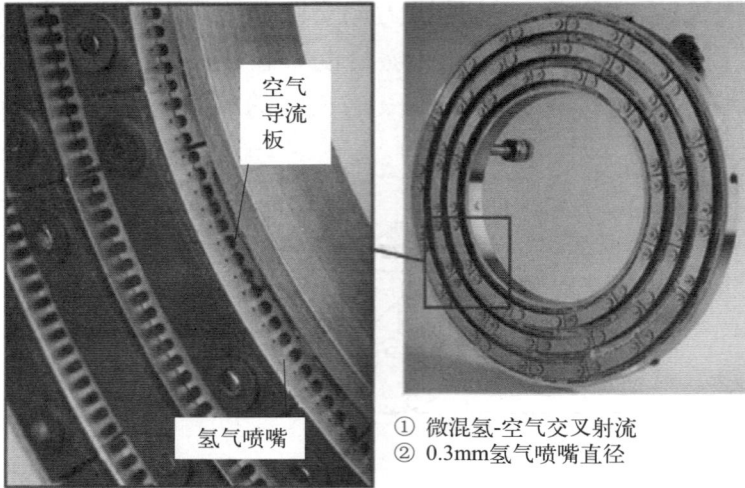

空气
导流
板

氢气喷嘴

① 微混氢-空气交叉射流
② 0.3mm氢气喷嘴直径

图 10-13 氢燃料微混喷嘴设计 [57]

(a)

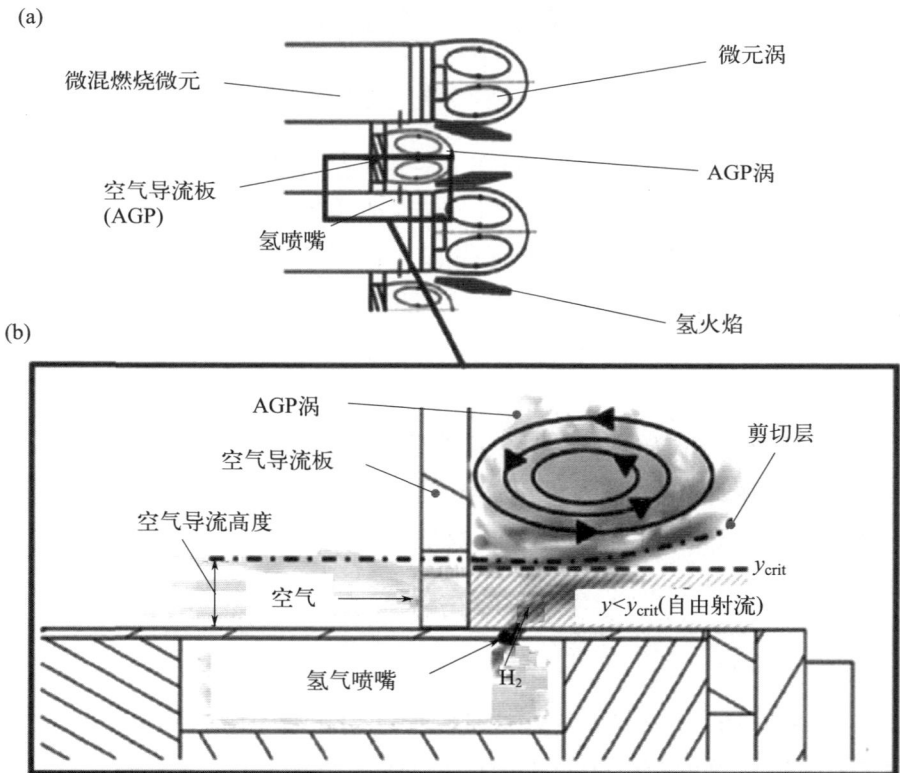

微混燃烧微元

微元涡

空气导流板
(AGP)

AGP涡

氢喷嘴

氢火焰

(b)

AGP涡

剪切层

空气导流板

空气导流高度

y_{crit}

空气

$y < y_{crit}$(自由射流)

氢气喷嘴

H_2

图 10-14 空气导流板中的氢燃料微混喷嘴结构 [57]

AGP 是微混燃烧室的核心组件（图 10-14），Funke 等 [55-58] 对该设计进行了大量研究。研究证明，微混燃烧室在减少 NO_x 排放方面很有前景。将大尺度火焰分割成微混火焰可以降低 NO_x 的停留时间，从而降低燃烧过程中 NO_x 的水平 [55, 59]。在他们的论文中对 AGP 结构的微混喷嘴进行了多项研究，认为 AGP 是控制 NO_x 排放的关键因素。也有人认为 AGP 的阻塞比会影响燃烧室内涡流的形成，从而影响火焰形状和温度分布。Funke 等就 AGP 对燃烧性能的影响进行了数值计算流体动力学（Computational Fluid Dynamics，CFD）研究 [55-58]。图 10-15（a）所示的一个 CFD 模型中，采用了可实现 k-ε 湍流模型，并使用了 y+ 壁处理方法。这些黏性模型可以为今后的研究提供很好的参考。为了确保数值计算的准确性，对该模型采用了非常精细的网格，网格单元总数约为 900000 个 [60]。

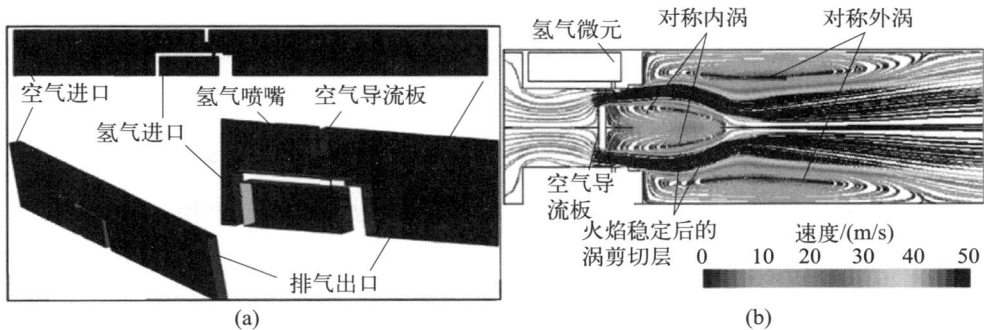

图 10-15　微混燃烧室的 CFD 模型（a）与微混微元的气体
回流区（b）[57]（另见文后彩图）

在一项关于氢气燃烧室的数值研究中，研究了不同阻塞比和几何形状的微混燃烧室燃烧性能 [60]。研究发现 AGP 的高度可能会影响燃烧室中涡的形成。如图 10-15（b）所示，形成了两种不同类型的旋涡。通过空气导流板的气流形成内涡，氢气段下游的气体再循环形成外涡。通过增加 AGP 的高度可以增大旋涡的尺寸，从而增加涡剪切层的长度，减少 NO_x 排放量。此外增加燃烧室中的氢气 / 空气混合距离，这也可以减少 NO_x 的排放。Funke 等 [57] 研究发现通过调整喷嘴的几何形状，可以有效减少约 80% 的 NO_x 排放。微混结构几何形状的改变会对涡流剪切层长度产生影响，更进一步影响燃烧火焰长度和停留时间。

Funke 等 [57] 针对 AGP 几何形状对 NO$_x$ 排放的影响进行了高质量的研究，该研究的主要对象是燃烧区的气体回流区，他们详细研究了不同几何形状对燃烧室内形成涡流的影响。

微混燃烧室设计的基本几何形状是以克莱菲尔德大学的 Li 等 [5] 以前的研究为基础的。他们的研究阐明了氢气微混燃烧室的基本概念并探究了不同的喷射方法，研究重点是模拟不同喷射方向的微混燃烧。其燃烧器有 1 个主进气口和 4 个垂直的氢气喷射孔。最初的喷射方法是从燃烧室的主管道喷射空气，氢气由 4 个横流喷嘴喷射。结果表明，不同的喷射方法确实对燃烧室内的燃烧性能和排放有影响 [61]。研究中显示的温度云图反映了高温区的减少。高温区的减少不仅降低了 NO$_x$ 的排放水平，而且使燃烧室长度的减少成为可能。喷射方法的改进既有效又高效。其结论表明，喷射方式的调整可有效影响燃烧性能。燃烧室内火焰形状的变化有利于燃烧室结构的调整，同时还可延长燃烧室的材料寿命。

10.4.2　贫油直接喷射燃烧室

在将氢燃料应用于传统燃烧室时，燃料喷嘴是关键因素。在微混燃烧室中，通过改进现有环形燃烧室入口结构，可形成微型化火焰而非大尺度火焰，从而降低自燃风险。除基于非预混燃烧的微混概念外，Marek 研究的 LDI 方案通过改进现有 LDI 燃烧室喷嘴以适应氢燃料 [61]。该设计基于预混燃烧原理，但预混燃烧系统存在严重的回火风险。为规避回火，喷嘴采用多孔喷射结合快速混合技术。氢的反应速率是传统 Jet-A 燃料的 7 倍以上，因此设计方案需最大限度地缩短混合时间并提升混合速度。尽管该 LDI 喷嘴属于预混燃烧概念，但其通过分开的非预混空气 / 燃料在燃烧前的小型预混区完成混合 [62-65]，也可视为非预混概念。

研究表明，氮氧化物（NO$_x$）生成与燃料 / 空气混合状态密切相关 [66]。喷嘴设计对混合质量起决定性作用，是控制 NO$_x$ 排放的关键。基于此，NASA 启动了"零二氧化碳发动机技术"项目，开展了多项燃烧排放实验 [67]，并将实验结果与数值预测结果进行对比验证。为评

估新型 LDI 喷嘴性能，NASA 格伦研究中心在 23 号研究燃烧实验室
（RCL-23）搭建了专用测试台架[68]，台架总体布局见图 10-16。该测
试系统采用改进型侧向喷嘴，空气从喷嘴前端进入燃烧室，氢气则以
垂直气流方向喷射。图 10-17（a）和（b）展示了喷嘴详细设计，可

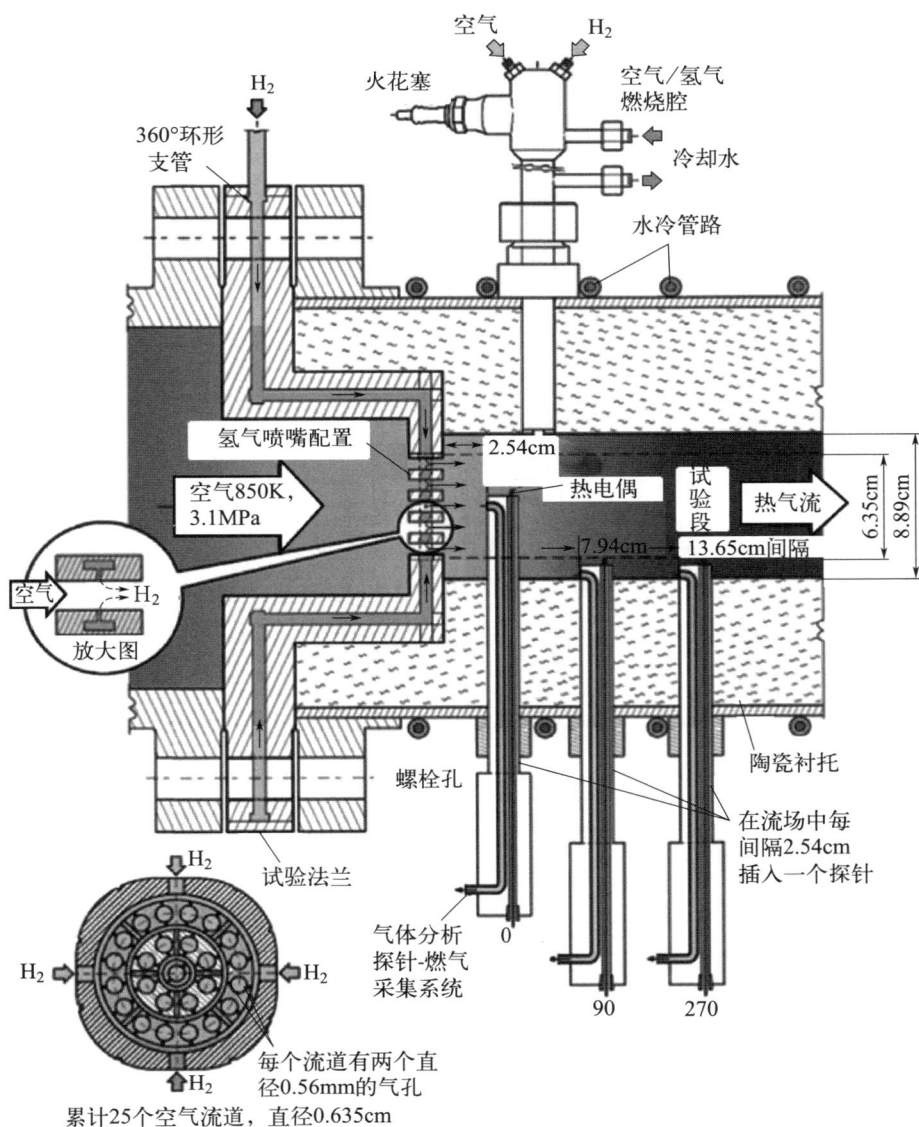

图 10-16 NASA LDI 燃烧室测试配置[62]

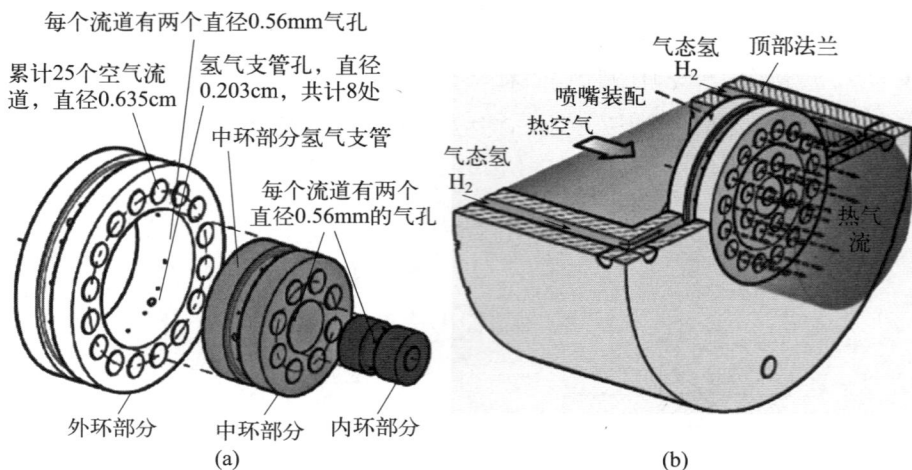

图 10-17 喷嘴焊接装配细节，共 25 个空气孔（a）
NASA 低排放 LDI 氢燃烧室（b）[62]

视为 LDI 燃烧室的基础构型。喷嘴面板采用多环结构，空气从前端孔道进入，氢气沿环侧氢气喷孔注入，经环段混合后进入并燃烧。相比传统燃烧室，该设计将高温混合气流分割为多个细流，有效降低回火和自燃风险。氢气通过对称双孔喷射，利用横流效应增强混合管内混合强度。

实验中，燃烧室布置 3 支气体取样探针。如图 10-16 所示，燃烧室入口处安装特制氢 / 空气火炬点火器，燃烧室外壁配置并联水冷管路进行冷却。3 支探针分别位于距喷射表面 2.54cm、7.937cm 和 13.652cm 的位置，其中第 1 支探针深入流道，其余 2 支仅略微探入室壁内表面[62]。

为评估不同喷嘴构型对燃烧性能的影响，测试台架共验证了 5 种喷嘴设计方案（图 10-18）。图 10-18（a）为 NASA 格伦研究中心开发的 N1 喷嘴。图 10-18（b）、（c）和（d）中的其他 4 种喷嘴是在 N1 喷嘴基础上改进设计的，并由具有丰富火箭发动机喷嘴和低污染喷嘴设计及试验经验的供应商提供。N1 喷嘴含 25 个空气入口孔（直径 0.25in）和径向对称喷射的氢气喷嘴孔（直径 0.02in），利用氢气进入空气的横向射流效果提升混合穿透深度，实现短距预混[69, 70]。

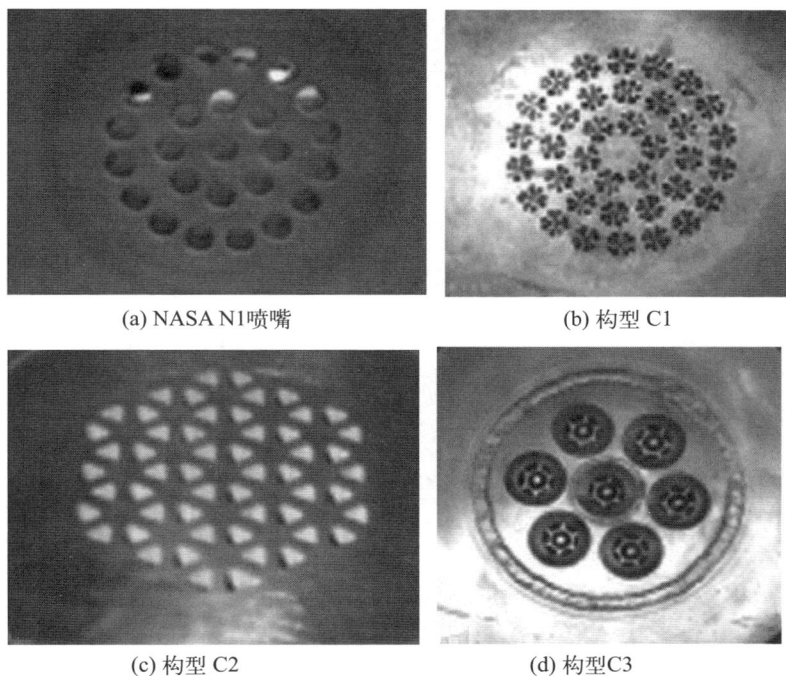

(a) NASA N1喷嘴 (b) 构型 C1

(c) 构型 C2 (d) 构型C3

图 10-18 5 种经过实验的喷嘴[62]

图 10-18（b）的构型 C1 采用来源于火箭喷嘴技术的"雪花状"喷嘴设计，每个喷嘴配置八个空气喷射孔，并环绕在中心氢射流周围。该设计能够构建富燃区并有利于点火，其 4 个空气喷射孔用于在头部稳定火焰，其余 4 个则构成淬熄区。构型 C2［图 10-18（c）］将 N1 喷嘴的基础圆孔改为三角形喷孔，减小尺寸的同时增加喷射单元数量。构型 C3［图 10-18（d）］是基于现有燃气轮机的喷嘴 - 涡流器组合构型的改进，在氢喷嘴周围增加了反向旋流器强化混合。构型 C4 与 C3 类似，但氢喷嘴采用四个更小的径向氢射流替代中心轴向氢射流孔。

实验数据显示（图 10-19），不同喷射构型的 NO_x 排放特性差异显著。N1 构型在燃烧室中心线区域排放低于 Jet-A 喷嘴，但壁面区域显著升高。3.5in 衬套因回流区更大、滞留时间更长，其 NO_x 排放高于 2.5in 衬套。C1 构型测试显示，入口温度压力变化导致不同测点排放波动，如 1in 处 NO_x 较低但 3.125in 处达 Jet-A 值的两倍。C2 构型初期表现最优。总体而言，喷射构型与 NO_x 排放呈现强相关性，所有氢喷嘴的 NO_x 水平均低于 Jet-A 基准。研究表明增加喷射点可降低排放，但受限于制造工艺、材料耐温及冷却技术，测试中两套喷嘴发生失效[62]。

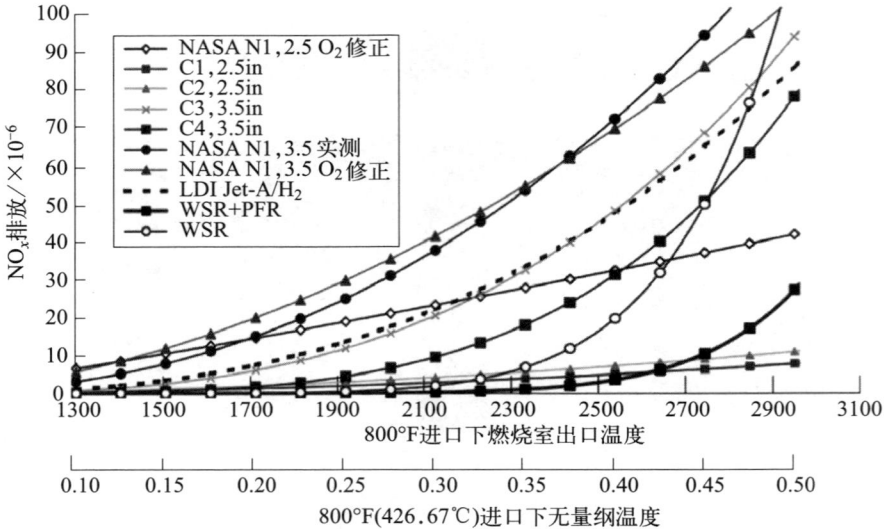

图 10-19 不同喷嘴构型的 NO_x 排放量[62]（另见文后彩图）

WSR—充分搅拌反应器模型；PFR—活塞流反应器模型

参考文献

[1] Cecere D，Giacomazzi E，Ingenito A. A review on hydrogen industrial aerospace applications. Int J Hydrogen Energy，2014，39（20）：10731-10747.

[2] Brewer GD. Hydrogen aircraft technology，illustrate. New York：CRC Press，1991.

[3] The Engineering Toolbox. Energy storage density，2017. Available：http：//www.engineeringtoolbox. com/energy-density-d_1362.html. [Accessed 20 August 2018].

[4] Hydrogen compared with other fuels，Hydrogen Tools. Available：https：//h2tools.org/bestpractices/ hydrogen-compared-other-fuels. [Accessed 12 March 2020].

[5] Khandelwal B，Li Y，Murthy P，Sethi V，Singh R. Implication of different fuel injector configurations for hydrogen fuelled micromix combustors，2019：1-6.

[6] Abdalla AM，Hossain S，Nis OB，Azad AT. Hydrogen production，storage，transportation and key challenges with applications：a review. Energy Conversion and Management，2018，165（April）：602-627.

［7］ Sloop JL. Liquid hydrogen as a propulsion fuel，1945-1959. United States：United States NASA，1978.

［8］ Muradov NZ，Veziroä TN. From hydrocarbon to hydrogen-carbon to hydrogen economy. International Journal of Hydrogen Energy，2005，30：225-237.

［9］ Stoots CM，Brien JEO，Condie KG，Hartvigsen JJ. High-temperature electrolysis for large-scale hydrogen production from nuclear energy-experimental investigations. International Journal of Hydrogen Energy，2010，35（10）：4861-70.

［10］ Bendaïkha O，Larbi S. Hydrogen production system analysis using direct photoelectrolysis process in Algeria. In：2013 international conference on renewable energy research and applications（ICRERA），2013.

［11］ Boudries R，Khellaf A，Aliane A，Ihaddaden L，Khida F. PV system design for powering an industrial unit for hydrogen production. International Journal of Hydrogen Energy，2014，39（27）：15188-15195.

［12］ Verstraete D，Hendrick P，Pilidis P，Ramsden K. Hydrogen fuel tanks for subsonic transport aircraft. International Journal of Hydrogen Energy，2010，35（20）：11085-11098.

［13］ Dagdougui H，Sacile R，Bersani C，Ouammi A. Chapter 4 - hydrogen storage and distribution：implementation scenarios. In：Hydrogen infrastructure for energy applications，2018：37-52.

［14］ K CJ，Moussiopoulos N. CRYOPLANE e hydrogen vs. kerosene as. 2001. June 2014.

［15］ Brewer GD，Morris RE，Lange RH，Moore JW. Study of the application hydrogen subsonic fuel to long-range transport aircraft，1975.

［16］ Verstraete D. An assessment of the potential of hydrogen fuelled large long-range transport aircraft，2008.

［17］ Mills GL，Buchholtz B，Olsen A. Design，fabrication and testing of a liquid hydrogen fuel tank for a long duration aircraft. In：AIP conference proceedings，2012，（773）：1434.

［18］ Xu W，Li Q，Huang M. Design and analysis of liquid hydrogen storage tank for highaltitude long-endurance remotely-operated aircraft. International Journal of Hydrogen Energy 2015，40（46）：1-9.

［19］ Khandelwal B，Karakurt A，Sekaran PR，Sethi V，Singh R. Hydrogen powered aircraft：the future of air transport. Progress in Aerospace Sciences，2013，60：45-59.

［20］ Sharifzadeh S，Verstraete D，Hendrick P. Cryogenic hydrogen fuel tanks for large hypersonic cruise vehicles. International Journal of Hydrogen Energy，2015，40（37）：12798-12810.

［21］ US Department of Energy. National hydrogen energy roadmap，2002.

［22］ Stewart W，Weisler W，Mcclellan J，Keith DW，Dolman AJ. The rediscovery of the airship，1983.

［23］ Wild C. Zeppelin over Chicago.［Online］. Available：https：//mashable.com/2014/11/ 29/graf-zeppelin-airship/?europe=true.

［24］ Dilisi GA. The Hindenburg disaster combining physics and history in the laboratory. The Physics Teacher，2017，55（5）：268-273.

［25］ Bellis M. The history and invention of the jet engine. ThoughtCo.，2019. Available：https：//www.

thoughtco.com/history-of-the-jet-engine-4067905%0D. [Accessed 13 March 2020].

[26] Buttler T. Jet prototypes of world war Ⅱ: Gloster, Heinkel, and Caproni Campini's wartime jet programmes. Bloomsbury Publishing, 2019.

[27] Harsha S. Liquid Hydrogen as aviation fuel and its relative performance with commercial aviation fuel. In: Recent advancements in mechanical engineering (RAME13), 2013.

[28] Kaufnnan R. High-altitude performance investigation of J65-13-3 turbojet engine with both JP-4 and gaseous-hydrogen fuels, 1957.

[29] Winter C-J. Hydrogen IN high-speed air transportation. International Journal of Hydrogen Energy, 1990, 15 (8): 579-595.

[30] Lockheed-California-Co. Interview with C. L. Johnson and Ben R. Rich. 1974.

[31] ICAO Secretariat (Insituition). Electric, hybrid, and hydrogen aircraft-state of play. 2016.

[32] Browne MW. Clean hydrogen beckons aviation engineers. The New York Times, 1988: 1.

[33] Contreras A. Hydrogen as aviation fuel: a comparison with hydrocarbon fuels. International Journal of Hydrogen Energy, 1997, 22 (10-11): 1053-1060.

[34] Wellnitz J, Godula-Jopek A, Jehle W. Hydrogen storage technologies: new materials, transport, and infrastructure. John Wiley & Sons, 2012.

[35] CRYOPLANE. Hydrogen fuelled aircraft. Hamburg, 2001.

[36] CRYOPLANE. Liquid hydrogen fuelled aircraft-system analysis, 2003.

[37] Kallo J. DLR leads HY4 project for four-seater fuel cell aircraft. Fuel Cells Bulletin, 2015 (11): 13.

[38] Moses PL, Rausch VL, Nguyen LT, Hill JR. NASA hypersonic flight demonstrators-overview, status, and future plans. Acta Astronautica, 2004, 55: 619-630.

[39] Mcclinton C. X-43: scramjet power breaks the hypersonic barrier airbreathing hypersonic flight. In: 44thAIAA Aerospace sciences, 2006.

[40] Louis S. Boeing 'Phantom Eye' hydrogen powered vehicle takes shape. Boeing, 2010. Available: https://boeing.mediaroom.com/2010-03-08-Boeing-Phantom-Eye- Hydrogen-Powered-Vehicle-Takes-Shape. [Accessed 11 March 2020].

[41] Drew J. Phantom Works exploring laser-carrying stratospheric UAVs. Flight Global, 2015. Available: https://www.flightglobal.com/phantom-works-exploring-lasercarrying- stratospheric-uavs/116898.article. [Accessed 11 March 2020].

[42] HY4. Zero-emission air transport-first flight of four-seat passenger aircraft HY4, 2016. Available: http://hy4.org/zero-emission-air-transport-first-flight-of-four-seatpassenger- aircraft-hy4. [Accessed 2 July 2018].

[43] Aerospace Technology. HY4 aircraft. 2016. Available: https://www.aerospace-technology. com/projects/hy4-aircraft/. [Accessed 11 March 2020].

[44] Bradley TH, Moffitt BA, Mavris DN, Parekh DE. Development and experimental characterization of a fuel cell powered aircraft. Journal of Power Sources, 2007, 171: 793-801.

[45] Ocay T. China successfully launches first hydrogen-powered aircraft. CHINA TOPIX, 2017.

Available: http://www.chinatopix.com/articles/109701/20170110/hydrogen-powered- aircraft-electroanalyt-rx1e-china-airplane.htm.

[46] Morlin-Yron S. The plane that runs on hydrogen and emits only water. CNN, 2016. Available: https://edition.cnn.com/travel/article/hy4-fuel-cell-plane/index.html. [Accessed 11 March 2020].

[47] Cappelletti A, Martelli F, Marta VS. Investigation of a pure hydrogen fueled gas turbine burner. International Journal of Hydrogen Energy, 2017, 42 (15): 10513-10523.

[48] Shelil N. Flashback studies with premixed swirl combustion. Cardiff University, 2009.

[49] Dahl F, Suttrop G. Engine control and low-NO$_x$ combustion for hydrogen fuelled aircraft gas turbines. International Journal of Hydrogen Energy, 1998, 23 (8): 695-704.

[50] Haglind F, Singh R. Design of aero gas turbines. The Journal of Engineering for Gas Turbines and Power, 2006, 128 (4): 754-764.

[51] Hasegawa T. Reaction of fuel NO$_x$ formation for gas turbine conditions. The Journal of Engineering for Gas Turbines and Power, 1998, 120 (3): 474-480.

[52] Börner S, Funke H. Modification and testing of an engine and fuel control system for a hydrogen fuelled gas turbine. Progress in Propulsion Physics, 2011, 2: 475-486.

[53] Funke HH, Beckmann N, Abanteriba S. An overview on dry low NO$_x$ micromix combustor development for hydrogen-rich gas turbine applications. International Journal of Hydrogen Energy, 2019, 44 (13): 6978-6990.

[54] Zeldovich J. The oxidation of nitrogen in combustion and explosions. The European Physical Journal A Hadrons and Nuclei, 1946, 21: 577-628.

[55] Boerner S, Funke HH, Hendrick P, Recker E. Development and integration of a scalable low NO$_x$ combustion chamber for a hydrogen-fulled aerogas turbine. Progress in Propulsion Physics, 2013, 4: 357-372.

[56] Ayed AH, Kusterer K, Funke HH, Keinz J. Improvement study for the dry-low-NO$_x$ hydrogen micromix combustion technology. Propulsion and Power Research, 2015, 4 (3): 132-140.

[57] Ayed AH, Kusterer K, Funke HH, Keinz J. Experimental and numerical investigations of the dry-low-NO$_x$ hydrogen micromix combustion chamber of an industrial gas turbine. Propulsion and Power Research, 2015, 4 (3): 123-131.

[58] Funke HHW, Keinz J. Experimental and numerical study on optimizing the dry low NO$_x$ micromix hydrogen combustion principle for industrial gas turbine applications. ASME, 2015-42043.

[59] Ziemann J, Shum F, Thomaier D, Canada W. Low-NO$_x$ combustors for hydrogen fueled aero engine. International Journal of Hydrogen Energy, 1998, 23 (4): 281-288.

[60] Ayed AH, Kusterer K, Funke HH, Keinz J, Bohn D. CFD based exploration of the dry-low-NO$_x$ hydrogen micromix combustion technology at increased energy densities. Propulsion and Power Research, 2017, 6 (1): 15-24.

[61] Lei H, Khandelwal B. Investigation of novel configuration of hydrogen micromix combustor for low NO$_x$ emission. In: AIAA Scitech 2020 forum, 2020.

[62] Marek CJ, Smith TD, Kundu K. Low-emission hydrogen combustors for gas turbines using lean

direct injection. In：41st AIAA/ASME/SAE/ASEE joint propulsion conference and exhibit，2005：1-34.

[63] Crunteanu D，Isac R. Investigation of low emission combustors using hydrogen lean direct injection. INCAS Bulletin，2011，3（3）：45-52.

[64] Li J，Sun X，Liu Y，Sethi V. Preliminary aerodynamic design methodology for aero engine lean direct injection combustors. The Aeronautical Journal，2017，121：1087-1108.

[65] Li J，Yuan L，Mongia HC. Simulation investigation on combustion characteristics in a four-point lean direct injection combustor with hydrogen/air. Applied Science，2017，7（6）：1-17.

[66] Lefebvre AH，Ballal DR. GAS turbine combustion alternative fuels and emissions. 2010.

[67] Ströhle J，Myhrvold T. An evaluation of detailed reaction mechanisms for hydrogen combustion under gas turbine conditions. International Journal of Hydrogen Energy，2007，32：125-135.

[68] Little JE，et al. Fuel-flexible gas turbine combustor flametube facility. 2004.

[69] Holdeman JD，Clisset JR，Lear W. A spreadsheet for the mixing of a row of jets with a confined crossflow. 2005.

[70] Holdeman JD. Mixing of a row of jets with a confined crossflow. AIAA Journal，1977，15（2）.

电动飞机

本章原著作者：Maciej Piotr Gierulski，英国谢菲尔德，谢菲尔德大学机械工程系；
Bhupendra Khandelwal，美国亚拉巴马州塔斯卡卢萨，亚拉巴马大学机械工程系。

11.1 引言

11.1.1 背景

在 21 世纪的第二个十年，人们对电动汽车的关注度迅速攀升。在汽车刚刚诞生时，电动汽车方案曾因效率过低而被抛弃，但随着政治和经济形势的变化，以及电池和电机技术的进步，电动汽车在当代焕发了新的生机。人们普遍认为，电动汽车的一大优势在于产生的有毒废气更少，或者说相对于传统内燃机能够更轻易地控制有毒废气排放，即将其控制在远离人口密集区域的发电厂中。另一个优势是电动汽车可以减少人类文明对不可再生且在最近几十年来价格日益昂贵的化石燃料的依赖。对此，我们不禁要问：为什么我们不能更进一步，建造电力驱动的飞机呢？本章将讨论这个想法。

11.1.2 航空电推进系统的基本特性——储能装置

电动飞机是由电机驱动的飞机，可通过以下几种方式供应动力，包括：

① 蓄电池；
② 电容器；
③ 氢燃料电池；
④ 太阳能电池；
⑤ 核能方案；
⑥ 带发电机的热机（即混合动力）；
⑦ 来自固定动力源的微波或电缆传输（见 11.2.1.3 小节）。

为飞机选择动力源应考虑的最重要的因素之一是能量密度或比能量。它表示某一物质单位体积或质量下所能提供的以 Wh 为单位计量的能量，定义见式（11-1a），式（11-1b）：

$$e_v = \frac{Pt}{V}\left[\frac{\text{Wh}}{\text{m}^3}\right] \tag{11-1a}$$

$$e_m = \frac{Pt}{m} \left[\frac{\text{Wh}}{\text{kg}} \right] \qquad (11\text{-}1\text{b})$$

式中，P 为功率；t 为时间；V 和 m 分别代表体积和质量。

当介质密度已知时，上述两个值可以相互推导。

无论比能量是以体积还是质量来计算，化石燃料（如煤油）都是所有已知物质中比能量最高的物质之一，当前没有任何商业化的电池可以达到这个水平。例如，目前（2020 年初）的 Eviation Alice 电池（见 11.2.4.1 小节）的能量密度约为 256Wh/kg，而 Jet-A1 的能量密度则高达 11968Wh/kg（其热值为 43.15MJ/kg[1]）——即不足 1/46。氢气在质量能量密度方面优于煤油。不过，氢气的存储存在问题，本章第 11.1.2.3 小节对此有更详细的介绍。

人们对飞机动力源的要求，还包括其应能保持长时间的高功率输出，不影响飞机的整体结构，且能保证飞机和乘客安全。与此同时，相较于化石燃料，人们希望飞机动力源对环境的影响更小，在长期使用中更经济。

电推进系统的一大优势是具有良好的高度耐受性。为了持续燃烧，热机（如内燃机和燃气涡轮发动机）运转过程中空气密度和压力必须保证高于某一值，而电机则完全不受其约束。不过，电机也需要螺旋桨周围高密度的介质来产生推力。与采用热机的喷气式飞机不同，电动飞机可以毫不费力地在高污染的空气中飞行（例如在火山爆发产生的烟云中），如 2010 年冰岛埃亚菲亚德拉冰盖火山爆发时，大部分欧洲航班不得不停飞。在执行搜救任务时，电推进系统的这种能力可能也是一大优势。另一个电推进系统常被提及的优势是噪声较小。

电动飞机在飞行过程中，不会像以热机为动力的飞机那样，因燃料燃烧而降低重量，这是它的一大劣势。以热机为动力的飞机的这一特点，使得飞机设计时最大起飞重量（M_{TOW}）可以高于最大着陆重量，从而较飞行时重量保持不变的情况更经济。由于电动飞机的起落重量一致，在设计时就不得不降低其最大起飞重量（M_{TOW}），这也就意味着乘客和货物的运输能力减弱。下面将对目前可用的电储能方法进行回顾。

11.1.2.1　蓄电池

蓄电池是电推进系统最广泛的动力源。它通常可以辅助其他的储能方式，如燃料电池（见本章 11.2.6.2 小节），来满足额外的功率需求。

蓄电池通常是将化学能转化为电能的单个电池或电池组。它们一般由放置在电解液中的两个电极（阴极和阳极）组成。电子从阴极流向阳极并产生电流。18 世纪末，伏特（Alessandro Volta）发明了这种技术的第一个实用产品——原电池。其基本形式是在一个装有硫酸（H_2SO_4）的容器中布置两个具有不同电势的金属制作的电极：铜阴极和锌阳极。电池主要分为：一次电池和二次电池两种。一次电池充电困难，而二次电池则可利用反向电流进行充电。尽管一次电池有更高的能量密度，但由于在完成放电后需要回收处理且在高负荷下表现不佳，一次电池并不适用于航空领域，主要用于低功率便携设备中。因此，本书将重点讨论二次电池。

选择飞机电池的主要需求是：

① 低重量；

② 高能量密度；

③ 高机械可靠性（抗振动，加速度耐受）；

④ 小体积；

⑤ 防火防爆；

⑥ 具备较长时间的高功率放电能力；

⑦ 对高频率充电良好的耐受性；

⑧ 宽温度范围内的工作能力。

目前没有任何一种电池能够同时满足上述要求，必须做出折中妥协。

为首次载人飞行提供动力的电池是镍镉电池（见本章 11.2.2.2 小节）。这种电池可靠性高、耐用性好、寿命长，曾是各类应用场景的热门选择之一。但由于新一代电池在能量密度方面更胜一筹，且没有记忆效应，镍镉电池逐渐失去了其市场份额。镍镉电池的能量密度可达 110Wh/kg[2]。

航空推进领域广泛使用的另一种电池是锂离子电池（包括锂聚合

物电池）。这种电池的电极是锂与钴、镁、镍或多孔碳的化合物，其主要优势是能量密度高，可达 250Wh/kg（锂是最轻的元素之一）[2]，循环寿命长，无记忆效应，放电特性令人满意。锂离子电池最大的缺点是热失控风险：在过度充电或者损坏时，电池会膨胀并剧烈燃烧。这种反应，速度非常快，且几乎无法阻止，因此在飞机上使用这种电池非常危险[3]。

随着研发的持续投入，电池技术应能得到进一步提升。

11.1.2.2 电容器

电容器是基本的电子元件之一，它将电荷存储在用绝缘材料隔开的两个端子（如导电极板）之间形成的电场中。在不同的连接方式下，它们会充电（累积电荷）或放电（产生电流）。与电池相比，电容器更简单（不发生化学反应），进而能保证较长的循环寿命。电容器的充电速度也比电池快得多。当前，电容器的能量密度还很低（约 5Wh/kg），但研究表明，它具备发展到与锂离子电池同等能量密度（286Wh/kg）的潜力[4]。可以预见，持续的研究工作将推动该领域取得新的进展[5]。

11.1.2.3 氢燃料电池

氢是最轻的元素，而且是一种非常活泼的元素，具有很高的质量能量密度。然而，氢的密度很低，其存储会占用飞机很大的空间。氢气的存储是一个复杂的问题，许多项目都对其开展了研究。目前提出了以下几种解决方案。

① 液化氢——需要重型大体积制冷设备将其温度保持在 -252℃以下。

② 压缩氢——需储存在金属或者复合材料制成的压力容器中。材料的选择非常重要，因为氢能够溶解在钢中并使其脆化，进而可能引起容器爆裂。此外，由于氢气分子特别小，它们能够穿透聚合物层。储氢容器的常用材料包括聚乙烯、聚酰胺或铝[6]。目前，储氢容器的最高压力为 700bar，其体积能量密度为 767Wh/L。由于室温条件下氢气的密度约为 0.038kg/L，可计算出其质量能量密度为 20.2kWh/kg，这已经超过了化石燃料[7]。

③ 化学键合氢——例如，以金属氢化物、硼氢化物、金属 - 有机氢框架、碳纳米结构以及液态有机氢载体的形式存在。它们还处于早期开发阶段，尚无法满足在运输设备上的应用要求。

可利用燃料电池从氢气中获取电能。其原理如下：氢气进入电池阳极，氧气（空气）进入阴极。在阳极，铂催化剂提取氢气中的电子，产生带正电荷的 H^+ 和自由电子。H^+ 穿过由聚合物或陶瓷等材料制成的电解质层（如质子交换膜），自由电子则通过电极进入负载电路。在另一侧的阴极，电子离开负载电路，与 H^+ 和氧气结合生成水，并离开电池。该过程清洁且易于控制。由于铂催化剂的价格高昂，燃料电池并未得到广泛关注，这种情况一直持续到 20 世纪末。随着新的催化剂和电解质在过去的 20 年里相继问世，燃料电池的价格也变得可以承受，如被用于汽车动力源。此外，人们还发明了新的制氢方法，例如利用风能或太阳能进行电解（这是该类清洁能源的一个很好的利用途径）[8]。

尽管氢气具有优异的质量能量密度，但燃料电池的功率密度还远远不能满足飞机的起飞需求。燃料电池的功率密度大概是 100W/kg，仅为蓄电池、电容器以及化石燃料的 1/10[9]。因此，燃料电池必须搭配蓄电池才能满足所有的功率需求（见本章 11.2.6.2 小节）。

同时，在计算氢气的质量能量密度时，并没有考虑系统运行所需所有设备的质量。若考虑这些因素，该值会比较低。Romeo 等 [10] 认为，这是限制燃料电池在飞机上使用的主要原因。

11.1.2.4 太阳能电池

太阳能电池是一种利用光伏效应将光能转化为电能的装置：光的吸收激发半导体中的电子，从而产生电动势。

与之前提到的解决方案不同，太阳能电池无需存储能量，而是实时产生能量。在这种情况下，应该使用基于单位质量（m）或表面积（A）的功率密度 [见式（11-2a），式（11-2b）]，而不是能量密度来进行评价。功率密度也是发动机或电机的常用特性参数。理想情况下，飞机发动机应具有尽可能高的功率密度，这在起飞时尤为重要。

$$p_m = \frac{P}{m}\left[\frac{\text{W}}{\text{kg}}\right] \tag{11-2a}$$

$$p_A = \frac{P}{A}\left[\frac{\text{W}}{\text{m}^2}\right] \tag{11-2b}$$

在早期的太阳能飞机实验（Sunrise Ⅱ，即"日出二号"项目，1975 年）中，重达 2.523kg 的太阳能电池阵列输出功率为 580W[11]，相当于 230W/kg 和 162W/m²。20 多年前（2000 年）开发的高效硅电池可达到 676W/kg 和 169W/m²[12]。以 ENFICA-FC（以燃料电池为动力的环保型城际飞机项目，本章 11.2.6.2 小节）为例，其稳定飞行的电机功率为 20kW，而产生该功率所需的太阳能电池板（假设传输效率为 100%）的重量分别为 87kg 和 30kg，这比存储氢气还轻，也就是说重量不是问题。但电池的覆盖面积分别为 124m² 和 118m²，是飞机机翼面积的 10 倍多。目前（2020 年初），挪威 REC 公司生产的一种商用太阳能电池的功率可达 217.14W/m²[13]。这个水平可以将面积缩小到 69.5m²，但仍需对整个飞机进行重新设计，依然不是一个令人满意的结果。不过，它给予了未来一些希望，也使太阳能电池发电有可能应用于某些场景（见本章 11.2.3 节）。但需要注意的是，由于阳光照射角度的变化，太阳能电池的性能总是与理论值有偏差，而且时刻在变化。同时，太阳能电池在云层高度以下经常无法使用，在夜间也毫无用处。这就意味着，与氢燃料电池一样，该系统必须与蓄电池结合使用。

11.1.2.5 核能方案

核能发电有多种技术，最常见的是核反应堆。它理论上可以为电机提供电流。曾有人尝试用核反应堆驱动飞机，但它不是用电驱动，而是产生蒸汽驱动涡轮发动机。康维尔（Convair）NB-36H 和图波列夫图（Tupolev Tu）-119 项目采用了这一思路，但出于安全考虑，在该新型推进系统投入使用之前，项目就被取消了。核反应堆应用于飞机的担忧主要来自乘客的安全问题和事故发生后的污染风险。如果要应用核动力，应避免使用危险性较高的燃料（例如铀）。因此，需选用不需要链式反应的设备，例如：

① 放射性同位素发电机。将因辐射而发热的核燃料放置在一个容器中，其中一个热电偶端子安装在容器中，另一个热电偶端子连接到散热器上进行冷却，两者之间的温差可产生电位差。这种方式已被用于为卫星或灯塔等需要运行数月而无需维护的设备供电。

② 贝塔伏特电池。原理类似于太阳能电池（见本章 11.1.2.4 小节），但辐射源是放射性物质。2018 年 12 月，俄罗斯核运营商 Rosatom[14] 使用富集镍 -63 同位素的原子能电池就是方案之一，据称其寿命长达 50 年，且即使用在消费电子产品中也是安全的[15]。

不过，这些解决方案只适用于低功率设备，目前还没有尝试将它们用于驱动任何飞行器。

11.1.2.6 混合动力

串联式混合动力由热机（内燃机或燃气涡轮发动机）带动发电机转动，发电机为电池充电或直接为螺旋桨提供动力。并联式混合动力飞机是指电动机和热机均可为螺旋桨提供动力。混合动力飞机可以利用电池让发动机保持较低的功率输出，并在需要时从电池提取更多的能量。如果只是为了改变发动机推进系统布局，例如采用分布式推进，则可以不使用电池。

这个想法解决了无法构建足以匹配煤油特性的储能系统的问题，但没有摆脱对化石燃料的依赖。不过，它可以让发动机在稳定不变的条件下工作，而不必为了产生高动力输出而工作在非理想转速，从而降低了噪声和油耗。对效率链的研究表明，混合动力装置是仅次于传统热机的最佳装置[16]。

11.1.3 航空电推进系统的基本特性——电机

电机是一种将电能转化为机械能的机器。其工作原理是，在磁场中的通电导线受到垂直于电流方向的力。由于通常需要转动形式的动能，电机一般包含两个基本部分：一个是定子；另一个是转子。不同类型的电机，可按需在定子或转子上布置线圈或永磁体。电机分为交流电机（AC motors）和直流电机（DC motors）两种基本类型。直流电机分为有刷电机和无刷电机。电刷是在电机的静态部分和旋转部分之间保持接触和电流传导的部件。直流电机通常具有换向器，一旦转子与磁场平行，换向器就会改变转子内的电流方向，使其继续旋转。

航空领域需要大功重比的电机，且现有的电源产生的是直流电。因此，直流电机自然成为首选[17]。由于电刷是会产生摩擦热和磨损的接触部件，通常会降低电机性能，因此优先选用无刷电机[18]。本章11.2节中评述的大多数飞机也做出了同样的选择。

高温超导电机对未来的航空推进似乎很有吸引力，但它们需要庞大的冷却系统，体积和重量都无法满足装机需求。目前，还没有功率密度能够达到燃气涡轮发动机水平的电机。

11.2 电动飞机和混合动力飞机的发展历程

电动飞机的特性使其一直不太适用于通用航空领域，但在一些特殊领域中却表现优异：

① 侦察——太阳能飞机理论上可以长时间在空中飞行，非常适合飞越敌方领土并拍摄照片或观察自然现象。

② 飞行员培训——随着燃料价格的上涨，在时长相对较短的训练飞行中，电能成为燃料的低成本替代品。

③ 电动滑翔机——电机可让滑翔机在没有牵引飞机的情况下启动，其后续也不需要其他动力。

④ 遥控航模——电机价格便宜，易于维护，便于业余航模爱好者使用。

⑤ 特技飞机——特技飞机体积小、重量轻，在空中飞行时间短。

⑥ 近期的发展也让电动飞机有机会用于支线客运。

到目前为止，大多数原型机和技术验证都很成功，但可能是由于缺乏经济效益，其中大多数项目都被终止，且看不到明确的后续计划。

为便于评价一项技术开发到何种程度，以及还要多久才能实现商业成功和大规模生产，本书使用了美国国家航空航天局（NASA）定义的技术成熟度等级（Technology Readiness Level，TRL）量表[19]：

① 提出基本原理并正式报告；

② 提出概念和应用设想；

③ 完成概念和应用设想的可行性验证；

④ 以组件和 / 或实验板为载体完成实验室环境验证；

⑤ 以组件和 / 或实验板为载体完成相关环境验证；

⑥ 以系统或分系统原型为载体完成相关环境（地面或空中）验证；

⑦ 以系统原型为载体完成飞行验证；

⑧ 以实际系统为载体通过测试和演示（地面或空中）；

⑨ 以实际系统为载体实现成功的任务运行。

11.2.1　早期尝试

11.2.1.1　Gaston Tissandier

最早尝试使用电推进系统作为动力的飞行器是飞艇。法国人 Gaston Tissandier 于 1883 年试飞了一架飞艇，比莱特兄弟的飞行早了 20 年。当时使用的西门子电机转速为 180r/min，功率为 1.1kW，由 24 个重铬酸钾电池供电[20]。后来，其他的一些飞艇也配备了电机。

11.2.1.2　Petróczy—Kármán—Žurovec

下一个值得关注的进展发生在第一次世界大战期间。奥匈帝国 的 Petróczy、Kármán 和 Žurovec 制造了一种直升机，它是比氢气球更 难摧毁、更容易操作的系留观测设备。Austro-Daimler 直流电动机重 195kg（直升机总重 650kg），能在 6000r/min 输出 140kW 的功率，其电 力由系留电缆提供。然而，该技术并不成熟，几次实验后，其电机的 线路就被烧毁了[21]。

11.2.1.3　William C.Brown

William C. Brown 在 Raytheon 公司工作期间制造了另一个系留观 测设备，这是电力驱动飞机的另一个早期例子。其设计初衷是用于测 试微波能量传输。一架小型直升机（2.3kg，旋翼直径 1.8m）保持在 微波发射器和天线以上 15m 的高度飞行（见图 11-1）。直升机上安装了一个整流天线，将微波感应产生的交流电转换成直流电，为电机（0.11kW 的手持电钻电机）提供动力。该设计成功地进行了 10h 的测试，并且设计者认为，经过改造，它可以在 1500m 的高空翱翔，但没有看到任何后续行动。这主要是因为能够远距离接收大量电能的整流天线太大，无法建造，而且露天的强微波会对人体造成伤害。不过这种技术最近已被小规模地用于手机充电[22]。

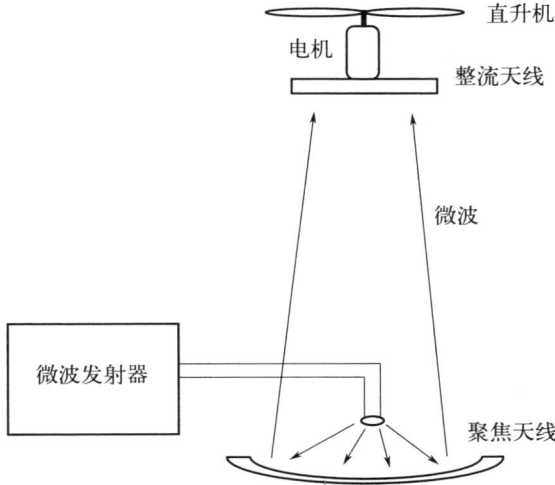

图 11-1 William.C.Brown 的微波驱动直升机[22]

11.2.2 首批电动飞机

11.2.2.1 Radio Queen

1957 年 6 月 30 日，英国的 J.Taplin 上校试飞了第一架无线电遥控电动飞机，这是一架小型模型飞机。"Radio Queen"采用永磁电机和银锌电池。该项目没有得到进一步发展，但却催生了整个电动航模分支[23]。

11.2.2.2 Militky MB-E1

1973 年 10 月 21 日，史上第一架载人电动飞机在奥地利起飞。这架飞机是 Militky MB-E1，由 Brditschka HB-3 滑翔机改装而成。飞机爬升到 300m 的高度，在空中绕了几圈，并在 9 分多钟后着陆，飞行过程中共使用了一半的电量。它的空载重量为 370kg，M_{TOW} 为 440kg（比使用活塞发动机重 60kg）。其采用了一个 10kW（2400r/min，而活塞发动机为 26kW）的博世直流电机和瓦尔塔镍镉电池。后来又进行了几次试飞，飞机的性能优秀，但飞行时间仍然非常有限[24]。

11.2.2.3 AstroFlight Sunrise

第二年，Roland Boucher 制造了第一架太阳能无人机——AstroFlight Sunrise（图 11-2）。这是一次技术演示，用以证明可以制造出在空中持续飞行数月的飞机。它在白天上升到约 30km 的高度，当太阳落山时又下降到约 2km 的高度。

这架飞机是按照滑翔机的原理设计的，长度为 4.36m，翼展 9.8m，空载重量为 10kg，M_{TOW} 为 12kg。其选用了效率为 10% 的成品太阳能电池板，并采用专门制造的 0.75kW（转速为 2000r/min）钐钴磁铁材质电机带动螺旋桨。所有飞行测试都验证了该设计是成功的，然而第 28 次测试时，飞机在约 2.5km 的高空因乱流而损毁[25]。

图 11-2 AstroFlight Sunrise—设计者 Roland Boucher 在检查满功率下的电压与电流，Thacker 上校在一旁看着 Bob Boucher 操作节流阀。机翼后方一英尺处的黑色小方块是太阳罗盘，其重量不到 1 盎司（1 盎司 = 28.35 克）。圆形太阳能电池覆盖了机翼的大部分[25]

11.2.2.4　Mauro Solar Riser

接下来，在 1979 年，超轻型飞行器（Ultralight Flying Machines）公司的 Larry Mauro 制造出了第一架载人太阳能飞机——Mauro Solar Riser。它在标准双翼滑翔机的基础上增加了一个 2.6kW 的博世电机和一个镍镉电池。空载重量为 57kg，M_{TOW} 达 137kg。太阳能电池只占用了上层机翼的一半面积（见图 11-3[26]），因此最多只能提供 350W 的功率。不过，这足以在 1.5h 内为电池充满电，并让飞机起飞（电机可以依靠电池运行 3 ～ 5min）和滑翔。在滑翔过程中，电池能再次充满电，以便继续爬升高度或进行有动力着陆。这架飞机完成了高度为 12m，距离为 0.8km 的飞行测试，然后就被放置在博物馆[26]。

图 11-3　Mauro Solar Riser

11.2.3　近期的著名电动飞机

11.2.3.1　NASA：Pathfinder（Plus），Centurion，Helios

太阳能飞机的长期飞行能力并没有被人们遗忘（高空伪卫星，英文缩写 HAPS，见本章 11.2.2.3 小节）。然而，可能是由于卫星技术的发展这一想法的具体研制工作进展缓慢，因为卫星在早期被证明更适用于情报收集工作。

NASA 曾在 1983 ～ 2003 年期间开发了一系列太阳能无人机（太

阳神）。它们是加利福尼亚州 Aero Vironment 公司项目的延续。该项目开发了一个 30m 长的高纵横比飞行翼，上面装有 6～8 个电动马达并覆盖着太阳能电池板（图 11-4）。它的最高功率为 7.5kW，飞行速度极慢（24～40km/h），通过小型升降器遥控俯仰，通过电机动力控制偏航。它在当时创造了螺旋桨飞行和太阳能飞行两项飞行高度记录——21.8km。后来，随着 Pathfinder Plus[27]、Centurion[28] 和 Helios[29] 的改进（太阳能电池功率达到 35kW，翼展达到 75m），这个记录又被提高到 29.5km。它们的重量为 252～1052kg，为了保证夜间飞行的能量，配备了锂电池，后来又配备了氢电池。

图 11-4 飞行中的 NASA 太阳神 [30]

太阳神被用于海洋和陆地生态系统成像研究工作，并作为"大气层卫星"发射无线电和电视信号。最终，太阳神于 2003 年坠毁。其最长飞行时长超过 17h。

11.2.3.2 Solar Impulse

Solar Impulse 是由两名瑞士人与几所大学和公司合作的一个私营项目。它是一款载人飞机，其目标是完全依靠太阳能环绕地球飞行。其第二架原型机于 2015 年完成了这一目标。这次环球飞行历时近 17个月，其中因维修损坏的电池而停飞了 9 个月。最长的不间断飞行是飞越太平洋，历时 4 天，全长 7212km，创造了最长的单人飞行和最长的太阳能飞行记录 [31]。该飞机的翼展为 71.9m（与 Boeing 747 的翼展一样大），M_{TOW} 为 2300kg，巡航速度为 60 ～ 140km/h（取决于飞行高度），4 个电机的总功率为 52kW。白天有阳光时，飞机爬升至 8.5km，夜间则下降至 1.5km[32]。

11.2.3.3　QinetiQ/Airbus：Zephyr

从 2003 年开始，英国的 QinetiQ 公司（后来 Airbus 也加入其中）也开展了类似的项目。经过研发，2018 年这架无人机创下了连续无燃料飞行近 26 天的纪录。它能保持在 15 ～ 22km 高空（高于常规航线和气象变化的区域），达到了可替代卫星的能力。其主要参数为：M_{TOW} 53kg，翼展 11.5m，功率 0.9kW，速度 56km/h[33]。

11.2.3.4　Lange Antares

第一架商用电动飞机是德国制造的电动滑翔机，于 2003 年首飞。自研的 42kW 无刷直流电机使其无需牵引即可起飞。在为 SAFT VL41M 锂离子电池充电 10h 后，该电动滑翔机可爬升至 3.5km，其 M_{TOW} 为 660kg[34]。

11.2.3.5　Pipistrel Taurus Electro

这是首款双座商用电动飞机。这种自行起飞的电动滑翔机（图 11-5）于 2007 年推出。它的电机功率可达 30kW，M_{TOW} 为 550kg，锂聚合物电池的容量为 4.75kW·h，巡航速度为 141km/h[35]。

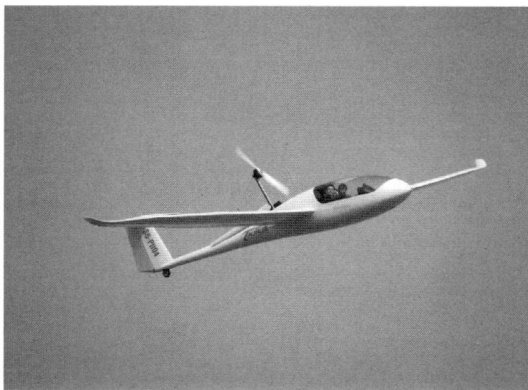

图 11-5　飞行中的 Pipistrel Taurus Electro

11.2.3.6 ElectraFlyer-ULS

这是另一款商用电动飞机，2012年在美国制造。其 M_{TOW} 为238kg，配备 2kW·h×3.3kW·h 锂聚合物电池和 15kW 电机，能以64km/h 的速度巡航 2h[36]。

11.2.4 最新进展

截至 2020 年冬季，有一些关于电动飞机的项目在进行。本节将选择其中几个进行介绍。

11.2.4.1 Eviation Alice[技术成熟度（TRL）4级]

这可能是未来的首架商用电动客机，已于 2019 年 6 月在巴黎航展上亮相。以色列公司 Eviation 声称，它的性能可与支线涡轮螺旋桨飞机媲美，能以每小时 440km/h 速度飞行，最大飞行高度 3km，可搭载9 名乘客飞行 1000km。该飞机采用非标准布局：机身后部和翼尖装有3 个推进电机（共 780kW，由 Siemens 和 magniX 提供）以减少阻力，尾翼呈 V 形，机身底部扁平，以提供额外的升力（考虑到机翼又短又薄）（图 11-6）。电池是一个重 3600kg、920kW·h 的锂离子电池组。其 M_{TOW} 为 6350kg。由于与涡轮螺旋桨飞机相比，这型飞机的维护和燃油成本有望降低 60%，目前该公司已收到了支线运营商的一些飞机订单[37]。不过，在撰写本章时该飞机尚未首飞，其第一架原型机在2020 年 1 月 22 日的试验中烧毁[38]。

图 11-6　巴黎航展上的 Eviation Alice[37]

11.2.4.2 Bye Aerospace eFlyer [技术成熟度（TRL）7 级]

当前教练机都使用传统发动机，培训费用高得令人望而却步。该机型被策划作为教练机的低成本替代品。其原型机已于 2018 年 4 月测试成功。它采用西门子 SP70D 电动机，功率达 90kW，重 25.8kg。选用的锂离子电池可使其在空中飞行 3.5h，速度最高可达 220km/h。飞机翼展为 11.58m，M_{TOW} 为 862kg。生产商称，其运营成本为每小时 14 美元，而 Cessna 172 的运营成本为 88 美元[39]。

11.2.4.3 Pipistrel Alpha Electro [技术成熟度（TRL）9 级]

与此同时，一家斯洛文尼亚公司自 2015 年以来一直在生产和销售世界上第一型获得 FAA 认证的电动飞机（也是教练机）。它由现有的商用活塞发动机飞机改装而成，全球已有 60 多架在使用。该飞机（图 11-7）可飞行 1.5h（汽油版为 3.5h），电池充电需要 45min，也可在 5min 内完成换电。自研电机可产生 60kW 的功率，使其在 3.9km 高空的巡航速度达 160km/h。飞机翼展为 10.5m，M_{TOW} 为 550kg[40]。

图 11-7　飞行中的 Pipistrel Alpha Electro

11.2.4.4 NASA X-57 Maxwell（技术成熟度（TRL）4 级）

这架飞机是经 Tecnam P2006T 改装的，旨在展示分布式推进的优势。它在机翼前缘整齐排布了 14 个电机（图 11-8）。有趣的是，12 个较小的电机只在升力需求最大的起飞工况工作，而后在巡航时关闭。

到目前为止，地面测试已经验证了上述装置的可行性，并验证了主电机和电池的功能，但原型机尚未制造完成。其设计参数如下：巡航速度 277km/h；最大飞行高度 4.3km；飞机重量为 1360kg；选用锂离子电池（重量为 390kg，功率为 69.1kW·h）；两个巡航用主电机，单个输出功率 60kW，单个电机重 53kg；每个"爬升"电机（共 12 个）输出功率 10.5kW，重 5kg[41]。

图 11-8 X-57 Maxwell 的效果图[41]

11.2.4.5 Airbus E-fan[技术成熟度（TRL）7 级]

两大飞机制造商之一的 Airbus 公司也曾尝试研制过一款电动飞机。这是基于欧洲航空防务与航天集团（European Aeronautic Defence and Space Company，EADS）将 Cri-cri 改装为电推进飞机的项目（完成于 2010 年）衍生的。该飞机命名为"E-fan"，于 2014 年初首飞，拟作为教练机用。它配备了两个电机，分别驱动两个涵道风扇，总功率为 64kW。有趣的是，主起落架机轮也由一台 6kW 的电机驱动，以协助起飞。其 M_{TOW} 为 600kg，巡航速度为 160km/h。167kg 的锂离子电池可让其在空中飞行 1h[42]。

最初，该公司计划将其开发成一款更大的飞机[43]，可能会配备增程式发动机，但该项目于 2020 年 4 月终止。

11.2.4.6　Zunum Aero[技术成熟度（TRL）2级]

另一家航空巨头 Boeing 公司曾计划与一家名为 Zunum 的公司合作开发电动飞机，但在原型机生产之前就决定撤资。

11.2.4.7　Harbour Air 和 magniX[技术成熟度（TRL）7级]

Harbour Air 是一家运营水上飞机的航空公司，在加拿大不列颠哥伦比亚省佐治亚海峡的城市之间运营，其航线均在 300km 以内。目前，他们使用活塞式和涡轮式螺旋桨飞机，主要是加拿大的 DeHavilland 飞机。2019 年，他们与电机公司 magniX 签订协议，将整个机队的 40架飞机改装为电动飞机。为此，2019 年 12 月 11 日进行了 4min 试飞（图 11-9）。该飞机为六座的 DHC-2，配有一个 560kW（135kg）的电机。锂离子电池可让其在空中飞行 40min。不过，它尚未完成所有认证，参数也可能会发生变化[44]。

图 11-9　首飞中的 Harbour Air 和 magniX 的 ePlane

11.2.4.8　Extra 330 LE[技术成熟度（TRL）8级]

这是一架实验用特技飞行电动飞机。它保持着两项记录：其一是 1000kg 以上的电动飞机速度记录——342.86km/h；其二是 1000kg 以下的电动飞机速度记录——337.5km/h。其装配的西门子

SP260D 电机，重量为 50kg，功率为 260kW。电池为锂离子电池，容量为 18.6kWh。它预计能进行 20min 的飞行，包括 5min 的全功率飞行表演[45]。

11.2.4.9　空中出租车 [技术成熟度（TRL）1 ~ 7 级]

近几年，一个新的想法引起了航空企业的兴趣：一种能够搭载两名乘客、低速短距离飞行的小型电动直升机，可用作"空中出租车"，或在交通拥堵的城市中用于通勤。许多公司正在研制这种飞机：Boeing 的 PAV，空中客车的 A³ Vahana、CityAirbus，北京亿航创世科技有限公司的 Ehang，Lilium 公司的 Lilium Jet，Opener 公司的 Black Fly，Bell 公司的 Bell Nexus 和 Volocopter 公司的 Volocopter。这些飞机正处于不同的开发阶段，一些原型机已经试飞，但在本章撰写时还没有一家公司的飞机投入商业运营。

11.2.5　混合动力飞机

11.2.5.1　Diamond Aircraft: DA36 E-star [技术成熟度（TRL）7]

第一架混合动力飞机 DA36 E-star 是在 2011 年才由 Diamond Aircraft 公司与 Simens、Austro Engine、EADS 合作研发出来的。它是由 Diamond HK36 电动滑翔机改装而成，由一台 70kW 的电机和一台 30kW 的发动机驱动。电池的能量用于起飞和爬升，并在之后的平飞过程进行充电[46]。

11.2.5.2　Ampaire Electric EEl [技术成熟度（TRL）8 级]

一家名为 Ampaire 的美国公司正基于 Cessna 337 Skymaster（该飞机原本采用成对的推 - 拉式发动机）开发一种并联式混合动力飞机。改装的目的是用电池驱动的电机取代后置发动机。据报道，这种设计提供了更好的飞行特性，包括更少的燃料消耗和更低的排放，而且由于其中心线推力布局，还可作为可靠的实验平台。原型机于 2019 年 6 月试飞。目前，Ampaire 公司已获得一份 100 架该机型的订单[47]。

11.2.6　氢燃料电池飞机

11.2.6.1　Boeing：DA-20/Theator [技术成熟度（TRL）7 级]

Boeing 公司与其他几家公司合作，改装了一架奥地利 Diamond Aircraft 公司的 DA-20 型飞机，使其成为首架使用燃料电池飞行的飞机。2008 年，这架飞机开展了 3 次试飞，爬升到 1000m 高空，并保持 100km/h 的巡航速度飞行了 20min。爬升时，蓄电池也提供了动力，平飞时仅使用燃料电池动力 [48]。

11.2.6.2　ENFICA-FC [技术成熟度（TRL）6 级]

都灵理工大学的研究人员也进行了一次尝试。他们为捷克 Skyleader 公司生产的双座微型飞行器 Rapid200 配备了一个 35kW 的电机，一个燃料电池和一个锂聚合物电池（均为 20kW）。与之前的例子一样，续航为 18min 的锂聚合物电池仅在起飞和紧急情况下使用。整架飞机的重量为 554kg（各系统重量分布见图 11-10），机翼面积为 11.85m²。氢气储存罐重 52kg，装有 1.2kg（在 350bar 压力下，体积为 26L）氢气。该飞机于 2010 年 5 月进行了 6 次试飞，其间达到了 135km/h 的（平飞）速度和 39min 的续航时间 [10]。

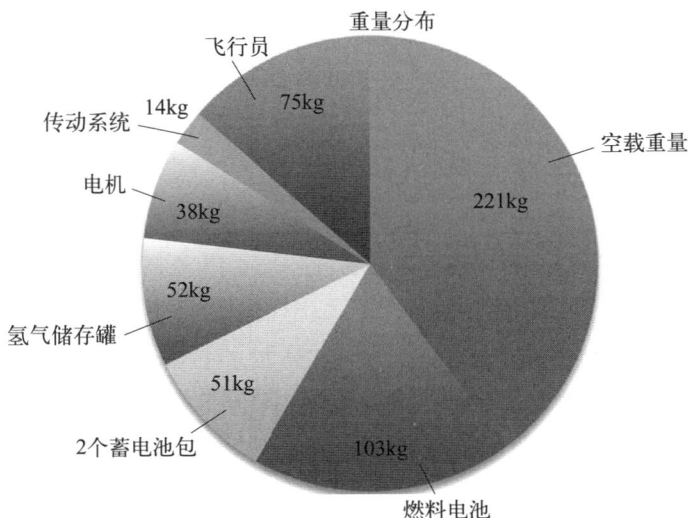

图 11-10　ENFICA-FC 的各系统重量分布

11.2.6.3 DLR HY4 [技术成熟度（TRL）6级]

该飞机由前文提到过的 Pipistel 公司、Hydrogenics（燃料电池生产商）、乌尔姆大学和德国航空航天中心（DLR）在双机身电动滑翔机 Pipistrel Taurus G4 的基础上合作开发。它由一个 80kW 的电机驱动（氢燃料系统为其供能）。氢气储存在压力为 300～400bar 的储氢罐中，输送到燃料电池前会降至 7bar。飞机安装了一个蓄电池，为起飞和着陆提供额外动力，并在燃料电池发生故障时作为备用电源，保证飞机运行 15min。其 M_{TOW} 为 1500kg，可搭载 3 名乘客，巡航速度为 145km/h，最高速度为 200km/h。航程据报道在 750～1500km（取决于飞行速度）。它于 2016 年 9 月 29 日首飞，持续了 10min。该项目正在进一步开发中，其目标是研发 6～10 座的飞机，后续还可能研制 40 座的飞机，保证在航程 1000km 条件下，速度达到 300～400km/h[49]。

11.2.6.4 ZeroAvia [技术成熟度（TRL）6级]

2020 年 6 月 23 日，英国一家名为 ZeroAvia 的公司制造的一架氢动力原型机试飞成功。它由装配 260kW 活塞发动机的 Piper Malibu 飞机改装而成，配备了 300kW 的电池。在 10 次试飞中发现，最节能的工况为海平面高度以 167km/h 的速度飞行，能耗为 75kW。公司代表称，最大的挑战是推进系统的热管理。后续，他们的目标是在试飞中测试氢气系统[50]。

11.3 展望及总结

初步市场调研显示，电动飞机有一定的发展前景。然而，截至 2020 年初仅有一款超轻型飞机和三型电动滑翔机取得了商业成功。曾经有一些雄心勃勃的电动飞机计划，但大多数都在开发的早期或后期被取消了。当然，教练机的使用方式让电动飞机在该领域很容易成功；空中出租车似乎也是可行的。至于长途客运或货运，则看起来没那么容易。

德国航空航天中心的 Hepperle 对有改装可能性的支线涡桨飞机

进行的一项案例研究发现，如果将 Dornier Do 328 改装成电推进，速度将从 472km/h 降至 300km/h，航程也将从 2200km 降至 50km，这在商业上毫无意义[16]。如果对机身和结构进行重大改造，速度降低至 255km/h，其航程可延长到 339km。只有电池技术实现飞跃才能使其达到涡桨飞机的性能水平。

波兰航空学院的 Łukasik 和 Wiśniowski 对 Gulfstream G150 商务喷气式飞机进行了另一项案例研究[51]。如果存在能为飞机起飞提供足够动力（据计算超过 3MW），且体积、重量满足装机条件的电机，为其配备一块储能蓄电池满足飞行 1800 公里（原航程的 1/3），蓄电池的重量将是 M_{TOW} 的 2 ～ 5 倍（基于目前技术水平）。除非突然出现技术突破，否则 15 年后才可能出现满足要求的蓄电池。由于氢的储存问题，氢燃料电池似乎不是一个可行的替代方案。核电池也许能满足能量密度的要求，但出于安全考虑，使用的可能性不大。

综上所述，当前长距离电推进飞机唯一可行的动力解决方案是采用内燃机驱动发电机的混合动力系统，但这并不能解决依赖化石燃料的问题。此外，即使改用全电动技术，在可持续发展方面也存在问题。因为它需要开采大量的镍、锂和钴等元素用于蓄电池制造，而这些资源也是有限的。全球钴产量的 60% ～ 70% 来自刚果民主共和国。从商业角度看，该国可谓是一个高风险的国家。由于汽车和卡车也计划改用电驱动，这些矿产的需求将迅速增长（到 2030 年将增长 10 倍）。目前的产业链如果不投入巨资（1400 亿美元[52]），将无法提供足够的钴和镍。此外，为超过 10 亿辆汽车安装蓄电池的钴需求量将超过全球已探明的钴储量，镍需求量也几乎与总储量相等[53]。总之，如果电池技术没有突破，不仅不可能制造出具有正常功能的长途飞机，甚至也不可能为短途飞机提供足够数量的蓄电池。

不过，一些有趣的技术正在开发中，它们可以为电推进系统研发提供思路。其中之一就是用弹射起飞代替飞机自行起飞。自研制成功以来，这种方法一直是航空母舰的标准配置，现在也在考虑用于客机[54]。这可能意味着电机峰值功率需求的降低。此外，根据 Łukasik 和 Wiśniowski 提供的数据，一次 1800km 飞行所需的电池容量将减少 6.5%。

另一个引人关注的进步是在复合材料领域：电活性聚合物。它们可用于制造在施加电压时能改变形状的薄片。也许可以利用这种特性，开发扑翼飞机。这种翅膀以一种精巧的、仿生的方式拍打，取代螺旋桨叶片来获得速度。该想法已进入研发阶段，如德国一家名为 Festo 的公司推出的 SmartBird[55]。

最后，还有一种非常规的电推进方式，那就是等离子喷气发动机。空气被吸入发动机后被压缩，并在电磁场中激发，形成等离子体（物质高密度、高温的电离状态），然后高速排出。这种方案已在实验室条件下进行了测试，拟安装在卫星上，但也许有一天它们也能用于大气层中的飞行器。目前，它们还无法实现，原因与前文提到的其他技术一样——缺乏满足要求的蓄电池[56]。

总之，电动飞机统治天空那天的到来还需人类的耐心等待。上述技术瓶颈的解决方案正在研究中，但可能还需要几十年时间才能彻底攻克。上述所有论点都让人们认识到化石燃料对人类经济发展的重要性。

参考文献

[1] BP. Air BP handbook of products. 2000. https：//www.fmv.se/FTP/Drivmedel%202016/datablad/M0754-233000_Avgas_100_LL.pdf.

[2] Reddy T. Linden's handbook of batteries. New York：McGraw-Hill，2011.

[3] Tufts office of the viceprovost for research. In Case You Haven't' Herd' About：A Newsletter of Tufts. Environmental Health and Safety. 2016，8（1）. https：//viceprovost.tufts.edu/ehs/fifiles/The-Hazards-of-Lithium-Batteries.pdf.

[4] Han L，Huang H，Fu X，Li J，Yang Z，Liu X，et al. A flexible，high-voltage and safe zwitterionic natural polymer hydrogel electrolyte for high-energy-density zinc-ion hybrid supercapacitor. Chemical Engineering Journal，2019，392. https：// doi.org/10.1016/j.cej.2019.123733.

[5] Thangavel R，Oh S，Lee Y，Jang JR. An ultra-high-energy density supercapacitor；fabrication based on thiol-functionalized graphene oxide scrolls. Nanomaterials，2019，9（2）：148.

[6] Barthélémy H. Hydrogen storage-industrial prospectives. International Journal of Hydrogen Energy，2012，37（22）：17364-17372.

[7] Martin KB，Folkson R，Sheffield JW. Electricity and hydrogen as energy vectors. In：Alternative fuels and advanced vehicle technologies for improved environmental performance，Woodhead Publishing series in energy. Cambridge：Woodhead Publishing，2014：117-137.

[8] Institute of Physics. iop.org. https：//www.iop.org/resources/topic/archive/fuel/index. html.

［9］ Thomas CE. Fuel cell and battery electric vehicles compared. Mar. 2009. https：//www.energy.gov/ sites/prod/fifiles/2014/03/f9/thomas_fcev_vs_battery_evs.pdf.

［10］ Borello F，Correa G，Cestino E，Romeo G. ENFICA-FC：design of transport aircraft powered by fuel cell & flight test of zero emission 2-seater aircraft powered by fuel cells fueled by hydrogen. International Journal of Hydrogen Energy，2013，38（1）：469-479. https：//www.sciencedirect. com/science/article/pii/S0360319912021027.

［11］ Boucher RJ. History of solar flight. In：20th joint propulsion conference. Ohio：Cinncinati，1984.

［12］ Pollard HE，Hou HQ，Sharps PR，Fatemi NS. Solar array trades between very high-efficiency multi-junction and Si space solar cells. In：Conference record of the 28th IEEE photovoltaic specialists conference. USA：Anchorage，2000.

［13］ REC Group. Datasheet-REC alpha series. https：//www.recgroup.com/sites/default/fifiles/documents/ ds_rec_alpha_series_rev_c_iec_en_web.pdf.

［14］ Nuclear Engineering International. Russia to use highly enriched Ni-63 for atomic batteries，Dec. 2018. https：//www.neimagazine.com/news/newsrussia-to-use-highly-enriched-ni-63-for-atomic- batteries-6907100.

［15］ Stanford Environmental Health and Safety. Ni-63 radionuclide fact sheet. https：//ehs.stanford.edu/ reference/ni-63-radionuclide-fact-sheet.

［16］ Hepperle M. Electric flight-potential and limitations. 2012. https：//elib.dlr.de/78726/1/MP- AVT-209-09.pdf.

［17］ Fehrenbacher J，David SL，Johnson ME，Honchell J. Purdue e-pubs，Apr. 2011. https：//docs.lib. purdue.edu/cgi/viewcontent.cgi?article=1033&context=techdirproj.

［18］ Drury B，Hughes A. Electric motors and drives. Fundamentals，types and applications. 5th ed. Newnes，2019.

［19］ NASA. NASA.gov. Aug. 2017. https：//www.nasa.gov/directorates/heo/scan/engineering/technology/ txt_accordion1.html.

［20］ Science Museum. Science museum group collection. http：//collection.sciencemuseum.org.uk/ objects/co29480/the-tissandier-la-france-airship-1883-aircraft-airships.

［21］ Grosz P. Helicopter pioneers of world war Ⅰ. Air Enthusiast，1978，（6）：154-159.

［22］ Brown WC. The microwave powered helicopter. Journal of Microwave Power，1966，1：1-20.

［23］ Noth A. ETH Zürich. Jul. 2008. https：//ethz.ch/content/dam/ethz/special-interest/mavt/robotics-n- intelligent-systems/asl-dam/documents/projects/History_of_Solar_Flight_Skysailor.pdf.

［24］ John，Taylor WR. Sailplanes. In：Jane's all the world's aircraft 1974-1975. London：Jane's Information Group，1974.

［25］ Boucher R. Project sunrise—Los Angeles California 1974，flight of the worlds first solar powered aircraft. 2009. http：//www.projectsunrise.info.

［26］ AirVenture Museum. AirVenture museum，2010. https：//web.archive.org/web/20101104125147/ http：//www.airventuremuseum.org/collection/aircraft/UFMMauro%20Solar%20Riser.asp.

［27］ NASA Dryden Flight Research Centre. NASA dryden fact sheets—pathfinder，Nov.2002. https：//

web.archive.org/web/20030810185046/http：//www.dfrc.nasa.gov/Newsroom/FactSheets/FS-034-DFRC.html.

[28] NASA Dryden Flight Research Centre. NASA dryden fact sheets—centurion，Nov.2007. https：//www.nasa.gov/vision/earth/improvingflight/archives/FS-056-DFRC.html.

[29] Gibbs Y. NASA fact sheet：Helios prototype，Feb. 2014. https：//www.nasa.gov/centers/armstrong/news/FactSheets/FS-068-DFRC.html.

[30] NASA Photo/Carla Thomas. Helios prototype flying wing，Aug. 2001. https：//www.nasa.gov/centers/dryden/multimedia/imagegallery/Helios/ED01-0230-4.html.

[31] Amber Archangel. CleanTechnica，Jul. 2015. https：//cleantechnica.com/2015/07/06/solar-impulse-sets-world-record-117-hours-52-minutes-longest-solo-flight-ever-video/.

[32] Solar Impulse. Solar Impulse，2016. https：//web.archive.org/web/20140413143309/http：//www.solarimpulse.com/en/our-adventure/building-a-solar-airplane.

[33] Thisdell D. FlightGlobal，Aug. 2018. https：//www.flightglobal.com/news/articles/airbus-sets-flight-endurance-record-with-zephyr-uav-451006/.

[34] Lange Aviation. lange-aviation.com. Mar. 2017. https：//www.lange-aviation.com/fileadmin/user_upload/TM/20E_Produktblatt_2017_EN.pdf.

[35] Pipistrel. Pipistrel aircraft. https：//www.pipistrel-aircraft.com/aircraft/electric-flight/taurus-electro/#tab-id-2.

[36] Electric Aircraft Corporation. ElectraFlyer.com—electric aircraft corporation，2014.http：//www.electraflyer.com/electraflyer-uls.php.

[37] Tim Bowler. BBC business news，Jul. 2019. https：//www.bbc.com/news/business-48630656.

[38] Flaig J. Institution of mechanical engineers，Jan. 2020. https：//www.imeche.org/news/news-article/total-loss-feared-after-fire-reportedly-damages-eviation-alice-electricplane-prototype.

[39] Aerospace Technology. Aerospace technology，2019. https：//www.aerospacetechnology.com/projects/sun-flyer-2-electric-aircraft/.

[40] Skydream. Skydream. https：//skydream.pl/samoloty/alpha-electro-dane-techniczne.html#main-content.

[41] Gibbs Y. NASA，Sep. 2018. https：//www.nasa.gov/centers/armstrong/news/FactSheets/FS-109.html.

[42] Airbus Group. Airbus group，May 2015. https：//web.archive.org/web/20170418132656/http：//www.airbusgroup.com/service/mediacenter/download/?uuid=48b1bd2c-a428-4c65-82e5-ed3e923bd142.

[43] Szondy D. New Atlas，Apr. 2014. https：//newatlas.com/e-fan-airbus-electric-plane/31823/.

[44] Warwick G. Aviation week network，Dec. 2019. https：//aviationweek.com/aerospace/harbour-air-magnix-claim-first-electric-aircraft.

[45] Zart N. CleanTechnica，Jan. 2018. https：//cleantechnica.com/2018/01/28/extra-aircraft-330le-two-seat-electric-airplane-another-electric-airplane-moving-clean-air-race-forward/.

[46] Diamond Aircraft. Diamond aircraft proudly presents the world's first serial hybrid electric aircraft

"DA36 E-Star", Jul. 2011. https：//www.diamondaircraft.com/en/about-diamond/newsroom/news/article/diamond-aircraft-proudly-presents-the-worlds-first-serial-hybrid-electric-aircraft-da36-e-star/.

[47] Sarsfield K. Flight global, Jun. 2019. https：//www.flightglobal.com/news/articles/ampaire-charged-with-order-for-up-to-100-electric-ee-459289/.

[48] Manufacturing.net. Manufacturing.net, Apr. 2008. https：//web.archive.org/web/20090727062021/http：//www.manufacturing.net/article.aspx?id=156880.

[49] Boric M. Aviation pros, Oct. 2019. https：//www.aviationpros.com/aircraft/business-general-aviation/press-release/12264576/aircraft-maintenance-technology-hy4-maiden-flight-of-the-hydrogen-powered-airplane.

[50] Bellamy W. Aviation today, Jul. 2020. https：//www.aviationtoday.com/2020/07/07/zeroavia-completes-first-flight-path-hydrogen-electric-turboprop/.

[51] Wiśniowski W, Łukasik B. All-electric propulsion for future business jet aircraft：a feasibility study. Journal of Aerospace Engineering, 2017, 231（12）：2203-2213.

[52] World Economic Forum. A vision for a sustainable battery value chain in 2030 unlocking the full potential to power sustainable development and climate change mitigation, 2019. http：//www3.weforum.org/docs/WEF_A_Vision_for_a_Sustainable_Battery_Value_Chain_in_2030_Report.pdf.

[53] Michaux S. Projected battery minerals and metals global shortage, Apr. 2019. https：//www.minersoc.org/wp-content/uploads/2019/05/3ICM-Michaux.pdf.

[54] Bertola L, Cox T, Wheeler P, Garvey S, Morvan H. Electromagnetic launch systems for civil aircraft assisted take-off. Archives of Electrical Engineering, 2015,（4）.

[55] Festo. SmartBird. https：//www.festo.com/group/en/cms/10238.htm.

[56] Ceurstemont S. New scientist, May 2017. https：//www.newscientist.com/article/mg23431264-500-plasma-jet-engines-that-could-take-you-from-the-ground-to-space/.

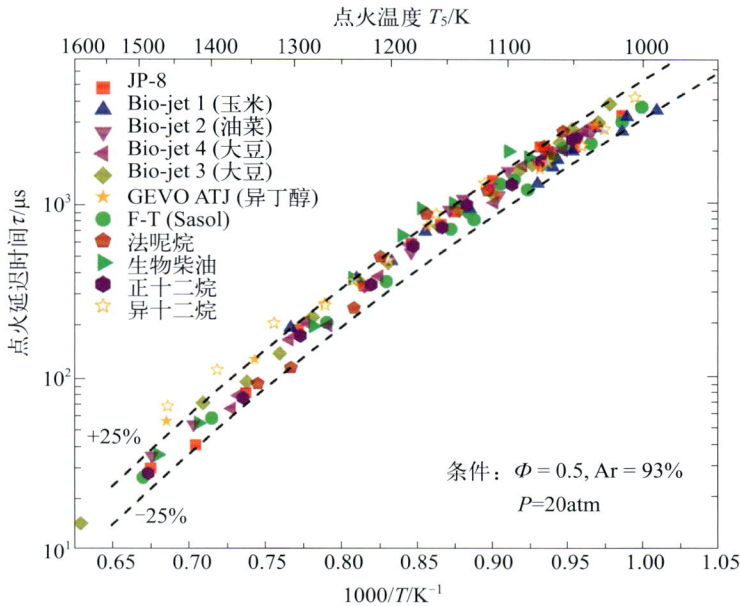

图 3-3　JP-8 和航空替代燃料点火延迟时间（τ）的比较[30]

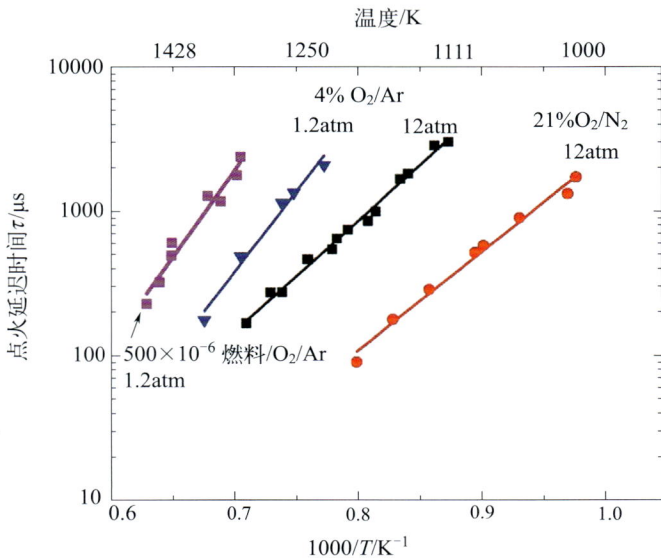

图 3-6　Φ=1 时在氩气中不同含量的 N_2 和 O_2 条件下 A2 航空燃料的点火延迟时间 τ[36]

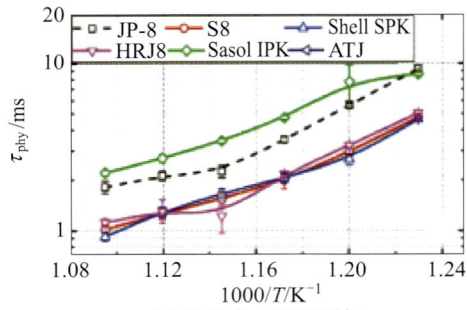

(a) 物理点火延迟时间

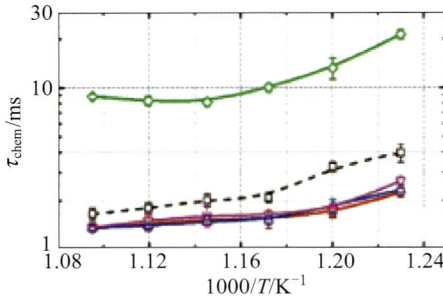

(b) 化学点火延迟时间

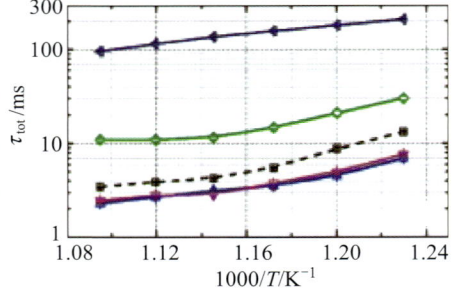

(c) 总点火延迟

图 3-8　在十六烷点火延迟时间测量装置中测量的合成燃料与
传统燃料点火延迟时间比较 [39]

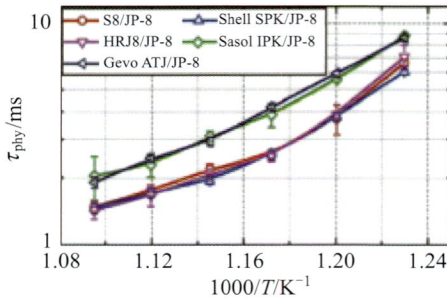

(a) 物理点火延迟

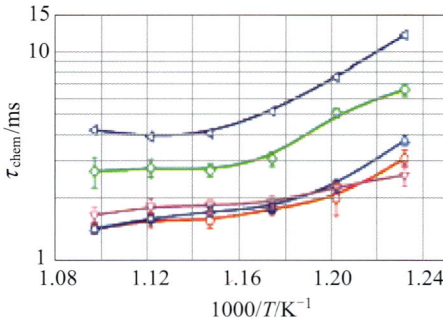

(b) 化学点火延迟

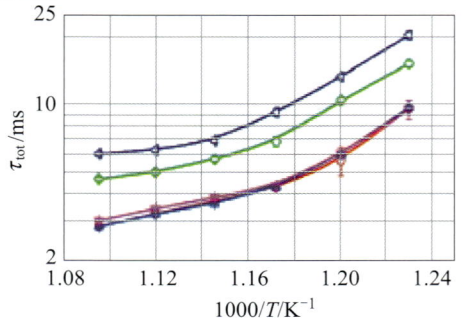

(c) 总点火延迟

图 3-9　在十六烷点火延迟时间测量装置中测量的 50% 混合燃料
与传统燃料的点火延迟时间比较 [38]

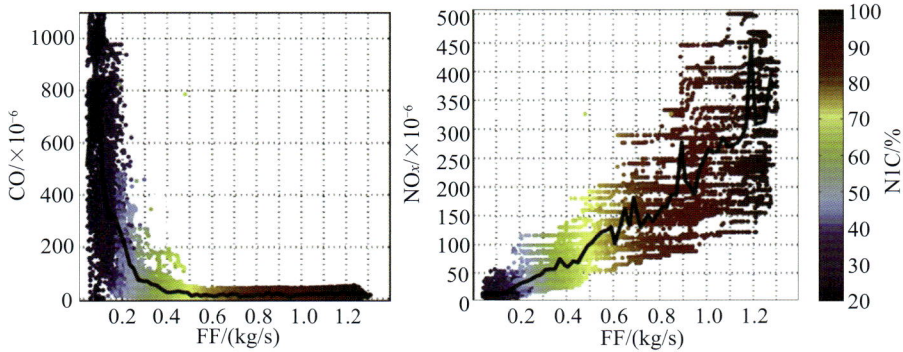

图 4-1 CFM-56 发动机使用 Jet-A1 燃料的 CO 和 NO_x 排放量
随燃料流量（FF）和等效风扇转速（N1C）的变化关系[2]

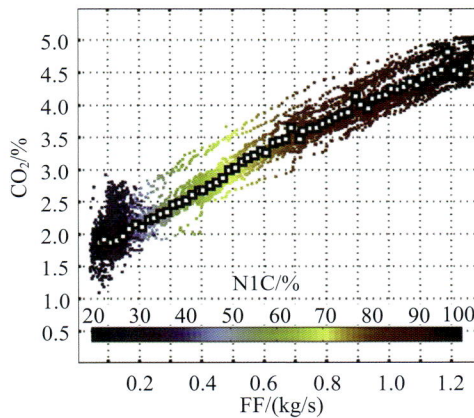

图 4-2 CFM-56 发动机使用标准 Jet-A1 燃料时 CO_2
排放量与燃料流量的关系

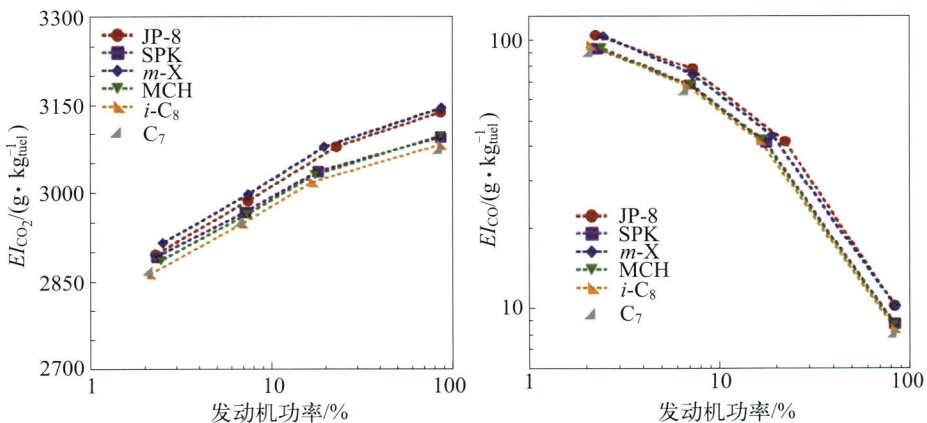

图 4-4 六种燃料的 CO_2（左）与 CO（右）排放指数
随发动机功率的变化[10]

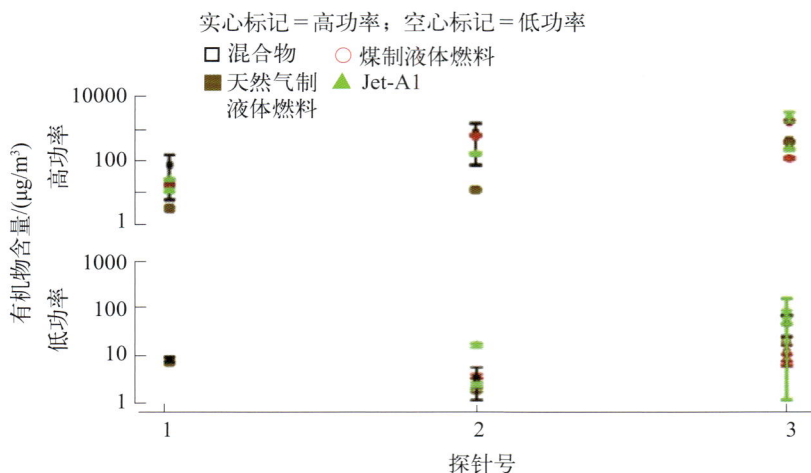

实心标记＝高功率；空心标记＝低功率
□ 混合物   ○ 煤制液体燃料
■ 天然气制   ▲ Jet-A1
  液体燃料

图 5-9　挥发性颗粒物与探针位置的函数关系，研究使用 CtL 和
GtL 与 Jet-A1 的混合物 [31]

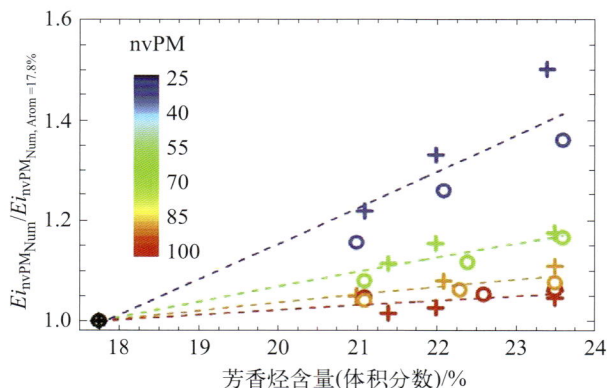

图 5-11　非挥发性颗粒物排放指数随着芳香烃含量的变化

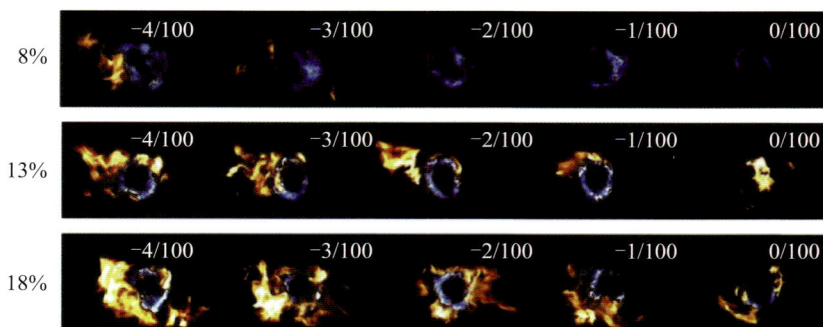

图 5-12　贫油熄火前 0.05s 内混合苉燃料在不同芳香烃含量
下碳烟的形成和消耗 [44]

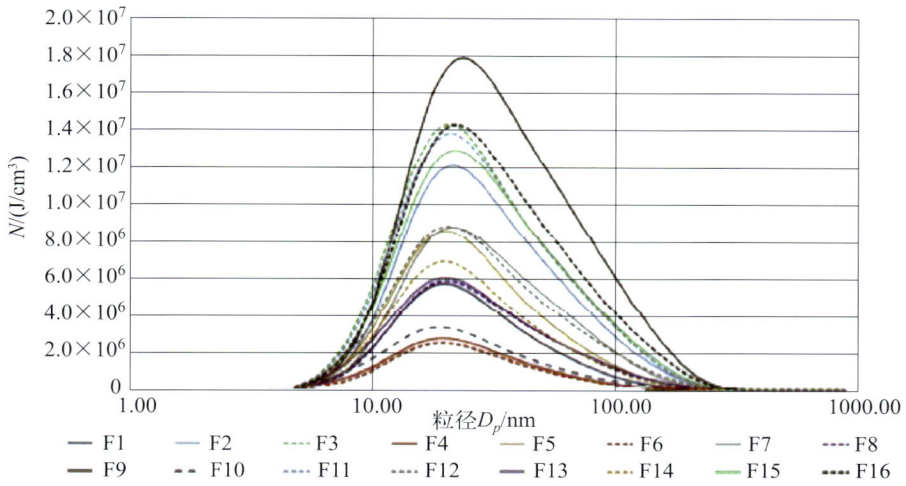

图 5-13　不同燃料的颗粒物尺寸 - 数量分布[26]

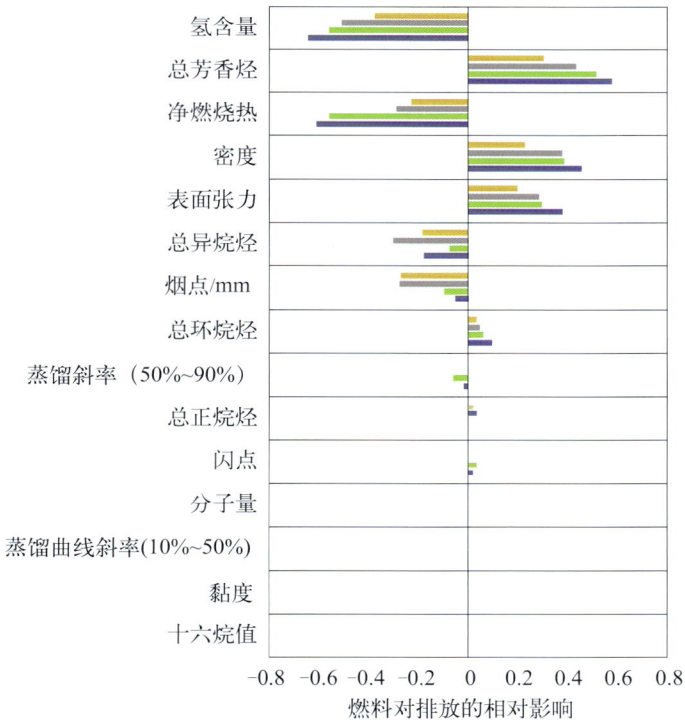

图 5-14　燃料特性对排放的影响[26]

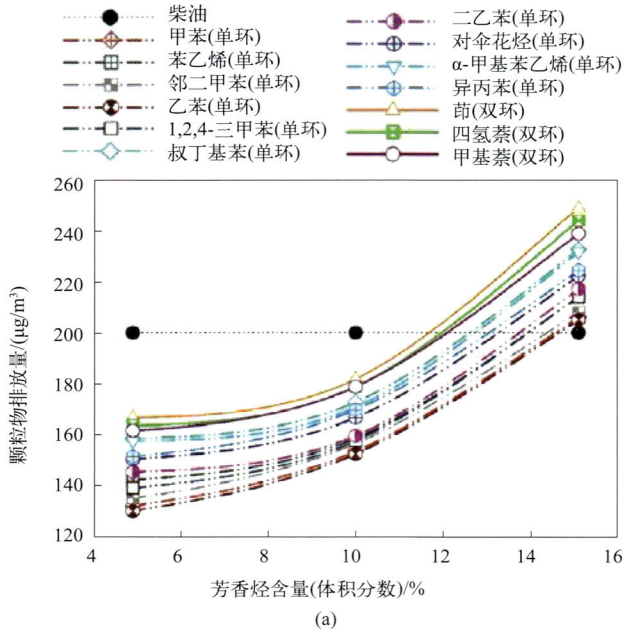

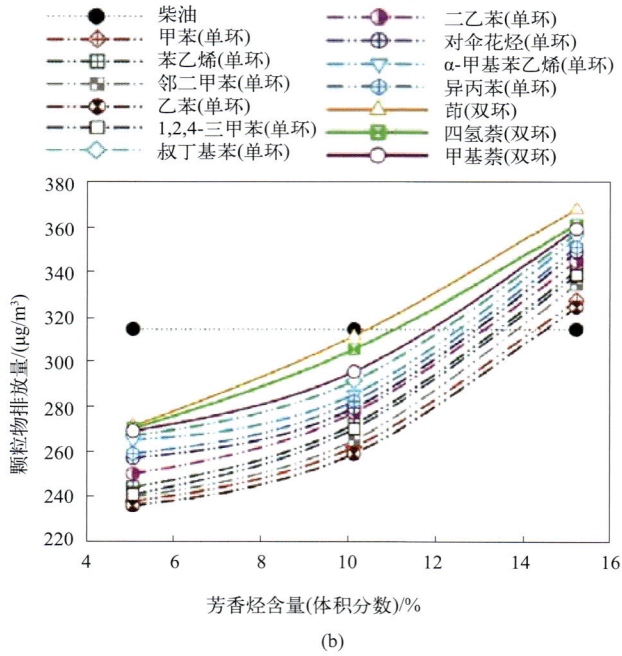

图 5-18　不同功率工况下各种类芳香烃的颗粒物排放
（a）低功率，（b）高功率[47]

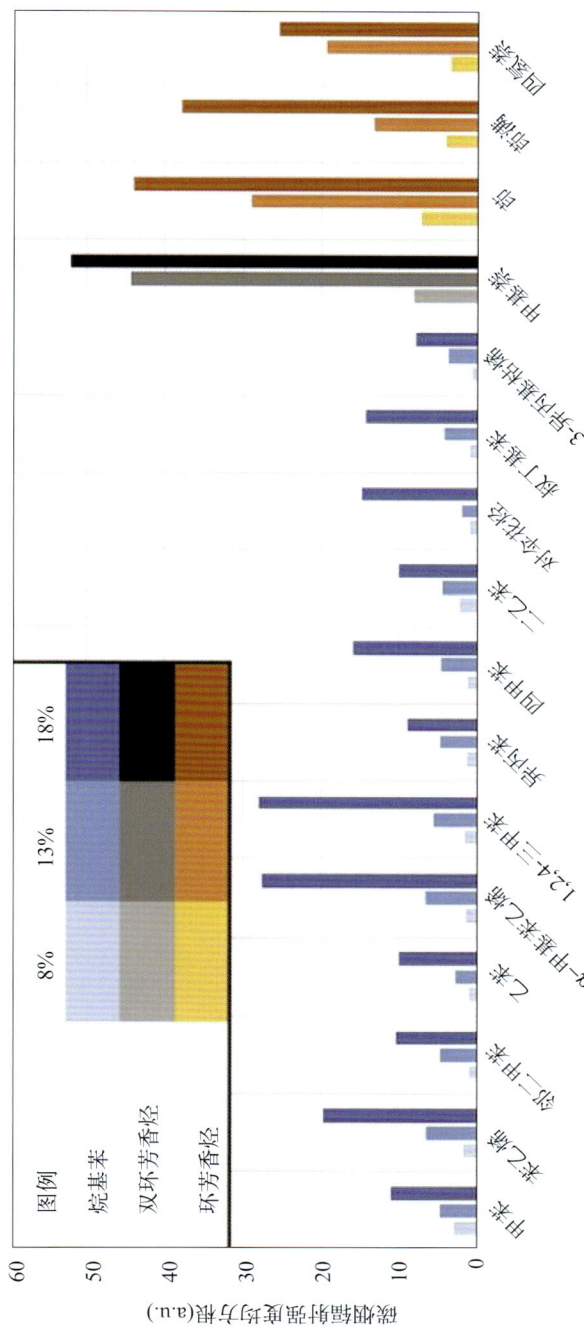

图 5-21 贫油熄火工况下芳香烃种类对碳烟辐射强度的影响 [44]

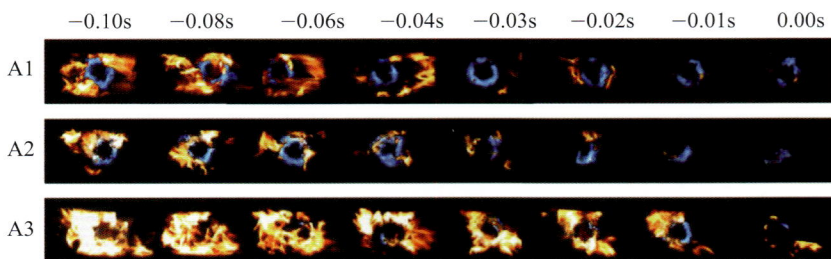

图 7-4 不同类型燃油在发生贫油熄火前的最后 0.1s 图片[52]

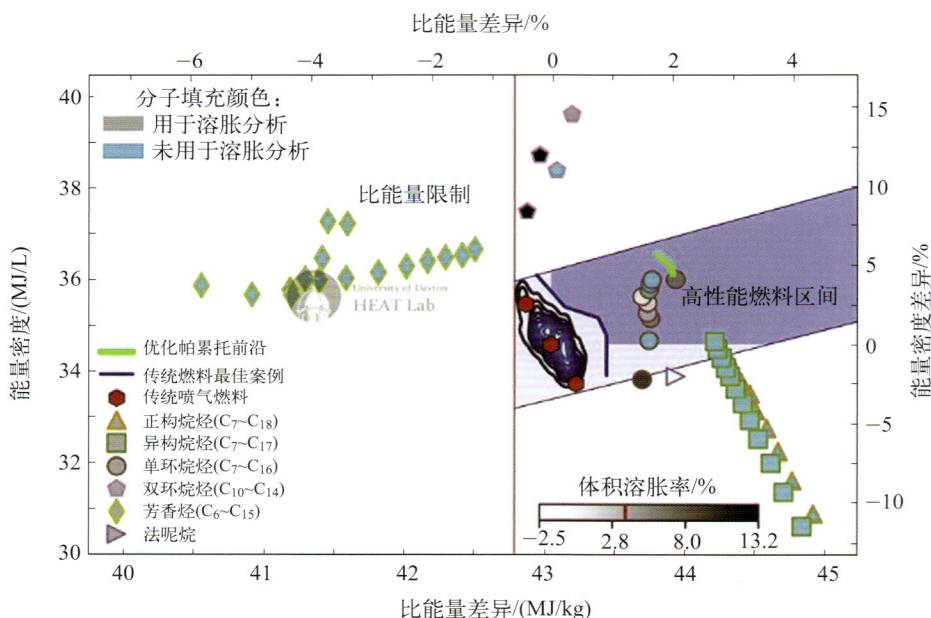

图 8-23 高性能燃料（HPFs）的比能量（SE）
与能量密度（ED）对比图

[帕累托前沿显示异构烷烃与环烷烃混合燃料在满足丁腈橡胶体积溶胀要求及其他操作
限制下的优化区间，并展示 HPF 区域解集的溶液组分和化合物结构（Kosir[61]）]
ED= 能量密度；SE= 比能量

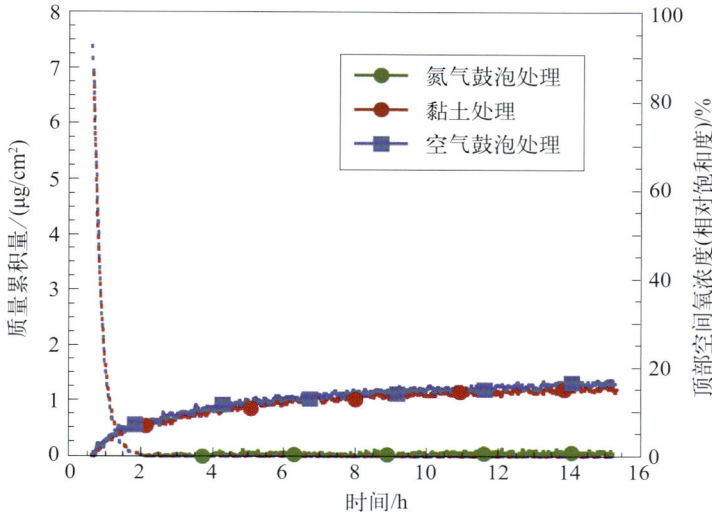

图 8-24 140℃下的沉积量和氧消耗 QCM 曲线

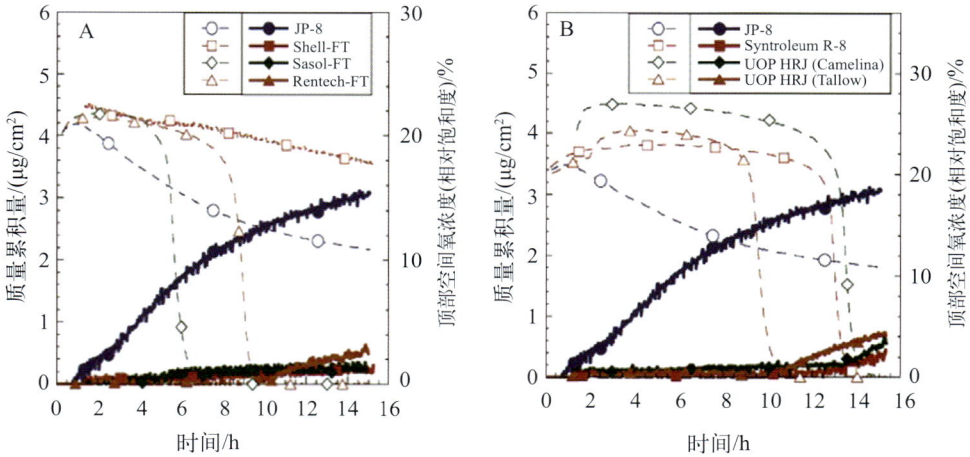

图 8-27 不同替代燃料的沉积物累积质量（实线，实心标记）
与顶部空间氧浓度（虚线，空心标记）变化曲线

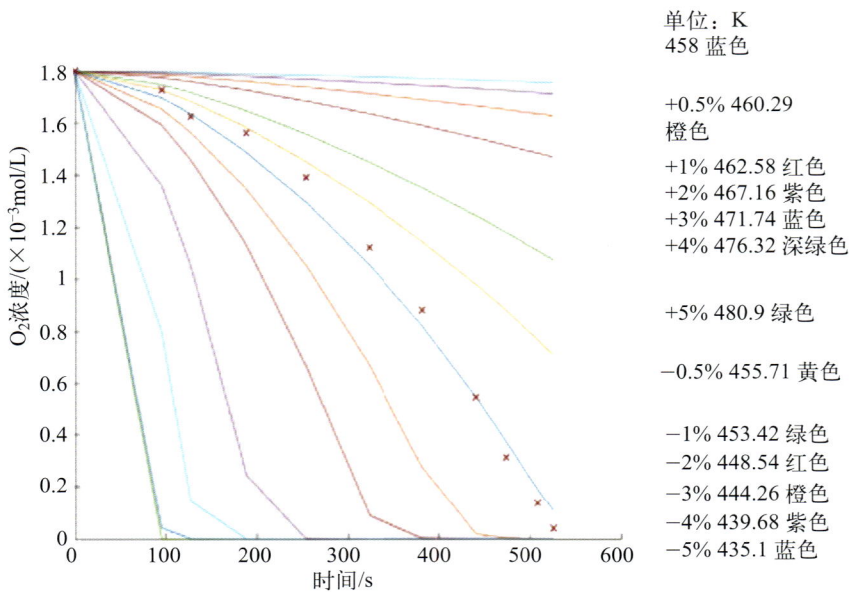

単位：K
458 蓝色

+0.5% 460.29
橙色

+1% 462.58 红色
+2% 467.16 紫色
+3% 471.74 蓝色
+4% 476.32 深绿色

+5% 480.9 绿色

−0.5% 455.71 黄色

−1% 453.42 绿色
−2% 448.54 红色
−3% 444.26 橙色
−4% 439.68 紫色
−5% 435.1 蓝色

图 8-31 温度对氧浓度消耗速率影响曲线图（由 MATLAB 生成）

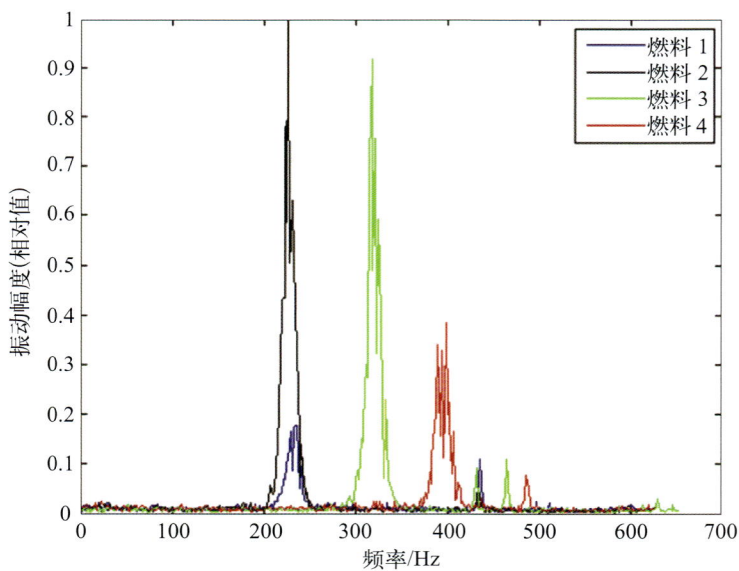

图 9-5 四种不同燃料的振动幅度和频率[16]

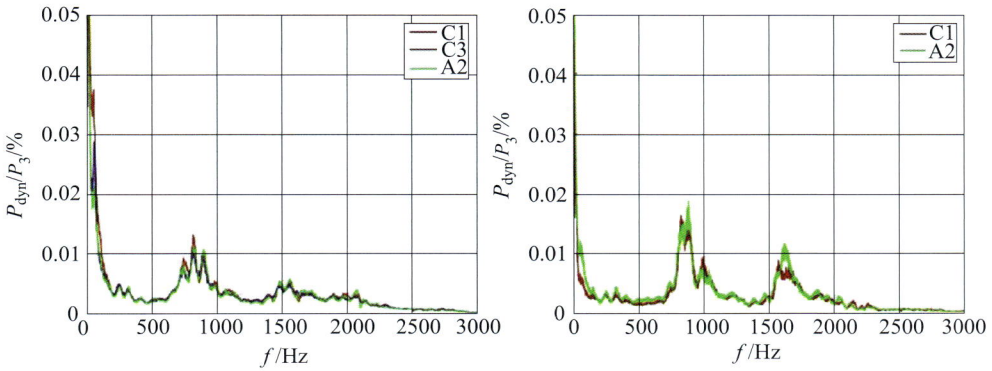

图 9-9　九点贫油直接喷射燃烧室中几种替代燃料在当量比 0.35 时
接近贫油熄火（LBO）的压频谱数据[44]

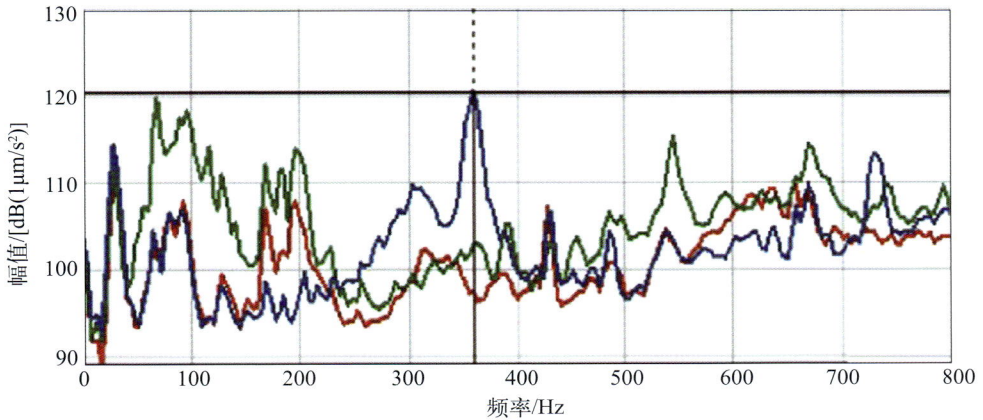

图 9-10　使用 Jet-A（红色）、S8（蓝色）和 IPK（绿色）燃料时 x 方向
FFT 加速度计数据[45]

注：FFT（快速傅里叶变换），数据通过截断高频/低频成分以突出燃烧动力学特征

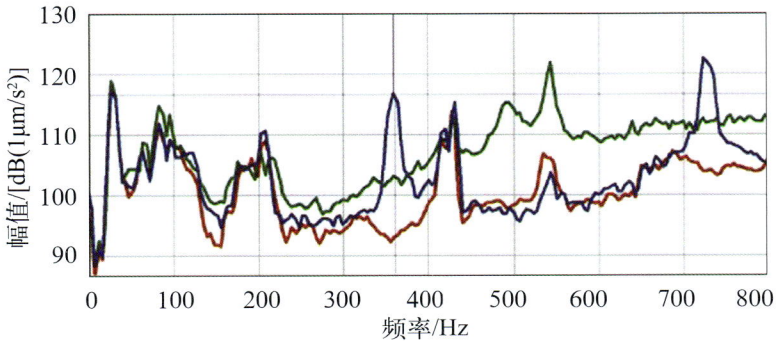

图 9-11　使用 Jet-A（红色）、S8（蓝色）和 IPK（绿色）
燃料时 y 方向 FFT 加速度计数据[48]

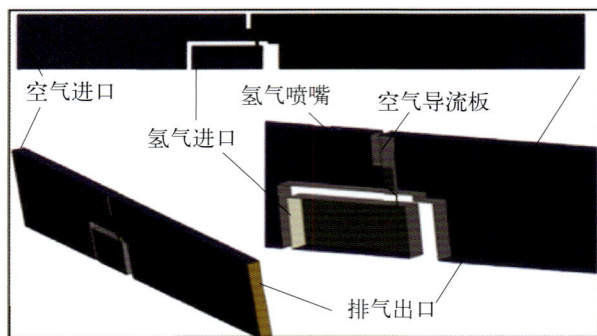

(a)

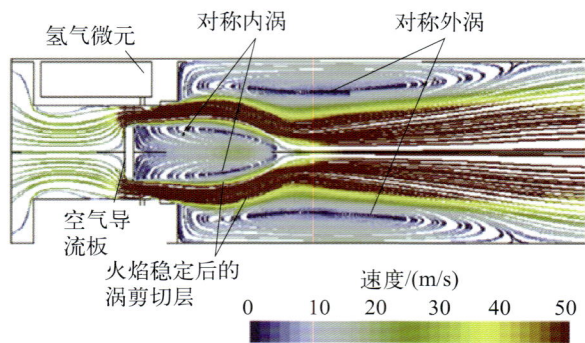

(b)

图 10-15 微混燃烧室的 CFD 模型（a）与微混微元的气体回流区（b）[57]

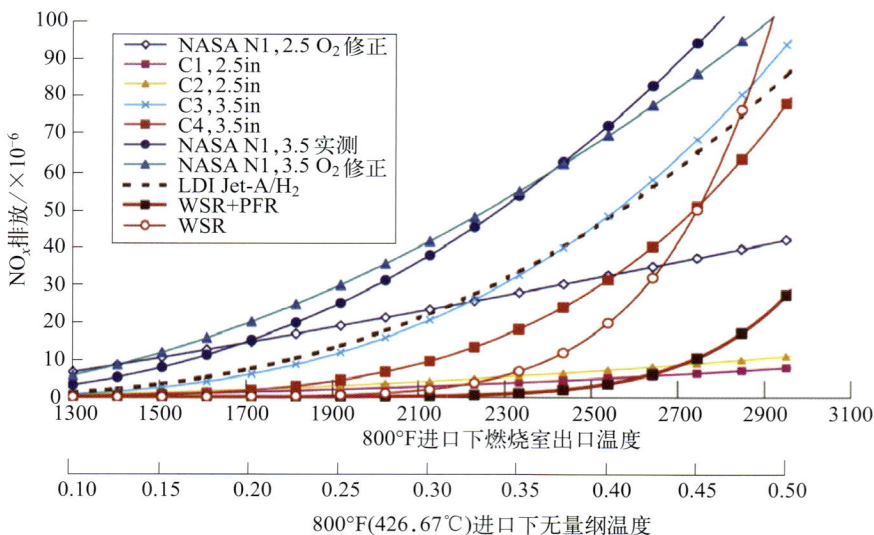

图 10-19 不同喷嘴构型的 NO_x 排放量 [62]

WSR—充分搅拌反应器模型；PFR—活塞流反应器模型